KUHMINSA

한 발 앞서나가는 출판사, 구민사
독자분들도 구민사와 함께 한 발 앞서나가길 바랍니다.

구민사 출간도서 中 수험서 분야

- 용접
- 자동차
- 조경/산림
- 품질경영
- 산업안전
- 전기
- 건축토목
- 실내건축

- 기술사
- 기계
- 금속
- 환경
- 보일러
- 가스
- 공조냉동
- 위험물

전문가를 위한 첫걸음, 구민사는 그 이상을 봅니다!

전국 도서판매처

· 일산남부서점 · 안산대동서적 · 대전계룡서점 · 대구북앤북스 · 대구하나도서
· 포항학원사 · 울산처용서림 · 창원그랜드문고 · 순천중앙서점 · 광주조은서림

자격증 시험 접수부터 자격증 수령까지!

전문가를 위한 첫걸음, 구민사는 그 이상을 봅니다!

상시시험 12종목
굴삭기운전기능사, 지게차운전기능사, 미용사(일반), 미용사(피부), 미용사(네일)
미용사(메이크업), 조리기능사(양식, 일식, 중식, 한식), 제과·제빵기능사

3. 필기 합격 확인
큐넷(www.q-net.or.kr)
사이트에서 확인

4. 실기 원서 접수
큐넷(www.q-net.or.kr)
응시 자격 서류는
실기시험 접수기간(4일 내)에
제출해야만 접수 가능

7. 자격증 신청
인터넷으로 신청
(상장형 자격증 발급을 원칙으로 하며,
희망 시 수첩형 자격증 발급 신청
/ 발급 수수료 부과)

8. 자격증 수령
인터넷으로 발급(출력)
(수첩형 자격증 등기 수령 시
등기 비용 발생)

CONTENTS 목차

PART 01 핵심이론

SECTION 01 | 기초 물리
- (1) 압력(Pressure) ... 003
- (2) 온도(Temperature) ... 003
- (3) 열량(Quanitity of heat) ... 004
- (4) 동력 ... 004
- (5) 열역학의 법칙 ... 004
- (6) 가스의 밀도와 비체적 ... 005
- (7) 이상기체의 법칙 ... 005

SECTION 02 | 가스 개론
- (1) 가스의 상태에 따른 분류 ... 007
- (2) 가스의 성질에 따른 분류 ... 007
- (3) 독성에 의한 가스의 분류 ... 007
- (4) 가스의 폭발과 폭굉 ... 007
- (5) 가스의 특성 ... 008
- (6) LP가스의 특성 ... 011
- (7) 가스미터기 ... 013
- (8) 도시가스 ... 014
- (9) 가스의 검지 및 독성가스 제독제 ... 015
- (10) 운반책임자 동승기준 ... 016
- (11) 방폭구조 ... 016
- (12) 식별표시 ... 016
- (13) 위험표시 ... 016

SECTION 03 | 가스 설비
- (1) 가스 저장 설비 ... 017
- (2) 저장탱크 ... 018
- (3) LPG 충전 시설 ... 022
- (4) 가스 이송 설비 ... 025
- (5) 압력조정기 ... 026
- (6) 가스 배관 ... 027
- (7) 전기방식 ... 032
- (8) 방폭구주 ... 033
- (9) 벤트스택 ... 034
- (10) 플레어스택 ... 035
- (11) 가스누출 자동차단장치 설치기준 ... 035
- (12) 정압기 ... 035
- (13) 도시가스 유해성분, 열량, 압력 및 연소성 측정 ... 036

PART 02 기출문제

2014년
제1회 (1월 26일 시행)	040
제2회 (4월 6일 시행)	051
제4회 (7월 20일 시행)	062
제5회 (10월 11일 시행)	074

2015년
제1회 (1월 25일 시행)	085
제2회 (4월 4일 시행)	097
제4회 (7월 19일 시행)	110
제5회 (10월 10일 시행)	122

2016년
제1회 (1월 24일 시행)	133
제2회 (4월 2일 시행)	146
제4회 (7월 10일 시행)	158

PART 03 모의고사

모의고사 제1회	172
모의고사 제2회	180
모의고사 제3회	188

◆ 모의고사 제1회 정답 및 해설	197
◆ 모의고사 제2회 정답 및 해설	201
◆ 모의고사 제3회 정답 및 해설	205

STRUCTURE 이 책의 구성

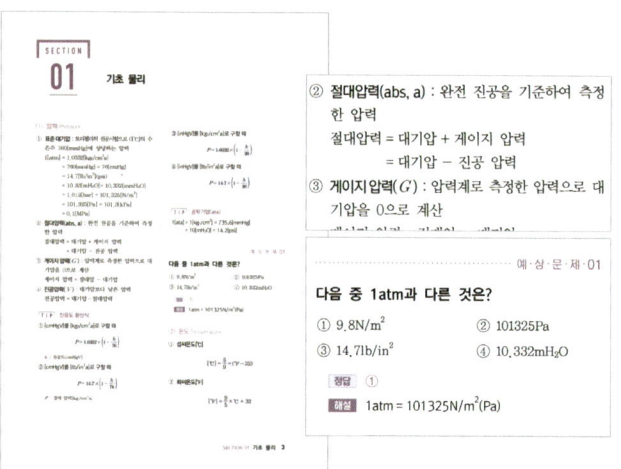

① 핵심이론

핵심이론만을 수록하였습니다. 또한 이론 중간 중간의 예상문제로 앞서 배운 내용을 한 번 더 체크하고 넘어갈 수 있습니다.

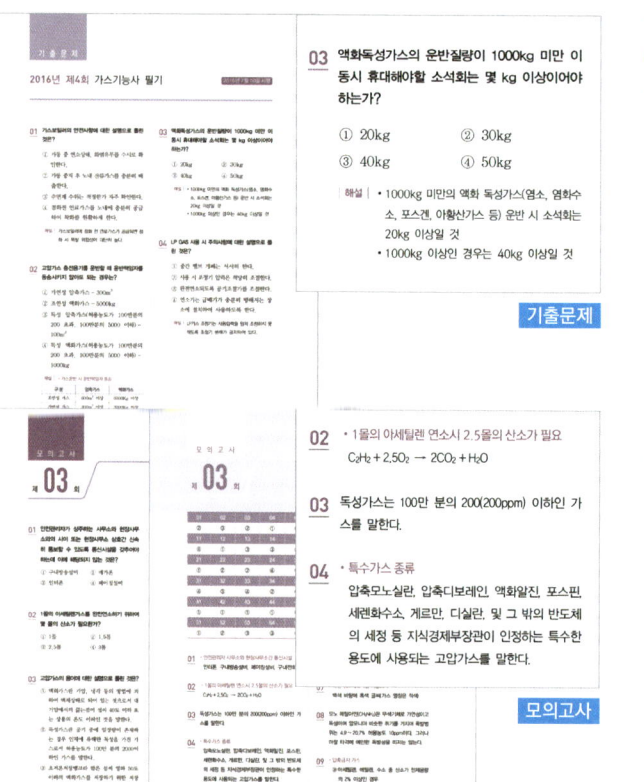

② 기출문제 및 모의고사

PART 2. 기출문제는 문제 아래의 상세한 해설로 바로 바로 정답 확인이 가능하도록 하였습니다.

PART 3. 모의고사는 정답 및 해설 페이지를 따로 두어 실전 시험과 같이 구성하였습니다.

K INFORMATION 출제 기준 정보

직무분야	안전관리	중직무분야	안전관리	자격종목	가스기능사	적용기간	2021.1.1~2024.12.31
직무내용	가스 제조·저장·충전·공급 및 사용 시설과 용기, 기구 등의 제조 및 수리시설을 시공, 조작, 검사하기 위한 기술적 사항의 관리, 생산 공정에서 가스 생산기계 및 장비를 운전하고 충전하기 위해 예방조치 등의 업무를 수행하는 직무이다.							
필기검정방법	객관식			문제수	60	시험시간	1시간

필기과목명	문제수	주요항목	세부항목
가스안전관리, 가스장치 및 기기, 가스일반	60	1. 가스안전관리	1. 가스의 성질
			2. 가스제조 공급 및 충전
			3. 가스저장 및 사용 시설
			4. 고압가스 특정설비, 가스용품, 냉동기, 히트펌프, 용기 등의 제조 및 검사
			5. 가스판매, 운반, 취급
			6. 가스화재 및 폭발예방
		2. 가스장치 및 가스설비	1. 가스장치
			2. 저온장치
			3. 가스설비
			4. 가스계측기
		3. 가스일반	1. 가스의 기초
			2. 가스의 연소
			3. 가스의 성질, 제조방법 및 용도

※ 세세항목은 한국산업인력공단 홈페이지(http://www.q-net.or.kr/) 참조

PART 01

SECTION 01 | 기초 물리
SECTION 02 | 가스 개론
SECTION 03 | 가스 설비

핵심이론

SECTION 01 기초 물리

(1) 압력(Pressure)

① **표준 대기압** : 토리첼리의 진공시험으로 0[℃]의 수은주 760[mmHg]에 상당하는 압력

$1[atm] = 1.0332[kg_f/cm^2a]$
$= 760[mmHg] = 76[cmHg]$
$= 14.7[lb/in^2](psi)$
$= 10.33[mH_2O] = 10,332[mmH_2O]$
$= 1.013[bar] = 101,325[N/m^2]$
$= 101,325[Pa] = 101.3[kPa]$
$= 0.1[MPa]$

② **절대압력(abs, a)** : 완전 진공을 기준하여 측정한 압력

절대압력 = 대기압 + 게이지 압력
= 대기압 − 진공 압력

③ **게이지 압력(G)** : 압력계로 측정한 압력으로 대기압을 0으로 계산

게이지 압력 = 절대압 − 대기압

④ **진공압력(V)** : 대기압보다 낮은 압력

진공압력 = 대기압 − 절대압력

> **T I P** 진공도 환산식
>
> ① [cmHgV]를 [kg_f/cm^2a]로 구할 때
>
> $$P = 1.0332 \times \left(1 - \frac{h}{76}\right)$$
>
> h : 진공도[cmHgV]
>
> ② [cmHgV]를 [lb/in^2a]로 구할 때
>
> $$P = 14.7 \times \left(1 - \frac{h}{76}\right)$$
>
> P : 절대 압력[kg_f/cm^2a]

③ [inHgV]를 [kg_f/cm^2a]로 구할 때

$$P = 1.0332 \times \left(1 - \frac{h}{30}\right)$$

④ [inHgV]를 [lb/in^2a]로 구할 때

$$P = 14.7 \times \left(1 - \frac{h}{30}\right)$$

> **T I P** 공학기압(ata)
>
> $1[ata] = 1[kg_f/cm^2] = 735.6[mmHg]$
> $= 10[mH_2O] = 14.2[psi]$

············· 예·상·문·제·01

다음 중 1atm과 다른 것은?

① $9.8N/m^2$ ② $101325Pa$
③ $14.7lb/in^2$ ④ $10.332mH_2O$

정답 ①
해설 $1atm = 101325N/m^2(Pa)$

(2) 온도(Temperature)

① 섭씨온도[℃]

$$[℃] = \frac{5}{9} \times (℉ - 32)$$

② 화씨온도[℉]

$$[℉] = \frac{9}{5} \times ℃ + 32$$

③ 절대 온도
  ㉠ 섭씨 절대온도[°K : Kelvin]
    °K = ℃ + 273
  ㉡ 화씨 절대온도[°R : Rankine]
    °R = °F + 460

··· 예·상·문·제·02

100°F를 섭씨온도로 환산하면 약 몇 ℃인가?

① 20.8   ② 27.8
③ 37.8   ④ 50.8

정답 ③

해설 $\frac{5}{9} \times (100 - 32) = 37.77℃$

(3) 열량(Quanitity of heat)

① 열량

$$1[kcal] = 3.968[B.T.U] = 2.205[C.H.U]$$

  ㉠ 1[kcal] : 대기압 하에서 물 1[kg]의 온도 1[℃] 올리는데 필요한 열량
  ㉡ 1[B.T.U] : 대기압 하에서 물 1[lb]의 온도 1[°F] 올리는데 필요한 열량
  ㉢ 1[C.H.U] : 대기압 하에서 물 1[lb]의 온도를 1[℃] 올리는데 필요한 열량

② 현열과 잠열
  ㉠ 현열(감열) : 상태변화 없이 온도만 변화되는데 필요한 열

$$Q = W \cdot C \cdot \Delta t$$

  C : 비열[kcal/kg·℃], Δt : 온도차[℃]

  • 얼음의 비열 : 0.5
  • 물의 비열 : 1

  ㉡ 잠열 : 온도변화 없이 상태만 변화되는데 필요한 열

$$Q = W \cdot r$$

  W : 물질의 중량[kg], r : 물질의 잠열[kcal/kg]

  • 얼음의 융해잠열 : 80[kcal/kg]
  • 물의 증발잠열 : 539[kcal/kg]

··· 예·상·문·제·03

물질이 융해, 응고, 증발, 응축 등과 같은 상의 변화를 일으킬 때 발생 또는 흡수하는 열을 무엇이라 하는가?

① 비열   ② 현열
③ 잠열   ④ 반응열

정답 ③

해설 상태변화에 이용되는 열을 잠열이라고 한다. 이때 온도는 변화하지 않는다.

③ 비열비[kcal/kg] : 어떤 물질 1[kg]을 1[℃] 변화시키는데 필요한 열량
  ㉠ 정압비열(C_p) : 압력을 일정하게 유지하면서 가열할 때의 비열
  ㉡ 정적비열(C_V) : 부피를 일정하게 유지하면서 가열할 때의 비열

$$비열비[K] = \frac{C_p}{C_V} > 1$$

∴ 비열비는 항상 1보다 크다.

(4) 동력

일의 양을 시간으로 나눈 값

• 1[HP] = 76[kg·m/sec] = 641[kcal/h]
• 1[PS] = 75[kg·m/sec] = 632[kcal/h]
• 1[kW] = 102[kg/sec] = 860[kcal/h]
• 1[HP] = 726[W] = 0.75[kW]

(5) 열역학의 법칙

① **열역학 제0법칙(열평형의 법칙)** : 고온체와 저온체 접속시 두 물체가 열 평형이 된다.
② **열역학 제1법칙(에너지 보존의 법칙)** : 일과 열은 상호 교환이 가능하다.

$$Q = AW$$

Q : 열량[kcal]
W : 일량[kg·m]

$$W = JQ$$

J : 열의 일당량($427[kg \cdot m/kcal]$)

A : 일의 열당량($\frac{1}{427}[kcal/kg \cdot m]$)

③ 열역학 제2법칙(에너지 흐름의 법칙)
  ㉠ 일은 쉽게 열로 바꾸나 열은 쉽게 일로 바꿀 수 없다.
  ㉡ 크라우시우스의 표현 : 열은 그 자신만으로는 저온물체에서 고온물체로 이동불가
  ㉢ 켈빈의 표현 : 열기관에서 동작유체가 일을 하기 위해서는 그것보다 더 낮은 저온물체를 필요로 한다.

④ 열역학 제3법칙
어떠한 이상적인 방법으로도 어떤 계를 절대온도 0도에 이르게 할 수 없다.

(6) 가스의 밀도와 비체적

① **밀도**[ρ] : 단위체적당 유체의 질량[kg/m^3]

$$\rho = \frac{m(질량)}{V(체적)}, \quad 기체밀도 = \frac{분자량}{22.4}$$

예) $C_3H_8[\rho] = \frac{44}{22.4} = 1.96$

② **비체적**[v] : 단위 중량당의 체적이며 밀도의 역수[m^3/kg]

$$기체의 비체적 = \frac{22.4}{분자량}$$

예) $C_3H_8[\rho] = \frac{44}{22.4} = 0.51$

(7) 이상기체의 법칙

① **보일의 법칙** : 일정 온도에서 일정량의 기체부피는 압력에 반비례

$$P_1 V_1 = P_2 V_2$$

예·상·문·제·04

"기체의 온도를 일정하게 유지할 때 기체가 차지하는 부피는 절대 압력에 반비례한다."라는 법칙은?

① 보일의 법칙   ② 샤를의 법칙
③ 헨리의 법칙   ④ 아보가드로의 법칙

정답 ①

해설 • 기체의 부피는 압력에 반비례(온도일정)
  보일의 법칙

② **샤를의 법칙** : 압력이 일정할 때 기체가 차지하는 부피는 온도 1[℃] 상승함에 따라 부피는 $\frac{1}{273}$ 만큼씩 증가

$$\frac{V_1}{T_1} = \frac{V_2}{T_2} \quad \therefore T_2 = \frac{T_1 \cdot V_2}{V_1}$$

③ **보일-샤를의 법칙** : 일정량의 기체의 부피는 압력에 반비례하고 절대온도에 비례

$$\frac{P_1 V_1}{T_1} = \frac{P_2 V_2}{T_2}$$

$$\therefore V_2 = \frac{P_1 \cdot V_1 \cdot T_2}{T_1 \cdot P_2}, \quad P_2 = \frac{P_1 \cdot V_1 \cdot T_2}{T_1 \cdot V_2}$$

P_1 : 처음의 압력, P_2 : 나중의 압력
V_1 : 처음의 부피, V_2 : 나중의 부피
T_1 : 처음의 절대온도[°K]
T_2 : 나중의 절대온도[°K]

④ **이상기체의 상태 방정식** : 이상기체의 온도, 압력, 부피와의 관계식

㉠
$$PV = nRT, \quad PV = \frac{W}{M}RT$$

P : 압력[atm], V : 부피[ℓ]
n : 몰수 $= \frac{질량}{분자량} = \frac{W}{M}$
T : 절대온도(°K = ℃ + 273)
R : 기체상수 $0.082[\ell \cdot atm/mole°K]$

∴ 기체상수

$$R = \frac{PV}{nT} = \frac{1[atm] \times 22.4[\ell]}{1[mole] \times 273[°K]}$$

$$= 0.082[\ell \cdot atm/mole°K]$$

ⓛ
$$PV = GRT$$

P : 압력[kg/m²](1.0332[kg/cm²]
$\quad\quad\quad\quad\quad \rightarrow 1.0332 \times 10^4$[kg/m²])
V : 부피[m³], G : 질량[kg]
R : 기체상수$\left(\dfrac{848}{M}\right)$ $\begin{bmatrix} O_2 : 26.5[m/°K] \\ CO_2 : 19.27[m/°K] \end{bmatrix}$
T : 절대온도[°K]

TIP 기체상수(R)

R = 848[kg·m/Kmole°K]
= 1.986[kcal/Kmole°K]
= 8.314[J/mole°K]
= 8.314×10⁷[erg/mole°K]

·····················예·상·문·제·05

27℃, 1기압 하에서 메탄가스 80g이 차지하는 부피는 약 몇 L인가?

① 112　　　② 123
③ 224　　　④ 246

정답 ②

해설

$$PV = \dfrac{W}{M}RT$$

$$V = \dfrac{\dfrac{W}{M}RT}{P} = \dfrac{\left(\dfrac{80}{16}\right) \times 0.082 \times (27+273)}{1\text{atm}}$$
$$= 123L$$

⑤ **돌턴의 분압법칙** : 기체 혼합물의 전체

분압 = 전압 × $\dfrac{성분기체몰수}{전몰수}$

　　 = 전압 × $\dfrac{성분기체부피}{전부피}$

압력비 = 몰수비 = 부피비 = 분자수의 비

TIP 실제 기체의 상태방정식(반데르 발스의 방정식)

이상기체 상태 방정식에 기체 분자간의 인력과 기체 자신이 차지하는 부피를 보정해 준 실제기체 상태 방정식

㉠ 실제기체 1[mol]의 경우

$$\left(P + \dfrac{a}{V^2}\right)(V-b) = RT$$

$\dfrac{a}{V^2}$: 기체 분자간의 인력, b : 기체 자신이 차지하는 부피

㉡ 실제기체 n[mol]의 경우

$$\left(P + \dfrac{n^2 a}{V^2}\right)(V-nb) = nRT$$

$$\therefore P = \dfrac{nRT}{V-nb} - \dfrac{n^2 a}{V^2}$$

SECTION 02 가스 개론

(1) 가스의 상태에 따른 분류

① **압축가스** : H_2, O_2, CH_4 등과 같이 상온에서 압축하여도 액화되지 않는 가스
② **액화가스** : NH_3, Cl_2, C_3H_8, C_4H_{10}, HCN 등과 같이 상온에서 압축하면 비교적 쉽게 액화하는 가스
③ **용해가스** : C_2H_2 등과 같이 용제 속에 가스를 용해시킨 가스

(2) 가스의 성질에 따른 분류

① **가연성 가스** : H_2, CO, C_2H_2, C_3H_8, C_4H_{10}, CH_4 등 법규상 폭발하한이 10% 이하, 또는 상한과 하한 차이가 20% 이상인 것으로 연소가 가능한 것
② **조연성 가스(지연성 가스)** : O_2, O_3, Cl_2, N_2O 공기 등과 같이 자신은 스스로 연소하지 않고 타물질의 연소를 돕는 가스
③ **불연성 가스** : N_2, CO_2, He, Ne, Ar 등과 같이 연소가 불가능한 가스

·············· 예·상·문·제 01

다음 중 고압가스의 성질에 따른 분류에 속하지 않는 것은?

① 가연성 가스
② 액화 가스
③ 조연성 가스
④ 불연성 가스

정답 ②

해설 • 가스 상태별 분류
　　　압축가스, 액화가스, 용해가스

(3) 독성에 의한 가스의 분류

① **독성 가스** : CO, Cl_2, NH_3, $COCl_2$, C_2H_4O 등 독성의 허용농도가 200[ppm] 이하인 가스
② **비독성 가스** : O_2, H_2, N_2, C_3H_8 등 독성의 허용농도에 해당되지 않는 가스

(4) 가스의 폭발과 폭굉

① **산화폭발** : 가연성 가스의 연소폭발
② **분해폭발** : 아세틸렌, 산화에틸렌 등, 히드라진의 폭발
③ **중합폭발** : 시안화수소 등의 폭발(H_2O에 의해)
④ **촉매폭발** : 수소와 염소의 혼합가스에 햇볕에 의한 폭발
⑤ **폭굉(디토네이션)**
　㉠ 폭굉파의 속도 : 1000 ~ 3500[m/s]
　㉡ 폭굉의 유도거리가 짧아지는 경우
　　• 정상연소속도가 큰 혼합가스일수록
　　• 관내에 방해물이 있거나 관의 지름이 적을수록
　　• 압력이 높을수록
　　• 점화원의 에너지가 강할수록
⑥ **폭발범위(하한값, 상한값)**
　㉠ 수소 : 4.0 ~ 75%
　㉡ CO : 12.5 ~ 74%
　㉢ 메탄 : 5 ~ 15%
　㉣ 프로판 : 2.1 ~ 9.5%
　㉤ 부탄 : 1.8 ~ 8.4%
　㉥ 산화에틸렌 : 3 ~ 80%
　㉦ 아세틸렌 : 2.5 ~ 81%

예·상·문·제·02

공기 중에서의 프로판의 폭발범위(하한과 상한)을 바르게 나타낸 것은?

① 1.8 ~ 8.4% ② 2.1 ~ 9.5%
③ 2.1 ~ 8.4% ④ 1.8 ~ 9.5%

정답 ②

해설 • C_3H_8(프로판) 폭발범위
  2.1 ~ 9.5%

⑦ **가연성 가스의 안전간격**
  ㉠ 폭발 1등급(안전간격 0.6[mm] 이상)가스 : 메탄, 에탄, 프로판, n-부탄, 가솔린, CO, 암모니아, 아세톤, 벤젠, 에틸에테르 등
  ㉡ 폭발 2등급(안전간격 0.6[mm] 미만 ~ 0.4[mm] 이상)가스 : 에틸렌, 석탄가스
  ㉢ 폭발 3등급(안전간격 0.4[mm] 미만)가스 : 수소, 아세틸렌, 이황화탄소, 수성가스

⑧ **가스 압력의 영향**
  ㉠ 일반적으로 가스의 압력이 높아질수록 발화온도는 낮아지고 폭발범위는 넓어진다.
  ㉡ 수소와 공기의 혼합 가스는 10[atm] 정도까지는 폭발범위가 좁아지나 그 이상의 압력에서는 다시 점차 넓어진다.
  ㉢ 일산화탄소와 공기의 혼합 가스는 압력이 높아질수록 폭발범위가 좁아진다.

(5) 가스의 특성

1) 수소

① **수소폭명기**

$$2H_2 + O_2 \rightarrow 2H_2O + 136.6kcal$$

② **염소폭명기**

$$H_2 + Cl_2 \rightarrow 2HCl + 44kcal$$

③ **수소취성**

$$Fe_3C + 2H_2 \rightarrow CH_4 + 3Fe(탈탄작용)$$

예·상·문·제·03

수소와 산소 또는 공기와의 혼합기체에 점화하면 급격히 화합하여 폭발하므로 위험하다. 이 혼합기체를 무엇이라고 하는가?

① 염소 폭명기
② 수소 폭명기
③ 산소 폭명기
④ 공기 폭명기

정답 ②

해설 • 수소와 산소의 폭발적 반응, 수소 폭명기
  $2H_2 + O_2 \rightarrow 2H_2O$

2) 산소

① 산소 압력계에는 금유라는 표시를 해야 한다.
② 산소농도는 18[%] 미만이면 산소결핍이 된다.
③ 산소용기에는 윤활유나 그리스 등이 부착되지 않게 한다.
④ 산소압축기에는 윤활제로 물, 또는 10[%] 이하의 묽은 글리세린 수 사용
⑤ CO_2 흡수제는 가성소다(NaOH) 수용액(공기 액화분리탑)

$$2NaOH + CO_2 \rightarrow Na_2CO_3 + H_2O$$

CO_2 1g 제거시 NaOH 1.8g 사용

3) 질소

① 550[℃], 250[atm]에서 철, 촉매 등을 사용, 수소와 반응시켜 암모니아를 생성시킨다.
② 내질화성 원소인 Mg, Li, Ca 등과 화합하여 Mg_3N_2, Li_3N_2, Ca_3N_2를 생성한다.
③ 급속 동결용 냉매가스로 이용한다.
④ 전구에 넣어 필라멘트의 보호제로 쓰인다.
⑤ 기기의 기밀시험용 치환용 가스로 사용

예·상·문·제·04

질소의 용도가 아닌 것은?

① 비료에 이용 ② 질산제조에 이용
③ 연료용에 이용 ④ 냉매로 이용

정답 ③

해설 질소는 불연성으로 연료용으로 사용될 수 없다.

4) 일산화탄소

① 금속의 산화물을 환원시켜 단체금속 생성

$$CuO + CO \rightarrow CO_2 + Cu$$

② 고온 고압에서 철족의 금속과 반응하여 금속 카보닐 생성

$$Fe + 5CO \rightarrow Fe(CO)_5$$
$$Ni + 4CO \rightarrow Ni(CO)_4$$

③ 상온에서 염소와 반응하여 포스겐 생성

$$CO + Cl_2 \rightarrow COCl_2(포스겐)$$

5) 탄산가스

① 드라이아이스의 제조 원료로 사용된다.
② 액체 CO_2는 소화제로 이용한다.
③ 탄산수나 사이다 등의 제조에 이용된다.

6) 염소

① 황록색의 자극성 냄새가 난다.
② 독성 허용농도가 1[ppm]이다.
③ 수분을 함유한 철 등과의 금속과 반응하여 부식시킨다(단, 건조한 염소는 철과 반응하지 않는다).

$$Cl_2 + H_2O \rightarrow HCl + HClO(차아염소산)$$

④ 염소는 산화력이 강하다.
⑤ 염산을 전기분해하면 고순도의 염소와 수소를 얻는다.

$$2HCl \rightarrow Cl_2 + H_2$$

⑥ 상수도 살균용이며 섬유표백용이다.

예·상·문·제·05

염소의 성질에 대한 설명으로 틀린 것은?

① 상온, 상압에서 황록색의 기체이다.
② 수분 존재 시 철을 부식시킨다.
③ 피부에 닿으면 손상의 위험이 있다.
④ 암모니아와 반응하여 푸른 연기를 생성한다.

정답 ④

해설 암모니아와 반응하여 백연을 생성한다.

7) 염화수소

① 무색의 자극성 냄새가 난다.
② 독성의 허용농도가 5[ppm]이다.
③ 액화가스이며 물에 녹아 염산이 된다.
④ 암모니아와 만나면 흰 에어로솔(aerosol)이 된다.

$$NH_3 + HCl \rightarrow NH_4Cl(백색연기)$$

⑤ 강제의 녹제거용이다.

8) 암모니아

① 무색 자극성의 기체이다.
② 물 1[cc]에 암모니아 800[cc]가 용해
③ 다량의 기화열이 필요하므로 냉매로 사용
④ 적색의 리트머스 시험지를 누설개소에 대면 푸른색으로 변화
⑤ 구리, 아연, 은, 코발트 등의 금속 이온과 반응하여 착 이온 생성
⑥ 독성허용농도가 25[ppm]이다.
⑦ 가연성이며(15~28%) 독성가스이다.
⑧ 요소, 질소비료 원료이다.
⑨ 암모니아 합성공정
  ㉠ 고압법(60[MPa] 이상) : 클로드법, 카자레법
  ㉡ 중압합성(30[MPa] 전후) : IG법, 뉴 파우더법, 케미크법, JCI법, 동공시법
  ㉢ 저압합성(15[MPa] 전후) : 구데법, 케로그법

························ 예·상·문·제·06

다음 [보기]에서 설명하는 가스는?

[보기]
- 독성이 강하다.
- 연소시키면 잘 탄다.
- 물에 매우 잘 녹는다.
- 각종 금속에 작용한다.
- 가압·냉각에 의해 액화가 쉽다.

① HCl　　　　　　② NH_3
③ CO　　　　　　　④ C_2H_2

정답 ②

해설
- NH_3
 독성 25ppm 가연성 15~28% 물에 800배 녹는다. 액화가 용이하고 금속과 반응하여 착염을 형성한다.

9) 아세틸렌

① 불순물(H_2S, PH_3, NH_3, SiH_4)로 인하여 냄새가 난다.
② 융점과 비점(-81[℃], -84[℃])이 비슷하여 고체 아세틸렌은 융해하지 않고 승화한다.
③ 흡열화합이므로 압축하면 분해 폭발우려가 있다.
④ 중합하면 철의 촉매하에 벤젠이 된다.

$$3C_2H_2 \xrightarrow{Fe} C_6H_6$$

⑤ 은(Ag), 수은(Hg), 구리(Cu)와 반응하여 치환반응으로 금속 아세틸리드 발생
⑥ 원료는 카바이드 [$CaC_2 + 2H_2O \rightarrow Ca(OH)_2 + C_2H_2$]로 제조한다.
⑦ 산화폭발, 분해폭발, 화합폭발 등이 있다.
⑧ 가스 생성 발생기
　㉠ 주수식 : 카바이드에 물을 넣는다.
　㉡ 침지식(접촉식) : 물과 원료를 소량씩 접촉 소량생산
　㉢ 투입식 : 물에 카바이드를 넣어 대량생산용

⑨ 가스발생기 압력구분
　㉠ 저압식 : 0.007[MPa] 미만
　㉡ 중압식 : 0.007~0.13[MPa] 미만
　㉢ 고압식 : 0.13[MPa] 이상
⑩ 아세틸렌가스의 불순물 : H_3, H_2S, N_2, O_2, NH_3, H_2, CO, CH_4
⑪ 아세틸렌의 청정제 : 에퓨렌, 카타리솔, 리카솔
⑫ 아세틸렌 압축기의 윤활유 : 양질의 광유
⑬ 아세틸렌의 충전압력 : 충전 중에는 온도에 불구하고 25[MPa] 이상 올리지 말고 2.5[MPa] 압력 시 희석제를 첨가한다.
　(희석제 : N_2, CH_4, CO, C_2H_4, H_2, C_3H_8 등)
⑭ 역화방지기내 물질 : 페로실리콘, 물, 모래, 자갈 등
⑮ 아세틸렌 용기내 다공물질 : 규조토, 석면, 목탄, 석회석, 산화철, 탄산마그네슘, 다공성 플라스틱 등
⑯ 다공도 : 75[%] 이상 ~ 92[%] 미만

························ 예·상·문·제·07

표준상태에서 1몰의 아세틸렌이 완전연소될 때 필요한 산소의 몰 수는?

① 1몰　　　　　　② 1.5몰
③ 2몰　　　　　　④ 2.5몰

정답 ④

해설 $C_2H_2 + 2.5O_2 \rightarrow 2CO_2 + H_2O$
아세틸렌 1몰 연소 시 산소 2.5몰 필요

10) 산화에틸렌

① 가연성이다(폭발범위 : 3.0~80.0[%]).
② 독성가스이다(독성허용농도 50[ppm]).
③ 중합 폭발을 한다.

11) 메탄

① 가연성 가스이다(폭발범위 : 5~15[%]).
② 파라핀계 탄화수소이다.

12) 에틸렌

① 물에는 용해되지 않는다.
② 알코올, 에테르에는 잘 용해한다.
③ 가연성 가스이다(폭발범위 : 3.1 ~ 32[%]).
④ 폴리에틸렌의 제조용이다.

13) 시안화수소

① 투명하고 복숭아 냄새가 나며 무색의 액체이다.
② 독성허용 농도가 10[ppm]이다.
③ 오래된 시안화수소는 중합이므로 폭발하기 쉽다.
④ 충전 후 60일을 넘지 않도록 한다.(단 순도 98[%] 이상은 제외)
⑤ 충전시 안정제로 황산, 아황산가스, 염화칼슘, 인산, 오산화인, 동망 등이다.

14) 포스겐(염화 카보닐)

① 상온에서 자극성이 냄새가 나는 맹독성 가스이다.
② 허용농도가 0.05[ppm]의 독성가스이다.
③ 수분이 존재하면 가수분해하여 염산이 생겨 금속이 부식된다.
④ 벤젠, 에테르 등 유기용매에는 잘 녹는다.

15) 프레온

① 상온에서 기체이며 불연성이고 독성은 없다.
② 마그네슘을 부식시킨다.
③ 2[%] 이상 Mg을 함유한 알루미늄을 부식시킨다.
④ 증발잠열이 커서 냉동기 냉매나 에어졸의 용제로 사용된다.

16) 황화수소

① 달걀 썩는 유독성 냄새가 나는 기체이다.
② 완전연소가 되면

$$2H_2S + 3O_2 \rightarrow 2H_2O + 2SO_2 \uparrow$$

③ 불완전연소가 되면

$$2H_2S + O_2 \rightarrow 2H_2O + 2S$$

·····예·상·문·제·08

수분이 존재할 때 일반 강재를 부식시키는 가스는?

① 황화수소　　② 수소
③ 일산화탄소　　④ 질소

정답 ①

해설 황화수소는 습기를 함유하게 되면 금, 백금을 제외한 거의 금속과 작용하여 황화물을 만든다.

(6) LP가스의 특성

1) 특성

① 프로판과 부탄이 주성분이다.
② 기화 및 액화가 용이하다.
③ 프로판은 −42.1[℃], 부탄은 −0.5[℃]로 냉각하면 액화된다.
④ 공기보다 무거워서 누설시 낮은 곳으로 고인다.
⑤ 액상의 LP가스는 물보다 가볍다
　(액비중 : C_3H_8 : 0.51, C_4H_{10} : 0.58).
⑥ 기화시 프로판은 250배, 부탄은 230배 부피가 증가
⑦ 증발잠열(프로판 101.8[kcal/kg], 부탄 92.1[kcal/kg])로 크다.
⑧ 용기 내의 증기압은 온도나 가스의 종류에 따라 다르다.

·····예·상·문·제·09

다음 중 액화석유가스의 주성분이 아닌 것은?

① 부탄　　② 헵탄
③ 프로판　　④ 프로필렌

정답 ②

해설 헵탄(C_7H_{16})은 LPG 주성분이 아니다.

2) LP가스 연소특성

① 연소시 많은 공기가 필요하다.
② 연소시 발열량이 크다.
③ 폭발범위가 좁다.
④ 착화온도가 높다.
⑤ 고무, 페인트, 그리스, 윤활유 등을 용해하는 성질이 있다.
⑥ 연소속도가 늦다.
⑦ 무색, 무취, 무독하다.

······································· 예·상·문·제·10

LPG에 대한 설명 중 틀린 것은?

① 액체 상태는 물(비중 1)보다 가볍다.
② 기화열이 커서 액체가 피부에 닿으면 동상의 우려가 있다.
③ 공기와 혼합시켜 도시가스 원료로도 사용된다.
④ 가정에서 연료용으로 사용하는 LPG는 올레핀계 탄화수소이다.

정답 ④

해설 가정용 LPG는 프로판(C_3H_8)으로 포화탄화수소, 즉 파라핀계이다.

3) LP가스 공급방식

① **자연기화방식**
  ㉠ 기화능력에 한계가 있다.
  ㉡ 가스의 조정변화량이 크다.
  ㉢ 발열량의 변화가 크다.
② **강제기화방식**
  ㉠ 생가스 공급방식
  ㉡ 공기혼합가스 공급방식(재액화방지, 발열량조절, 가스누설시 손실감소, 연소 효율의 증대)
③ **변성가스 공급방식** : 부탄을 고온의 촉매로 분해하여 메탄, 수소, 일산화탄소 등의 연질가스로 변성시켜 공급한다.

4) LP가스 이송설비

① 탱크로리의 압력상승과 저장 탱크의 압력차를 이용하여 이송

② 펌프에 의한 이송(기어 펌프나 원심식 펌프 사용)
③ 압축기에 의한 이송
  [특징]
  ㉠ 펌프에 비해 이송시간이 짧다.
  ㉡ 베이퍼록 현상의 우려가 없다.
  ㉢ 잔가스 회수가 용이하다.
  ㉣ 저온에서 부탄가스가 재액화될 우려가 있다.

······································· 예·상·문·제·11

압축기를 이용한 LP가스 이·충전 작업에 대한 설명으로 옳은 것은?

① 충전시간이 길다.
② 잔류가스를 회수하기 어렵다.
③ 베이퍼록 현상이 일어난다.
④ 드레인 현상이 일어난다.

정답 ④

해설 압축기는 윤활유를 사용하므로 펌프에 비해 드레인이 발생한다.

5) LP가스 압력조정기

① 단단 감압식 저압조정기($280 \pm 50 [mmH_2O]$)
② 단단 감압식 준저압조정기 ($500 \sim 3000 [mmH_2O]$)
③ 2단 감압 1차 조정기
④ 자동 교체형 일체형 조정기
⑤ 자동 교체형 분리형 조정기

6) 조정기의 감압방식 특징

① **2단 감압방식**
  ㉠ 공급압력이 안정하다.
  ㉡ 중간배관이 가늘어도 된다.
  ㉢ 배관입상에 의한 압력손실을 보정할 수 있다.
  ㉣ 각 연소기구에 알맞은 압력 공급이 가능하다.
  ㉤ 설비가 복잡하다.
  ㉥ 조정기가 많이 필요하다.
  ㉦ 재액화 우려가 있다.
  ㉧ 검사 방법이 복잡하다.

② 자동 교체식 조정기의 이점
  ㉠ 용기 교환주기의 폭을 넓힐 수 있다.
  ㉡ 잔액이 거의 없어질 때까지 소비된다.
  ㉢ 전체용기 수량이 수동 교체식보다 적어도 된다.
  ㉣ 분리형을 사용하는 경우 1단 감압방식에 비해 도관의 압력손실을 크게 해도 된다.
③ 조정기의 성능
  ㉠ 조정 압력은 항상 230~330[mmH$_2$O] 압력
  ㉡ 조정기의 최대 폐쇄압력은 350[mmH$_2$O] 이하일 것
  ㉢ 저압조정기 안전장치 개시 압력은 700±140 [mmH$_2$O]일 것

(7) 가스미터기

1) 종류
① **실측식** : (막식, 회전식), 습식
② **추측식** : 오리피스식, 터빈식, 선익차식

2) 특징
① **막식**
  ㉠ 가격이 싸다.
  ㉡ 부착 후 유지 관리에 시간을 요하지 않는다.
  ㉢ 대용량에서는 설치 스페이스가 크다.
  ㉣ 소용량이다.
② **습식**
  ㉠ 유량이 정확하다.
  ㉡ 사용 중 기차의 변동이 거의 없다.
  ㉢ 사용 중 수위조정관리가 필요하다.
  ㉣ 설치 스페이스가 크다.
  ㉤ 실험용이다.
③ **루트식**
  ㉠ 대용량 측정에 적합하다.
  ㉡ 설치 스페이스가 적다.
  ㉢ 여과기 설치 후 유지관리가 필요하다.
  ㉣ 0.5[m^3/h] 등 이하에서는 작동하지 않을 수 있다.
  ㉤ 대량 수요가이다.

3) 사용공차
① **사용공차** : ±4[%]
② **검정공차** : 사용최대 유량의 20~80[%]의 범위에서 ±1.5[%]이다.
③ **감도유량** : LP가스는 15[l/h] 이하 막식은 3[l/h] 이하

4) 가스미터 설치기준
① 건물 외부에 1.5[mm] 이상 2[m] 이내에 수직 또는 수평으로 설치할 것
② 화기로부터 2[m] 이상 떨어지고 화기에 대하여 차열판을 설치하여 놓을 것
③ 전선으로부터 가스미터까지는 15[cm] 이상 전기개폐기 및 전기 안전기에 대하여는 60[cm] 이상 굴뚝이나 전기 콘센트와는 30[cm] 이상 떨어져서 설치할 것

················· 예·상·문·제·12

가스계량기와 전기계량기와는 최소 몇 cm 이상의 거리를 유지하여야 하는가?

① 15cm ② 30cm
③ 60cm ④ 80cm

정답 ③

해설 가스계량기와 전기계량기 이격거리 60cm

5) 가스기화기 설치기 이점
① 한냉시에도 기화가 충분하다.
② 공급가스의 조성이 일정하다.
③ 설치면적이 적어도 되고 기화량을 가감할 수 있다.
④ 설비비 및 인건비가 절감된다.

·········· 예·상·문·제·13

기화기에 대한 설명으로 틀린 것은?

① 기화기 사용 시 장점은 LP가스 종류에 관계없이 한냉 시에도 충분히 기화시킨다.
② 기화 장치의 구성요소 중에는 기화부, 제어부, 조압부 등이 있다.
③ 감압가열 방식은 열교환기에 의해 액상의 가스를 기화시킨 후 조정기로 감압시켜 공급하는 방식이다.
④ 기화기를 증발형식에 의해 분류하면 순간 증발식과 유입 증발식이 있다.

정답 ③

해설 • 감압가온 기화방식
액상의 LPG를 조정기나 감압밸브를 통해 감압시키고 이것을 열교환기에 공급해서 대기나 온수로 가열 기화하는 방식

6) LP가스배관 설비

① **배관 시공시 고려사항**
  ㉠ 배관내 압력손실
  ㉡ 가스소비량의 결정
  ㉢ 배관 길이의 결정
  ㉣ 관경의 결정
  ㉤ 용기의 크기 및 필요 수 결정
  ㉥ 감압방식 결정 및 조정기의 선정

② **마찰저항에 의한 압력손실**
  ㉠ 유속의 2제곱에 비례한다.
  ㉡ 관의 길이에 비례한다.
  ㉢ 관내경의 5제곱에 반비례한다.
  ㉣ 관내벽의 상태에 따라 변화한다.
  ㉤ 유체의 점도에 따라 변화한다.

(8) 도시가스

1) 원료

① **고체원료** : 석탄, 코크스
② **액체원료** : 나프타, LPG, LNG
③ **기체원료** : 천연가스, 정유가스

2) 액화천연가스 LNG

① $-162℃$에서 액화되며 부피가 $\dfrac{1}{600}$로 줄어든다.
② 주성분은 메탄이다.

·········· 예·상·문·제·14

다음 중 천연가스(LNG)의 주성분은?

① CO
② CH_4
③ C_2H_4
④ C_2H_2

정답 ②

해설 • 액화 천연가스 주성분 메탄 : CH_4

3) 도시가스의 제조공정

① 열분해 공정
② **접촉분해공정(수증기개질)** : 사이클링식 접촉분해, 수증기개질
③ 부분연소공정
④ 수소화 분해공정
⑤ 대체천연가스공정

4) 원료의 송입방식에 의한 분류

① 연소식
② 배치식
③ 사이클링식

5) 가열방식에 의한 분류

① 외열식
② 축열식(내열식)
③ 부분연소식
④ 자열식

6) 정압기의 종류

① 피셔식
② 레이놀드식
③ 엑셀플로식

7) 가스의 부취제

① **구비조건**
  ㉠ 독성이 없을 것

ⓛ 일반적인 냄새와는 명확히 구분할 것
　ⓒ 저농도에 있어서도 냄새를 알 수 있을 것
　② 가스배관이나 가스미터에 흡착되지 말 것
　⑩ 물에 용해되지 말 것
　⑭ 토양에 대한 투과성이 좋을 것
　ⓢ 완전히 연소하고 연소 후에는 유해 물질을 남기지 말 것
② 부취제의 종류
　㉠ THT(석탄가스 냄새)
　㉡ TBM(양파 썩는 냄새)
　㉢ DMS(마늘 냄새) : 토양에 대한 투과성이 우수하다.
③ 부취제 주입설비
　㉠ 액체주입방식 : 펌프 주입방식, 적하주입방식, 미터연결 바이패스 방식
　㉡ 증발식 부취설비 : 바이패스 증발식, 위크 증발식

······· 예·상·문·제·15

도시가스에 사용되는 부취제 중 DMS의 냄새는?

① 석탄가스 냄새　② 마늘 냄새
③ 양파 썩는 냄새　④ 암모니아 냄새

정답 ②

해설 · DMS(디 메틸 설파이드) : 마늘냄새

(9) 가스의 검지 및 독성가스 제독제

가스의 명칭	시험지	변색 상태
암모니아 (NH_3)	붉은 리트머스 시험지	청색
일산화탄소 (CO)	염화 파라듐지	흑색
포스겐 ($COCl_2$)	하리슨 시험지	심등색 (오렌지색)
염소 (Cl_2)	요오드화칼륨 녹말 종이 (K·I전분지)	청색
황화수소 (H_2S)	초산납시험지(연당지)	흑색
시안화수소 (HCN)	질산구리벤젠지	청색

가스의 명칭	시험지	변색 상태
아세틸렌(C_2H_2)	염화 제1동 착염지	적색
아황산가스 (SO_2)	암모니아 적신 헝겊	흰연기
L. P. G	비눗물	기포

······· 예·상·문·제·16

염화파라듐지로 검지할 수 있는 가스는?

① 아세틸렌　② 황화수소
③ 염소　④ 일산화탄소

정답 ④

해설 ① 아세틸렌 : 염화 제일동 착염지
　② 황화수소 : 초산납 시험지 (연당지)
　④ 일산화탄소 : 염화 파라듐지

★**독성가스 제독제**

가스별	제독제	보유량
염소	가성소다수용액	670[kg] 저장탱크 등이 2기 이상 있을 경우, 저장탱크는 그 수의 제곱근의 수치, 기타의 제조설비는 저장설비 및 처리설비(내용적이 5[m^3] 이상의 것에 한한다)수의 제곱근의 수치를 곱하여 얻는 수량, 이하 염소에 있어서는 탄산소다 수용액 및 소석회에 대하여도 같다.
	탄산소다수용액	870[kg]
	소석회	620[kg]
포스겐	가성소다수용액	390[kg]
	소석회	360[kg]
황화수소	가성소다수용액	1,140[kg]
	탄산소다수용액	1,500[kg]
시안화수소	가성소다수용액	250[kg]
아황산가스	가성소다수용액	530[kg]
	탄산소다수용액	700[kg]
	물	다량
암모니아 산화에틸렌 염화 메탄	물	다량

························· 예·상·문·제·17

다음 중 제독제로서 다량의 물을 사용하는 가스는?

① 일산화탄소 ② 이황화탄소
③ 황화수소 ④ 암모니아

정답 ④

해설 독성가스 제독제에서 암모니아는 다량의 물을 사용한다.
이 외에도 아황산가스, 산화에틸렌, 염화메탄 등의 가스도 다량의 물이 사용된다.

(10) 운반책임자 동승기준

1) 압축가스

① 가연성가스(300[m³] 이상)
② 독성가스(100[m³] 이상)
③ 조연성가스(600[m³] 이상)

2) 액화가스

① 가연성가스(3,000[kg] 이상)
② 독성가스(1,000[kg] 이상)
③ 조연성가스(6,000[kg] 이상)

························· 예·상·문·제·18

다음 고압가스의 용량을 차량에 적재하여 운반할 때 운반책임자를 동승시키지 않아도 되는 것은?

① 아세틸렌 : 400m³
② 일산화탄소 : 700m³
③ 액화염소 : 6500kg
④ 액화석유가스 : 2000kg

정답 ④

해설 액화가스 가연성인 경우 3ton 이상 운반 시 운반책임자 동승

(11) 방폭구조

1) 분류

① 내압방폭구조
② 유입방폭구조
③ 압력방폭구조
④ 안전증방폭구조
⑤ 본질안전방폭구조
⑥ 특수방폭구조

························· 예·상·문·제·19

방폭전기기기의 용기 내부에서 가연성가스의 폭발이 발생할 경우 그 용기가 폭발압력에 견디고, 접합면, 개구부 등을 통해 외부의 가연성가스에 인화되지 않도록 한 방폭구조는?

① 내압(耐壓)방폭구조 ② 유입(油入)방폭구조
③ 압력(壓力)방폭구조 ④ 본질안전방폭구조

정답 ①

해설 • 내압방폭구조
용기내부에서 가스폭발이 발생 시 압력에 견디고 개구부와 접합면으로 외부 가스에 인화되지 않도록 한 방폭구조이다.

(12) 식별표시

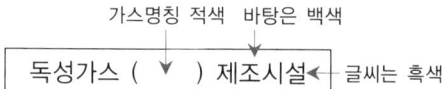

1) 문자의 크기

가로, 세로 10[cm] 이상

2) 식별거리

30[m] 이상 떨어진 곳에서도 알 수 있어야 한다.

(13) 위험표시

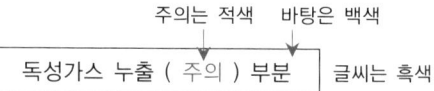

1) 문자의 크기

가로 세로 5[cm] 이상

2) 식별거리

10[m] 이상 떨어진 위치에서도 알 수 있어야 한다.

SECTION 03 가스 설비

(1) 가스 저장 설비

1) 가스 용기

고압가스를 충전 또는 저장하기 위한 설비로 이동 가능한 것

① **이음매 없는 용기** : 무계목, 시임레스 용기. 고압의 압축가스를 충전해서 사용하는 용기
② **용접용기** : 유계목 용기. 액화가 용이한 비교적 낮은 압력의 액체가스를 충전하여 사용하는 용기
③ **초저온 용기** : 임계온도가 -50℃ 이하인 초저온 액화가스를 충전하기 위한 용기로써 단열재로 피복하거나 냉동설비로 냉각하여 용기 내의 가스 온도가 상용의 온도를 초과하지 아니하도록 조치한 것
④ **저온 용기** : 단열재로 피복하거나 냉동설비로 냉각하여 용기 내의 가스 온도가 상용의 온도를 초과하지 아니 하도록 조치한 것

············· 예·상·문·제·01

다음 중 이음매 없는 용기의 특징이 아닌 것은?

① 독성 가스를 충전하는데 사용한다.
② 내압에 대한 응력 분포가 균일하다.
③ 고압에 견디기 어려운 구조이다.
④ 용접용기에 비해 값이 비싸다.

정답 ③
해설 이음매 없는 용기는 고압용이다.

2) 용기 도색

용기는 가스 종류별로 도색을 하여 충전 및 사용의 혼용을 방지함

가스 종류	몸체도색		글자색상		띠 색상 (의료용)
	공업용	의료용	공업용	의료용	
산소	녹색	백색	백색	녹색	녹색
수소	주황색	–	백색	–	–
액화탄산가스	청색	회색	백색	백색	백색
액화석유가스	회색	–	적색	–	–

3) 용기재료의 구비조건

① 경량이고 충분한 강도를 가질 것
② 저온 및 사용 중 충격에 견디는 연성과 점성강도를 가질 것
③ 내식성과 내마모성을 가질 것
④ 가공성 용접성이 좋고, 가공 중 결함이 없을 것

4) 용기재료

① **이음매 없는 용기재료** : 탄소(C)는 0.55% 이하, 인(P)은 0.04% 이하, 황(S)은 0.05% 이하
② **용접 용기재료** : 탄소(C)는 0.33% 이하, 인(P)은 0.04 이하, 황(S)은 0.05% 이하
   ※ 용기동판의 최대두께와 최소두께 차이는 평균두께의 20% 이하일 것

5) 이음매 없는 용기 제조법

① 만네스만식(Mannesmann)
② 에르하르트식(Ehrhardt)
③ 딥드로잉식(Deep drawing)

6) 용기표시

① **가연성 가스인 용기** : "연"자를 표시(적색으로 표시하되 수소는 백색 LPG는 "연"자를 표시하지 않는다.)
② **독성인 용기** : "독"자를 표시
③ 충전기한은 적색으로 표기한다.

7) 용기 부속품 기호와 번호

① **아세틸렌** : AG
② **압축가스** : PG
③ **액화석유가스** : LPG
④ **액화 석유 가스 이외의 액화 가스** : LG
⑤ **초저온 및 저온** : LT

8) 용기 보관 장소의 충전용기 보관기준

① 충전 용기·잔가스 용기는 각각 구분하여 보관한다.
② 가연성·독성 및 산소용기는 각각 구분하여 보관한다.
③ 작업에 필요한 물건(계량기 등) 이외에는 두지 않을 것
④ 주위 2m 이내에는 화기 또는 인화성·발화성 물질 금지
⑤ 항상 40℃ 이하 유지, 직사광선을 받지 않게 한다.
⑥ 5ℓ를 넘는 충전용기는 전락·전도 등의 충격 및 밸브손상방지 등의 조치와 난폭한 취급금지
⑦ 가연성가스 용기 보관장소에는 휴대용 손전등 이외의 등화휴대 금지

9) 에어졸 제조기준

(에어졸 : 액상의 물질을 기체로 분무시키는 것)
① 성분 배합비 및 최대 수량을 정하고 이를 준수할 것
② 에어졸 분사제는 독성가스를 사용하지 말 것
③ 인체용, 가정용 에어졸은 불꽃길이 시험, 폭발성 시험에 합격한 것일 것
④ 에어졸 제조설비, 충전용기 저장소와 화기, 인화성 물질과 8m 이상 유지할 것
⑤ 에어졸 제조는 35℃에서 용기 내압이 0.8MPa 이하로 하고, 용량은 내용적의 90% 이하일 것
⑥ **에어졸 누설시험 온도** : 온수시험탱크에서 에어졸 온도를 46~50℃ 미만으로 누설이 없을 것
⑦ 인체용 에어졸 제품 용기에 표시할 사항
  ㉠ 특정 부위에 계속 장기간 사용하지 말 것
  ㉡ 가능한 한 인체에서 20cm 이상 떨어져서 사용할 것
  ㉢ 온도 40℃ 이상의 장소에 보관하지 말 것
  ㉣ 사용 후 불 속에 버리지 말 것
⑧ **불꽃길이 시험** : 버너의 불꽃 길이를 4.5~5.5cm 이하로 조절하고, 시료가스를 분사시켜 불꽃 길이를 측정한다.

10) LP용기 설치시 주의 사항

① 옥외에 설치할 것
② 2m 이내의 화기는 차단할 것
③ 온도는 40℃ 이하를 유지할 것
④ 습기 없는 곳이고, 스커트에 녹이 슬지 않는 곳일 것
⑤ 통풍이 양호하고, 직사광선을 받지 않는 곳일 것
⑥ 용기는 수평으로 설치할 것
⑦ 교환 후 비눗물로 누설을 검사할 것

───────────── 예·상·문·제·02

액화석유가스 용기를 실외저장소에 보관하는 기준으로 틀린 것은?

① 용기보관장소의 경계 안에서 용기를 보관할 것
② 용기는 눕혀서 보관할 것
③ 충전용기는 항상 40℃ 이하를 유지할 것
④ 충전용기는 눈·비를 피할 수 있도록 할 것

정답 ②

해설 LPG 용기 보관 시 세워서 보관할 것.

(2) 저장탱크

고압가스를 충전 또는 저장하기 위한 설비로 일정한 위치에 고정·설치된 것을 말한다.

1) 저장탱크 부속 장치

① 안전 밸브

② 유체의 출구 및 입구
③ 드레인 밸브
④ 온도계
⑤ 액면계
⑥ 긴급차단 장치
⑦ 방류둑 및 물분무장치(살수장치)를 설치하여야 한다.

2) 원통형 저장탱크
① 횡형식
② 입형식

3) 경판은 압력 구분에 따른 분류
① 평 경판
② 접시형 경판
③ 반타원형 경판
④ 반구형 경판

4) 구형 저장탱크
① 구형 저장탱크의 특징
  ㉠ 고압 저장탱크로써 건설비가 저렴하다.
  ㉡ 동일용량의 부피를 저장하는 경우 표면적이 적고 강도가 높다.
  ㉢ 기초가 단순하고 공사가 용이하다.
  ㉣ 보존 관리면에서 유리하며, 형태가 아름답다.

5) 구면 지붕형(돔 루프형)
산소, 질소 또는 LPG, LNG와 같은 액화 기스를 대량으로 저장하는 경우에 구면 지붕형 탱크가 사용된다. 이들 저장탱크는 대용량이므로 기초 설계에 특히 주의가 필요하며 내진 설계도 고려되어야 한다. 단각식과 이중각식이 있다.

6) 저장 능력 산정식
① 압축가스(용기, 차량에 고정된 탱크, 저장탱크)

$$Q = (P+1)V$$

Q : 저장량[m³]
P : 35℃에서 최고 충전압력[kg/cm²·G]
V : 내용적[m³]
1 : 대기압 즉, $(P+1)$ = 절대압력

② 액화가스(용기, 차량에 고정된 탱크)

$$W = \frac{V}{C}$$

W : 충전량[kg]
V : 내용적[ℓ]
C : 충전상수(프로판 2.35, 부탄 2.05, 암모니아 1.86)

························· 예·상·문·제·03

내용적 94L인 액화프로판 용기의 저장능력은 몇 kg인가? (단, 충전상수 C는 2.35이다.)

① 20　　　　　　② 40
③ 60　　　　　　④ 80

정답 ②

해설

$$G = \frac{V}{C}$$

$$\therefore G = \frac{94}{2.35} = 40\text{kg}$$

③ 액화가스(저장탱크)

$$W = 0.9\,d\,V_2$$

W : 저장량[kg]
d : 상용 온도에서의 액화가스 비중[kg/ℓ]
V_2 : 탱크 내용적[ℓ]
0.9 : 내용적의 90% 이하를 충전해야 함

7) 가스 저장 탱크 이격거리
탱크와 탱크 사이에는 두 탱크 직경 합산거리의 1/4 이상을 유지(단, 탱크 직경합산 거리의 1/4값이 1m 미만 시는 1m 유지)

※ 이격거리 산정 : $\frac{3m + 3m}{4}$ = 1.5 이격

8) 가스설비 내를 대기압 이하까지 가스치환을 생략할 경우
① 당해 가스 설비의 내용적이 1m³ 이하인 것
② 출입구의 밸브가 확실히 폐지되어 있으며, 또한 내용적이 5m³ 이상의 가스설비에 이르는 사

이에 2개 이상의 밸브를 설치한 것
③ 사람이 그 설비 밖에서 작업하는 것인 것
④ 화기를 사용하지 아니하는 작업인 것
⑤ 설비의 간단한 청소 또는 가스켓의 교환, 기타 이들에 준하는 경미한 작업인 것

9) 각 설비의 작업할 수 있는 허용농도
① **가연성 가스** : 폭발 하한계의 1/4 이하
② **독성 가스** : 허용농도 이하
③ **산소 가스** : 18~22% 이하

········· 예·상·문·제·04

산소가스 설비의 수리를 위한 저장탱크 내의 산소를 치환할 때 산소측정기 등으로 치환 결과를 수시로 측정하여 산소의 농도가 원칙적으로 몇 % 이하가 될 때까지 치환하여야 하는가?

① 18%   ② 20%
③ 22%   ④ 24%

정답 ③
해설 산소농도 18~22% 범위

10) 방호벽

높이 2m 이상, 두께 12cm 이상의 철근콘크리트 또는 이와 동등 이상의 강도를 갖는 구조의 벽

★ 방호벽의 종류와 규격

종류	높이	두께	규격
철근 콘크리트제	2m 이상	12cm 이상	직경 9mm 이상의 철근을 가로×세로 40cm 이하의 간격으로 배근 결속
콘크리트 블록제	2m 이상	15cm 이상	위와 같이 철근을 배근 결속하고, 블록 공동부에는 콘크리트 몰탈을 채운다.
박강판	2m 이상	3.2mm 이상	1.8m 이하 간격의 지주 및 30mm×30mm 이상의 앵글강을 가로×세로 40cm 이하의 간격으로 용접보강
후강판	2m 이상	6mm 이상	1.8m 이하의 간격으로 지주를 세운다. (지주형강은 I형, H형, ㄷ형)

11) 방호벽을 설치할 곳
① C_2H_2 압축기와 충전장소 사이
② C_2H_2 압축기와 충전용기 보관장소 사이
③ C_2H_2 충전장소와 충전용 주관 밸브 조작소 사이
④ 압축가스 압축기와 충전장소 사이
⑤ 압축가스 압축기와 충전용기 보관장소 사이
⑥ 압축가스 충전장소와 충전용 주관 밸브 조작장소 사이
⑦ 저장시설의 저장탱크와 사업소 내의 1제 1, 2종 보호시설 사이
⑧ 판매시설의 용기 보관실 벽
⑨ 특정 고압가스 사용시설 중 저장량이 300kg 이상 (압축가스 : $60m^3$)인 용기보관실 벽

········· 예·상·문·제·05

고압가스 제조시설에 설치되는 피해저감설비로 방호벽을 설치해야 하는 경우가 아닌 것은?

① 압축기와 충전장소 사이
② 압축기와 가스충전용기 보관 장소 사이
③ 충전장소와 충전용 주관밸브 조작밸브 사이
④ 압축기와 저장탱크 사이

정답 ④
해설 방호벽은 압축기와 저장탱크 사이에 설치하지 않는다.

12) 가스 저장시설 화기 취급(화기와의 이격 거리)
① 저장실 주위와 화기 : 2m 이내
② 가연성, 산소저장실과 화기 : 8m 이내
③ LPG 저장설비 주위와 화기 : 8m 이내(가정용은 2m 이내)
④ LPG 용기 보관장소 주위와 화기 : 8m 이내

13) 역화방지 장치
① 설치 장소
  ㉠ 가연성 압축기와 오토클레이브 사이
  ㉡ C_2H_2 고압 건조기와 충전용 교체밸브 사이
  ㉢ C_2H_2 충전용 지관

ㄹ. 수소화염, 산소·아세틸렌화염을 사용하는 시설

······ 예·상·문·제·06

역화방지장치를 설치하지 않아도 되는 곳은?

① 가연성가스 압축기와 충전용 주관 사이의 배관
② 가연성가스 압축기와 오토클레이브 사이의 배관
③ 아세틸렌 충전용 지관
④ 아세틸렌 고압건조기와 충전용 교체밸브 사이의 배관

정답 ①

해설 가연성 가스 압축기와 충전용 주관 사이 배관에는 역류방지 장치를 설치한다.

② **역화방지기 내부 충진물**
  ㉠ 물
  ㉡ 모래
  ㉢ 자갈
  ㉣ 페로실리콘

14) 역류방지 밸브

① **설치장소**
  ㉠ 가연성 가스압축기와 충전용 주관 사이의 배관
  ㉡ 아세틸렌 압축기의 유분리기와 고압 건조기 사이의 배관
  ㉢ 암모니아, 메탄올의 합성탑이나 정제탑과 압축기 사이의 배관
  ㉣ 감압밸브와 가스반응 설비 배관 사이

② **종류**
  ㉠ 리프트식 : 수평 배관에만 사용
  ㉡ 스윙식 : 수평과 수직 배관에 전부 사용

15) 안전밸브

① **스프링식**
  ㉠ LPG 저장탱크 및 용기에 널리 사용됨
  ㉡ 반영구적이다.
  ㉢ 시트누설이 있는 단점이 있다.
  ㉣ 작동압력 : 내압시험 압력 × 8/10 이하
  ㉤ 액화 산소 저장탱크 : 사용압력 × 1.5배

② **가용전식**
  ㉠ 퓨즈메탈이라고도 한다.
  ㉡ C_2H_2, Cl_2 용기에 사용한다.(C_2H_2용기 작동온도 : 105±5℃, Cl_2용기 : 65~68℃)
  ㉢ Pb, Sn, Sb, Bi, Cu 등의 합금으로 구성되어 있다.
  ㉣ 고온의 영향을 받는 곳에 사용하지 않는다.

③ **파열판식(박판식)**
  ㉠ 랩튜어 디스크라고 한다.
  ㉡ 구조가 간단하고 취급이 용이하다.
  ㉢ 부식성유체, 괴상물질(덩어리)을 함유한 유체에 적합하다.
  ㉣ 작동시 새로운 박판으로 교체를 하여야 한다.
  ㉤ 스프링식과 같은 밸브시트의 누설은 없다.
  ㉥ 압축가스의 압력용기에 사용한다(산소, 질소, 수소, 아르곤 등).

16) 압력계 및 안전밸브 기능 및 작동검사

① **충전용 주관의 압력계** : 매월 1회 이상
② **기타의 압력계** : 3월 1회 이상
③ **압축기 최종단의 안전밸브** : 1년에 1회 이상
④ **기타의 안전밸브** : 2년에 1회 이상

······ 예·상·문·제·07

고압가스 설비에 설치하는 압력계의 최고눈금의 범위는?

① 상용압력의 1배 이상, 1.5배 이하
② 상용압력의 1.5배 이상, 2배 이하
③ 상용압력의 2배 이상, 3배 이하
④ 상용압력의 3배 이상, 5배 이하

정답 ②

해설 가스설비에 설치하는 압력계는 상용압력의 1.5배 이상 2배 압력범위

17) 가스방출장치

내용적 $5m^3$ 이상의 가스를 저장하는 저장탱크 및 가스홀더에 설치

① **가연성** : 지상 5m 또는 저장탱크 정상부에서 2m 높은 위치로 주위에 착화원이 없는 안전한 위치
② **독성** : 중화를 위한 설비 내
③ **기타** : 인근 건축물이나 시설물이 높이 이상으로 주위에 착화원이 없는 안전한 위치

18) 긴급차단장치

① **적용시설** : 내용적 5,000ℓ 이상의 저장탱크 배관으로 액상의 가스를 이입, 충전하는 곳에 설치
② **부착위치** : 탱크 주 밸브 외측으로 탱크 가까운 위치 또는 내부에 설치(주 밸브 겸용 불가, 탱크 침하, 부상, 배관 열팽창, 지진의 우려가 있는 곳은 피한다)
③ **차단 동력원** : 액압(유압), 기압, 전기, 스프링
④ **작동온도** : 110℃
⑤ **조작위치**
  ㉠ 탱크로부터 5m 이상
  ㉡ 방류둑 설치 시 외측
  ㉢ 작동 레버 3개소 이상 설치
  ㉣ 차단 성능 검사 : 매년 1회 실시

19) 가스 홀더

제조된 가스를 저장하여 가스의 질을 균일하게 유지하며 제조량과 수요량을 조절하는 저장탱크이다.

① **가스 홀더의 기능**
  ㉠ 가스 수요의 변동에 대하여 일정한 제조 가스량을 안정하게 공급하고 잉여가스를 저장한다.
  ㉡ 정전, 배관공사 제조 및 공급 설비의 일시적 지장에 대하여 어느 정도의 공급을 확보 한다.
  ㉢ 정전, 배관공사 제조 및 공급 설비의 일시적 지장에 대하여 어느 정도의 공급을 확보한다.
  ㉣ 조성이 변동하는 제조가스를 저장 혼합하여 공급 가스의 성분, 열량, 연소성 등을 균일화 한다.

② **가스 홀더의 종류**
  ㉠ 무수식 가스 홀더
  ㉡ 유수식 가스 홀더
  ㉢ 고압 가스 홀더

③ **저장 탱크 부대 설비**
  ㉠ 방류둑
    • 가연성, 산소 1,000톤 이상 저장시(특정 가스 500톤)
    • 독성 가스 500톤 이상 저장시
  ㉡ 살수 장치, 물 분무장치 설치
  ㉢ 긴급 차단 장치
  ㉣ 안전밸브 및 방출관 설치
  ㉤ 벤트스택, 플레이어스택 설치
  ㉥ 정전기 제거하는 조치를 할 것
  ㉦ 가스누설 검지 경보기를 설치할 것
  ㉧ 전기 설비는 방폭구조일 것
  ㉨ 경계책 설치

(3) LPG 충전 시설

1) 충전시설

① 저장 탱크와 충전장소 사이는 방호벽 설치
② **저장량에 의한 경계거리**

저장능력	사업소 경계와의 거리
10톤 이하	17m
10톤 초과 30톤 이하	21m
20톤 초과 30톤 이하	24m
30톤 초과 40톤 이하	27m
40톤 초과	30m

③ **저장탱크 지하설치 기준**
  ㉠ 저장탱크 외면에 부식방지 코팅 및 전기 부식 방지 조치를 하고, 천장벽 및 바닥에 두께가 각각 30cm 이상의 방수조치를 한 철근 콘크리트 실에 설치
  ㉡ 저장탱크 주위에는 마른 모래를 채울 것
  ㉢ 저장탱크 정상부와 지면과의 거리는 60cm 이상으로 할 것
  ㉣ 저장탱크를 2개 이상 인접하여 설치하는 경우 상호간에 1m 이상 거리를 유지 할 것
  ㉤ 저장탱크를 묻는 곳의 주위에는 지상에 경계를 표시
  ㉥ 안전밸브에는 지상에서 5m 이상의 가스 방출관을 설치

··········· 예·상·문·제·08

저장탱크의 지하설치기준에 대한 설명으로 틀린 것은?

① 천정, 벽 및 바닥의 두께가 각각 30cm 이상인 방수조치를 한 철근콘크리트로 만든 곳에 설치한다.
② 지면으로부터 저장탱크의 정상부까지의 깊이는 1m 이상으로 한다.
③ 저장탱크에 설치한 안전밸브에는 지면에서 5m 이상의 높이에 방출구가 있는 가스방출관을 설치한다.
④ 저장탱크를 매설한 곳의 주위에는 지상에 경계표시를 설치한다.

정답 ②

해설 저장탱크 지하 설치시 지면과 저장탱크 정상부 이격거리는 60cm 이상일 것

④ 저장탱크에 부착된 배관에는 그 저장탱크의 외면으로부터 5m 위치에서 조작할 수 있는 긴급차단장치를 설치(단, LPG를 이입하기 위한 배관은 역류 방지 밸브로 갈음할 수 있다.)
⑤ 저장탱크 외부에는 은백색 도료를 바르고 보기 쉽도록 '액화석유가스' 또는 'LPG'를 붉은 글씨로 표시
⑥ 저장능력 1,000t 이상인 저장탱크 주위에 방류둑 설치
⑦ 방류둑 내측과 그 외면으로부터 10m 이내에는 저장탱크 부속설비의 것은 실치를 금한다.
⑧ 가스설비와의 화기 이격 거리는 우회거리 8m 이상 유지 할 것
⑨ 주거, 상업 지역에 설치하는 저장능력 10ton 이상 저장탱크는 폭발 방지 장치를 설치할 것
⑩ 충전기 충전 호스는 5m 이내일 것
⑪ **차량에 고정된 탱크 충전시설(Tank Lorry)**
　㉠ 저장탱크에 가스를 충선시 내용적의 90%를 넘지 않을 것
　㉡ 가스 충전시 정전기를 제거하는 조치를 할 것
　㉢ LPG에는 공기 중의 혼합비율 용량이 1/1,000 (0.1%)의 상태에서 감지할 수 있는 향료를 섞어 탱크로리 및 용기에 충전(단, 공업용은 제외)
　㉣ 차량에 고정된 5,000ℓ 이상의 탱크인 경우 차량 정지목을 비치할 것
　㉤ LPG 충전설비는 1일 1회 이상 그 설비의 작동 상황을 점검·확인할 것
　㉥ 차량에 고정된 탱크는 저장탱크 외면으로부터 3m 이상 떨어져 정지
　㉦ 저장탱크 외면에서 5m 떨어진 위치에서 조작할 수 있는 냉각 실수 장치 설치

2) 통풍구조 및 강제통풍시설

① 바닥면에 접하고 또한 외기에 면하여 설치된 환기구의 통풍 가능 면적의 합계가 바닥면적 $1m^2$ 마다 $300cm^2$(철망 등을 부착할 때에는 철망이 차지하는 면적을 뺀 면적으로 한다)의 비율로 계산한 면적 이상(1개소 환기구의 면적은 2,400 m^2 이하로 한다)일 것. 이 경우 사방을 방호벽 등으로 설치할 경우에는 환기구를 두방향 이상으로 분산 설치하여야 한다.
② 통풍 구조를 설치할 수 없는 경우에는 다음 기준에 적합한 강제통풍장치를 설치하여야 한다.
　㉠ 통풍 능력이 바닥 면적 $1m^2$ 마다 $0.5m^3$/분 이상으로 할 것
　㉡ 흡입구는 바닥면 가까이에 설치할 것
　㉢ 배출가스 방출구를 지면에서 5m 이상의 높이에 설치할 것

3) 액면계의 설치

① 저장탱크에 설치하는 액면계는 다음 각호의 기준에 적합하게 설치하여야 한다.
　㉠ 액면계는 평형반사식, 유리액면계, 평행투시식, 유리액면계 및 플로트(float)식, 차압식, 정전용량식, 편위식, 고정튜브식 또는 회전튜브식이나 스립튜브식 액면계 등에서 액화가스의 종류와 저장탱크의 구조 등에 적합한 구조와 기능을 가지는 것을 선정하여 사용하여야 한다.
　㉡ 유리를 사용한 액면계에는 액면을 확인하기 위한 필요한 최소면적 이외의 부분을 금속제 등의 덮개로 보호하여 그의 파손을 방지하는 조치를 한 것이어야 한다.

ⓒ 액면계에 설치하는 상하 스톱밸브는 수동식 및 자동식을 각각 설치하여야 한다. 다만, 자동식 및 수동식 기능을 함께 갖춘 경우에는 각각 설치한 것으로 볼 수 있다.

4) 가스누출 경보기

① 미리 설정된 가스농도(폭발한계의 1/4 이하)에서 자동적으로 경보를 울리는 것이어야 한다.
② 경보기의 검지부를 설치하는 위치는 가스의 성질, 주위 상황, 각 설비의 구조 등의 조건에 따라 정하되 다음에 해당하는 장소에는 설치하지 아니하여야 한다.
  ㉠ 증기, 물방울, 기름기 섞인 연기 등이 직접 접촉될 우려가 있는 곳
  ㉡ 주위 온도 또는 복사열에 의한 온도가 섭씨 40도 이상이 되는 곳
  ㉢ 설비 등에 가려져 누출가스의 유동이 원활하지 못한 곳
  ㉣ 차량, 그 밖의 작업 등으로 인하여 경보기가 파손될 우려가 있는 곳
③ 경보기 검지부의 설치 높이는 바닥면으로부터 검지부 상단까지의 높이가 30cm 이내인 범위에서 가능한 한 바닥에 가까운 곳이어야 한다.
④ **가스누출경보기의 설치 개수**
  ㉠ 건축물 내(지붕이 있고 둘레의 1/4 이상이 벽으로 쌓여 있는 장소를 말한다.)에 설치된 경우에는 그 설비군의 주위 10m(용기보관장소, 용기저장실, 지하에 설치된 전용 서상 탱크실 및 전용처리 설비실에 있어서는 바닥면 둘레 20m)에 대하여 1개 이상의 비율로 계산한 수
  ㉡ 건축물 밖에 설치된 경우에는 그 설비군의 주위 20m에 대하여 1개 이상의 비율로 계산한 수

5) 이·충전 설비의 정전기 제거조치

① 충전용으로 사용하는 저장탱크 및 제조설비는 접지하여야 한다. 이 경우 접지접속선은 단면적 5.5mm^2 이상의 것(단선은 제외한다)을 사용하고, 경납붙임, 용접, 접속금구 등을 사용하여 한다.
② 차량에 고정된 탱크 및 충전에 사용하는 배관은 반드시 충전하기 전에 위험장소외의 장소까지 접지시설을 연장하여 확실하게 접지하여야 하며, 이때 접지선은 절연 전선(비닐절연전선은 제외한다)·캡타이어 케이블 또는 케이블(통신 케이블은 제외한다)로서 단면적 5.5mm^2 이상의 것(단선은 제외한다)을 사용하고 접속금구를 사용하여 확실하게 접속하여야 한다. 다만, 접속금구가 위험장소에 있을 때에는 방폭구조이어야 한다.
③ 접지 저항치는 총합 100Ω(피뢰설비를 설치한 것은 총합 10Ω) 이하로 하여야 한다.

·예·상·문·제·09

액화석유가스를 탱크로리로부터 이·충전할 때 정전기를 제거하는 조치로 접지하는 접지접속선의 규격은?

① 5.5mm^2 이상 ② 6.7mm^2 이상
③ 9.6mm^2 이상 ④ 10.5mm^2 이상

정답 ①
해설 정전기 제거용 접지선 규격은 5.5mm^2 이상

6) 액화석유가스 사용시설에 관한 안전

① 저장능력 250kg 이상인 고압 배관에는 안전장치를 설치 할 것
② 가스 사용시설의 저압부 배관은 0.8MPa 이상의 내압 시험에 합격한 것일 것(용기와 조정기 입구측까지의 고압부 배관은 내압 시험압력 이상)
③ 가스 사용시설을 시공한 후 조정기 출구로부터 연소기까지의 배관 또는 호스에 840~1,000 mH$_2$O 압력으로 기밀시험 하여 이상이 없을 것(압력이 330~3,000mmH$_2$O인 것은 3,500 mH$_2$O 이상을 실시)
④ **가스 계량기 설치장소**
  ㉠ 가스 계량기는 화기와 2m 이상 우회거리
  ㉡ 설치높이는 지면으로부터 1.6m 이상 2m 이내 설치

ⓒ 가스 계량기와 전기 계량기 및 전기 접속기와의 거리 60cm 이상
굴뚝, 전기 점멸기, 전기 접속기와의 거리 30cm 이상, 절연 조치 하지 아니한 전선과 15cm 이상 이격시킬 것

·······························예·상·문·제·10

저장탱크에 의한 LPG 사용시설에서 가스계량기의 설치기준에 대한 설명으로 틀린 것은?

① 가스계량기와 화기와의 우회거리 확인은 계량기의 외면과 화기를 취급하는 설비의 외면을 실측하여 확인한다.
② 가스계량기는 화기와 3m 이상의 우회거리를 유지하는 곳에 설치한다.
③ 가스계량기의 설치높이는 1.6m 이상, 2m 이내에 설치하여 고정한다.
④ 가스계량기와 굴뚝 및 전기점멸기와의 거리는 30cm 이상의 거리를 유지한다.

정답 ②

해설 LP 가스시설에서 가스 계량기와 화기와의 이격거리는 2m 이상으로 한다.

(4) 가스 이송 설비

1) 압축기

압축기는 기체를 이송 및 충전을 하는 것으로 베이퍼라인(균압관)에 설치하여 충전 하고자 하는 저장탱크의 상부에서 가스를 흡입하여 탱크로리의 상부를 가압하는 방식으로 가스를 이송한다.
사방 절환 밸브를 조작하여 탱크로리 내에 잔류된 잔가스를 회수할 수 있는 장점이 있고 작업 시간이 단축된다.

① **압축기 종류**
  ㉠ 왕복동식
  ㉡ 회전식(로터리식)
  ㉢ 스크류식
  ㉣ 원심식(터보식)

② **혼합 압축 금지**
  ㉠ 가연성 가스와 산소의 용량이 전용량의 4% 이상일 때는 압축을 금지한다.
  ㉡ 산소 중 가연성 가스의 용량이 전용량의 4% 이상일 때는 압축을 금지한다.
  ㉢ 아세틸렌 에틸렌 수소의 용량이 전용량의 2% 이상일 때는 압축을 금지한다.
  ㉣ 산소 중 아세틸렌 에틸렌 수소의 용량이 전용량의 2% 이상일 때는 압축을 금지한다.

③ **윤활유** : 압축기는 윤활유를 사용하게 되는 경우가 많은데 가스의 이·충전시 사용 가스와 화학반응을 일으키는 문제가 있어서 선택시 주의가 필요하다.
  ㉠ 산소 : 물, 10% 이하의 묽은 글리세린 수
  ㉡ 아세틸렌, 수소, 암모니아, 공기 : 양질의 광유
  ㉢ 염소 : 진한 황산
  ㉣ 염화메탄 : 화이트유
  ㉤ LPG : 식물성유

④ **유분리기**
압축기 윤활유는 가스에 혼입되어 드레인의 원인이 될 뿐만이 아니라 가스의 순도 저하도 가져온다. 그러므로, 유분리기를 설치하여 제거하여야 한다.

·······························예·상·문·제·11

압축기의 윤활에 대한 설명으로 옳은 것은?

① 산소압축기의 윤활유로는 물을 사용한다.
② 염소압축기의 윤활유로는 양질의 광유가 사용된다.
③ 수소압축기의 윤활유로는 식물성유가 사용된다.
④ 공기압축기의 윤활유로는 식물성유가 사용된다.

정답 ①

해설 • 압축기 윤활유
  ⓐ 산소 압축기 : 물 또는 10% 이하의 묽은 글리세린수
  ⓑ 염소 압축기 : 진한 황산
  ⓒ 수소 압축기 : 양질의 광유
  ⓓ 공기 압축기 : 양질의 광유

2) 펌프

펌프는 액체를 높은 곳으로 올리거나 다른 곳으로 이송 또는 가압하는데 필요하며 충전할 때에도 사용된다.

① **펌프의 구성** : 케이싱, 임펠러, 축, 베어링, 축봉부 등으로 구성되어 있어 누설 방지에 주의해야 한다.

② **펌프의 종류**
  ㉠ 원심식
   • 볼류트 펌프
   • 터빈 펌프
  ㉡ 왕복동식
   • 피스톤 펌프
   • 플린저 펌프
  ㉢ 회전식
   • 기어 펌프
   • 나사 펌프
   • 베인 펌프

·········· 예·상·문·제·12

다음 [보기]의 특징을 가지는 펌프는?

[보기]
• 고압, 소유량에 적당하다.
• 토출량이 일정하다.
• 송수량의 가감이 가능하다.
• 맥동이 일어나기 쉽다.

① 원심 펌프 ② 왕복 펌프
③ 축류 펌프 ④ 사류 펌프

정답 ②

해설 • 왕복펌프
  ⓐ 유량이 적고 고압에 적당하다.
  ⓑ 운전이 단속적으로 맥동 현상이 있다.
  ⓒ 토출량이 일정하며 유량조정이 용이하다.

3) 펌프의 메카니컬 시일 방법

가연성 및 유독성 등을 액체를 이송하거나 충전하는 경우 정밀한 축봉성을 유지하기 위하여 사용하는 시일 방식

① 싱글 시일
② 더블 시일
③ 인사이드형
④ 아웃사이드형
⑤ 언밸런스 시일
⑥ 밸런스 시일

4) 펌프의 액 이송시 문제점

① 베이퍼록의 현상
② 서징 현상

(5) 압력조정기

1) 압력 조정기 종류에 따른 입구압력 및 조정압력 범위

종류	입구압력	조정압력
1단 감압식 저압조정기	0.07~1.56MPa	230~330mmH$_2$O
1단 감압식 준저압조정기	0.1~1.56MPa	230~330mmH$_2$O
2단 감압식 1차용 조정기	0.1~1.56MPa	230~330mmH$_2$O
2단 감압식 2차용조정기	0.025~0.36MPa	230~330mmH$_2$O
자동절체식 일체형 조정기	0.1~1.56MPa	230~330mmH$_2$O
자동절체식 분리형 조정기	0.1~1.56MPa	230~330mmH$_2$O

·········· 예·상·문·제·13

LPG용 압력조정기 중 1단 감압식 저압조정기의 조정압력의 범위는?

① 2.3~3.3kPa
② 2.55~3.3kPa
③ 57~83kPa
④ 5.0~3.0kPa 이내에 제조자가 설정한 기준압력의 ±20%

정답 ①

해설 • 1단 감압식 저압조정기 조정압력범위
  2.3~3.3kPa(280±50mmH$_2$O)

2) 조정기의 최대 폐쇄압력

① 1단 감압식 저압 조정기
   2단 감압식 2차용 조정기
   자동 절체식 일체형 조정기 : 330mmH$_2$O 이하
② 2단 감압식 1차용 조정기 : 자동 절체식 분리형 조정기 : 0.095MPa 이하
③ 1단 감압식 준저압 조정기 : 조정압력의 1.25배 이하

3) 조정압력이 330mmH$_2$O 이하인 조정기의 안전장치의 작동압력

① 작동 표준압력 : 700mmH$_2$O
② 작동 개시압력 : 560 ~ 840mmH$_2$O
③ 작동 정지압력 : 504 ~ 840mmH$_2$O

4) 1단 감압 방법의 특징

용기 내의 가스 압력을 한번에 소요되는 압력까지 감압하는 방법

① 장점
   ㉠ 조작이 간단하다.
   ㉡ 장치가 간단하다.
② 단점
   ㉠ 최종 공급 압력의 정확을 기하기가 힘들다.
   ㉡ 배관의 굵기가 비교적 굵어진다.

5) 2단 감압 방법의 특징

용기 내의 가스 압력을 소비 압력보다 약간 높은 상태로 감압하고 다음 단계에서 소비 압력까지 낮추는 방식

① 장점
   ㉠ 공급 압력이 안정하다.
   ㉡ 중간 배관이 가늘어도 된다.
   ㉢ 배관 입상에 의한 압력 손실을 보장할 수 있다.
   ㉣ 각 연소 기구에 알맞은 압력으로 공급이 기능하다.
② 단점
   ㉠ 설비가 복잡하다.
   ㉡ 조정기가 많이 소요된다.
   ㉢ 검사 방법이 복잡하다.

㉣ 재액화의 문제가 있다.

(6) 가스 배관

1) 가스 공급 배관

① 본관 : 도시가스 재료 사업소의 부지경계에서 정압기까지 이르는 배관
② 공급관 : 정압기에서 사용자 소유의 토지경계에 이르는 배관
③ 내관 : 사용자 소유의 토지경계에서 연소기까지 이르는 배관

2) 가스 배관 이음법

① 나사 이음법
② 플랜지 이음법
③ 용접 이음법

3) 가스 배관의 재질

① 강관
   ㉠ 배관용 탄소강 강관(SSP)
   ㉡ 압력 배관용 탄소강 강관(SPPS)
   ㉢ 고압 배관용 탄소강 강관(SPPH)
② PLP강관(폴리에틸렌 피복 강관)
③ 동관
④ 스테인레스관
⑤ PE관(폴리에틸렌관은 최고사용압력이 0.4MPa 이하로서 지하매설용으로 사용할 것)

4) 배관 재료 구비조건

가스 제조, 저장, 사용시설 중 도관 및 배관과 가스 공급 시설 중 배관의 재료는 다음의 각호에 적합하여야 한다.

① 배관의 가스 유통이 원활한 것일 것
② 내부의 가스압과 외부로 부터의 하중 및 충격 하중 등에 견디는 강도를 가지는 것일 것
③ 토양 지하수 등에 대하여 내식성을 가지는 것일 것
④ 관의 접합이 용이하고 가스의 누설을 방지할 수 있는 것일 것
⑤ 절단 가공이 용이한 것일 것

5) 관의 두께

관의 두께를 나타내는 것을 스케듈 번호가 쓰인다. 스케듈 번호가 크면 두께가 두껍고 내압 성능이 우수하다.

① 스케듈 번호

$$SCH\ NO = 10 \times \frac{P}{S}$$

P : 사용압력[kg/cm^2], S : 허용응력[kg/mm^2]

6) 가스관의 고정

① 행거
② 서포트
③ 리스트레인트
  ㉠ 가이드
  ㉡ 앵커
  ㉢ 스톱

7) 가스 배관의 고정

① 관경이 13mm 미만은 1m 마다 고정
② 관경이 13mm 이상 33mm 미만은 2m 마다 고정
③ 관경이 33mm 이상 3m 마다 고정

·········· 예·상·문·제·14

도시가스 사용시설에서 배관의 호칭지름이 25mm인 배관은 몇 m 간격으로 고정하여야 하는가?

① 1m 마다   ② 2m 마다
③ 3m 마다   ④ 4m 마다

정답 ②

해설
- 관경 13mm 이하, 1m 마다 고정
- 관경 13mm에서 33mm 이하, 2m 마다 고정
- 관경 33mm 이상, 3m 마다 고정

8) 가스 배관 시공시 고려해야 할 사항

① 배관내 압력 손실
② 가스 소비량의 결정(최대 가스 유량)
③ 배관 경로의 결정(배관의 길이)
④ 관경의 결정
⑤ 감압 방식의 결정 및 조정기의 선정

9) 가스 배관에서의 압력손실 요인

① 배관의 관 내부에서의 압력 손실
② 관의 입상에 의한 압력손실

$$H = 1.293(S-1)h$$

H : 가스의 압력손실(압력강하)[mmH$_2$]
S : 가스비중, h : 입상높이[m]

③ 엘보, 티이, 밸브 등의 부속에 의한 압력손실
④ 가스미터 등의 유량계 부착에 의한 압력손실

10) 가스 배관의 경로 선정 4요소

① 최단거리로 할 것
② 구부러지거나 오르내림이 적을 것
③ 은폐하거나 매설을 피할 것
④ 가능한 한 옥외에 설치할 것

11) 가스 배관과 전기 시설물과의 이격 거리

① 배관과 전기계량기, 전기개패기와의 이격 거리 60cm 이상
② 배관과 굴뚝, 전기점멸기, 전기접속기와의 이격 거리 30cm 이상
③ 배관과 전선과의 이격 거리 15cm 이상

12) 독성 가스 2중 배관으로 하여야 하는 경우

① 암모니아(NH$_3$)
② 아황산 가스(SO$_2$)
③ 염소(Cl$_2$)
④ 염화메탄(CH$_3$Cl)
⑤ 산화에틸렌(C$_2$H$_4$O)
⑥ 시안화수소(HCN)
⑦ 포스겐(COCl$_2$)
⑧ 황화수소(H$_2$S)

※ 2중관의 외층관 내경은 내층관 외경의 1.2배 이상으로 할 것
※ 2중관의 내층관과 외층관 사이에는 가스누설 검지경보 설비의 검출단부를 설치하여 가스누설을 검지하는 조치를 할 것

13) 배관의 표시 및 검사

① 배관의 외부에 사용 가스명, 최고 사용압력 및 가스 흐름 방향을 표시할 것
② 가스 배관의 표면 색상은 지상 배관 황색 매몰관은 적색 또는 황색으로 할 것
③ 다만 지상 배관 중 건축물의 외벽에 노출된 것으로 다음의 방법에 의하여 황색띠로 가스 배관임을 표시하는 경우에는 그러하지 아니하다.
④ 표시는 황색 도료에 의하여 지워지지 않도록 도색할 것
⑤ 바닥으로부터 1m의 높이에 폭 3cm의 띠를 2중으로 표시할 것
⑥ 지하 매설 배관의 누설 검사는 최고 사용 압력이 고압인 경우는 1년에 1회 이상 실시하고 그 외는 3년에 1회 이상 누설 검사를 할 것
⑦ 고압 가스 설비 및 가스 공급 시설의 고압, 중압의 배관 내압시험압력은 최고 사용압력의 1.5배 압력으로 내압시험을 실시하여 이상이 없을 것
⑧ 가스 공급 시설의 기밀시험은 최고 사용압력의 1.1배 이상의 압력으로 실시하여 이상이 없을 것

14) 가스 배관의 부식 원인 및 방식법

① 부식원인
  ㉠ 다른 종류의 금속과의 접촉에 의한 부식
  ㉡ 국부 전지에 의한 부식
  ㉢ 농염 전지에 의한 부식
  ㉣ 미주전류에 의한 부식
  ㉤ 박테리아에 의한 부식
② 부식의 형태
  ㉠ 전면 부식
  ㉡ 국부 부식
  ㉢ 선택 부식
  ㉣ 입계 부식
  ㉤ 응력 부식
③ 부식 속도에 영향을 미치는 인자
  ㉠ 외부인자
    • 기 화학적 특성
    • 표면 상태
    • 응력 상태
    • 온도
  ㉡ 내부인자
    • 부식액의 조성
    • PH(수소이온농도)
    • 용존 가스 농도
    • 온도
    • 유동 상태
④ 부식 속도
  ㉠ 전기 저항이 낮은 토양 중의 부식 속도는 크다.
  ㉡ 통기, 배수가 불량한 점토 중의 부식 속도는 크다.
  ㉢ 염기성 세균이 번식하는 토양 중의 부속 속도는 대단히 크다.
  ㉣ 통기성이 좋은 토양에서는 부식 속도는 점차 저하한다.
  ㉤ 배관 지하 매설시 평균 부식 속도는 0.02mm/year
    • 점토에서의 부식 속도는 0.06mm/year
    • 모래에서의 부식 속도는 0.005mm/year
⑤ 배관의 방식법
  ㉠ 부식 환경의 처리에 의한 방식
  ㉡ 부식 억제제(인히비터)에 의한 방식
  ㉢ 피복 및 도장에 의한 방식

15) 가스 배관의 설치

① 배관의 설치
  ㉠ 배관을 건축물 내부, 기초의 밑에 설치하지 말 것
  ㉡ 배관을 지상에 설치 시 지면으로부터 30cm 떨어져서 설치
  ㉢ 배관을 지하에 매설 시 지면으로부터 1m 이상에 설치
  ㉣ 배관을 수중에 설치 시 선박, 파도 등의 영향을 받지 않는 깊은 곳에 설치
② 배관의 신축이음
  ㉠ 상온 스프링(cold spring)
  ㉡ 루프형(신축 곡관) 신축이음
  ㉢ 슬리이브 신축이음
  ㉣ 벨로우즈 신축이음
  ㉤ 스위블 신축이음
    ※ 배관의 온도는 40℃ 이상 유지

③ 배관이격거리

고압가스의 종류	시설물	수평거리
독성가스	건축물(지하가 내의 건출물을 제외한다)	1.5m
	지하가 및 터널	10m
	수도시설로서 독성가스가 혼입할 우려가 있는 것	300m
독성가스 외의 고압가스	건축물(지하가 내의 건출물을 제외한다)	1.5m
	지하가 및 터널	10m

㉠ 지하매설
- 다른 시설물과 0.3m 이상 유지
- 배관 외면과 지면과의 거리 : 산이나 들에서 1m 이상. 그밖에 2m 거리 유지

·······예·상·문·제·15

고압가스 특정제조시설에서 지하매설 배관은 그 외면으로부터 지하의 다른 시설물과 몇 m 이상 거리를 유지하여야 하는가?

① 0.1 ② 0.2
③ 0.3 ④ 0.5

정답 ③

해설 배관과 타 시설물과는 0.3m 이상 거리유지

㉡ 도로 및 철도부지 매설
- 도로경계와 수평거리 1m 이상 유지
- 시가지의 도로 노면 밑에 매설하는 경우 1.5m, 방호되어 있는 경우 1.2m 이상
- 시가지 외 도로 노면 밑에 매설하는 경우 1.2m
- 인도, 도로 등 노면 밑 외의 경우 지면과 1.2m(시가지의 경우 0.9m 방호구조 물 안에 설치 시 0.6m)
㉢ 철도부지 밑 매설은 궤도 중심과 4m 이상, 그 철도부지와 수평거리 1m 이상 유지

·······예·상·문·제·16

고압가스 특정제조시설 중 철도부지 밑에 매설하는 배관에 대한 설명으로 틀린 것은?

① 배관의 외면으로부터 그 철도부지의 경계까지는 1m 이상의 거리를 유지한다.
② 지표면으로부터 배관의 외면까지의 깊이를 60cm 이상 유지한다.
③ 배관은 그 외면으로부터 궤도 중심과 4m 이상 유지한다.
④ 지하철도 등을 횡단하여 매설하는 배관에는 전기방식조치를 강구한다.

정답 ②

해설 지표면에서 배관외면까지는 1.2m 이상으로 한다.

㉣ 지상 설치시 상용압력에 다른 폭 이상의 공지를 보유

상용압력	공지폭
0.2[MPa] 미만	5m
0.2[MPa] 이상 1[MPa] 미만	9m
1[MPa] 이상	15m

㉤ 해저 설치시 다른 배관과 교차하지 아니하고 다른 배관과 수평거리 30m 이상 유지

16) 배관의 누설검사
① 고압 : 매몰한 날 이후 1년에 1회 이상 검사
② 그밖의것 : 매몰한 날 이후 3년에 1회 이상 검사
③ 기밀압력 유지시간

당해 배관 내용적	10ℓ	1~50ℓ	50ℓ
기밀 시험유지 시간	5분	10분	24분

17) 배관의 표시
① 사용 가스명
② 최고 사용압력
③ 가스 흐름 방향 표시
④ 배관 색상

㉠ 지상 배관 : 황색 도색(단, 높이에 폭 3cm의 황색띠 2줄 표시한 경우는 제외)
㉡ 지하 매설관
- 저압 – 황색도색
- 중압 이상 – 적색

18) 배관의 보호판

가스배관 매설시 매설 깊이를 확보할 수 없으며 보호관 또는 보호관을 사용하여 보호조치를 하는 것
① 보호판은 배관 전상부에서 30cm 이상 높이에 설치할 것
② 보호판의 두께는 4mm 이상일 것(단, 고압배관은 6mm 이상)

19) 배관의 보호포

① 재질 및 규격
㉠ 보호포는 폴리에틸렌수지, 폴리프로필렌 수지 등 잘 끊어지지 않는 재질로 직조한 것으로 두께는 0.2mm 이상이어야 한다.
㉡ 보호포는 폭은 15~35cm로 한다.
㉢ 보호포의 바탕색은 최고 사용 압력이 저항인 관은 청색 중압 이상인 관은 적색으로 하고 가스명, 사용압력, 공급자명을 표시한다.

② 설치기준
㉠ 보호포는 배관 폭에 10cm를 더한 폭으로 설치하고 2열 이상으로 설치할 경우 보호포 간의 간격은 보호포의 넓이 이내로 한다.
㉡ 보호포는 최고사용압력이 지압인 때에는 정상부로부터 60cm 이상 최고 사용 압력이 중압 이상인 배관의 경우에는 보호판의 상부로부터 30cm 이상 공동주택 을의 부지 내에 설치하는 배관의 경우에는 정상부로부터 40cm 이상 떨어진 곳에 설치한다.

20) P – E관(Polyb Etnylen Pipe)

가스용 폴리 에틸렌관은 최고 사용 입력이 0.4[MPa] 이하인 배관으로 지하에 매설 설치한다.
① 폴리에틸렌(Poly ethylen) 밸브의 상당압력등급 SDR(standard dimension ratio)

$$SDR = \frac{D}{T}$$

D : 배관의 표준 외경[mm], T : 배관의 최소 두께[mm]

SDR	11 이하	17 이하	11 이하
압력[MPa]	0.4	0.25	0.2

② 관의 굴곡 허용 반경은 외경의 20배 이상으로 한다.(단, 20배 미만인 경우 엘보를 사용해서 시공한다)
③ 금속관의 접합은 T/F(Trangition Fitting)를 사용한다.
④ 폴리에틸렌관 융착 이음법
㉠ 맞대기 융착(butt fusion) – 맞대기 융착 융착은 관결 75mm 이상의 직관과 이음관 연결에 적용하되 다음 기준에 적합할 것
- 비드(bead)는 좌우 대칭형으로 둥글고 균일하게 형성 되어 있을 것
- 비드의 표면은 매끄럽고 청결할 것
- 접합면의 비드와 비드 사이의 경계부위는 배관의 외면보다 높게 형성될 것
- 이음부의 연결 오차(V)는 배관 두께의 10% 이하일 것

㉡ 소켓융착(soket fusion)은 다음 기준에 적합하게 실시한다.
- 용융된 비드(bead)는 접합부 전면에 고르게 형성되고 관내부로 밀려나오지 않도록 할 것
- 배관 및 이음관의 접합은 일직선을 유지힐 것
- 비드 높이(h)는 이음관의 높이(H) 이하일 것
- 융착작업은 홀더(Horder) 등을 사용하고 관의 용융 부위는 소켓 내부 경계턱까지 완전 삽입되도록 할 것
- 시공이 불량한 융착이음부는 절단하여 제거하고 재시공할 것

㉢ 새들융착(saddle fusion) : 새들융칙은 다음 기준에 적합하게 실시한다.
- 접합부 전면에는 대칭형의 둥근형상 이중 비드가 고르게 형성되어 있을 것
- 비드의 표면은 매끄럽고 청결할 것
- 접합된 시들의 중심선과 배관의 중심선이

직각을 유지할 것
- 비드 높이(h)는 이음관의 높이(H) 이하일 것
- 시공이 불량한 융착이음부는 절단하여 제 고하고 재 시공할 것

(7) 전기방식

1) 전기방식의 종류

① '전기방식(電氣防蝕)'이라 함은 배관의 외면에 전류를 유입시켜 양극반응을 저지함으로써 배관의 전기적 부식을 방지하는 것을 말한다.
② '희생양극법(犧牲陽極法)'이라 함은 지중 또는 수중에 설치된 양극금속과 매설배관을 전선으로 연결하여 양극금속과 매설배관 사이의 전지작용에 의하여 전기적 부식을 방지하는 방법을 말한다.
③ '외부전원법(外部電源法)'이라 함은 외부직류전원장치의 양극(+)은 매설배관이 설치되어 있는 토양이나 수중에 설치한 외부전원용 전극에 접속하고, 음극(-)은 매설배관에 접속시켜 전기적 부식을 방지하는 방법을 말한다.
④ '배류법(排流法)'이라 함은 매설배관의 전위가 주위의 타금속 구조물의 전위보다 높은 장소에서 매설배관과 주위의 타금속 구조물을 전기적으로 접속시켜 매설배관에 유입된 누출전류를 복귀시킴으로써 전기적 부식을 방지하는 방법을 말한다.

2) 전기 방식 시공 기준

① 전기방식 시설의 유지관리를 위한 전위측정용 터미널(T/B)은 다음 기준에 적합하게 설치한다.
  ㉠ 희생 양극법 또는 배류법에 의한 배관에는 300m 이내의 간격으로 설치할 것
  ㉡ 외부전원법에 의한 배관에는 500m 이내의 간격으로 설치할 것
  ㉢ 도로폭이 8m 이하인 도로에 설치된 본관·공급관에 부속된 밸브박스와 사용자공급관 및 내관에 부속된 밸브박스 또는 입상관 절연부 등에 전위를 측정할 수 있는 인출선 등이 있는 경우에는 당해 시설을 전위측정용 터미널로 대체할 수 있다.
  ㉣ 직류 전철 횡단부 주위
  ㉤ 지중에 매설되어 있는 배관 절연부의 양측
  ㉥ 강재 보호관 부분의 배관과 강재 보호관(다만, 가스배관과 보호관 사이에 절연 및 유동방지 조치가 된 보호관은 제외한다)
  ㉦ 타 금속 구조물과 근접 교차 부분
  ㉧ 밸브 스테이션
  ㉨ 교량 및 하천 횡단배관의 양단부(다만, 외부 전원법 및 배류법에 의해 설치된 것으로 횡단 길이가 500m 이하인 배관과 희생 양극법에 의해 설치된 것으로 횡단 길이가 50m 이하인 배관은 제외한다)

② 전기방식 효과를 유지하기 위하여 다음의 장소에는 빗물이나 기타 이물질의 접촉으로 인한 절연의 효과가 상쇄되지 아니하도록 절연 이음매 등을 사용하여 절연조치를 할 것
  ㉠ 교량횡단 배관의 양단(다만, 외부 전원법에 의한 전기방식을 한 경우에는 제외할 수 있다.)
  ㉡ 배관 등과 철근 콘크리트 구조물 사이
  ㉢ 배관과 강재 보호관 사이
  ㉣ 지하에 매설된 배관의 부분과 지상에 설치된 부분관의 경계(가스사용자에게 공급하기 위하여 지중에서 지상으로 연결되는 배관에 한한다)
  ㉤ 타 시설물과 접근 교차지점(다만, 타 시설물과 30cm 이상 이격 설치관 경우에는 제외할 수 있다.)
  ㉥ 배관과 배관지지물 사이
  ㉦ 기타 절연이 필요한 장소

3) 전기방식 기준 및 유지관리

① 전기방식 전류가 흐르는 상태에서 토양 중에 있는 배관 등의 방식 전위 상한 값은 포화 황산동 기준 전극으로 $-0.85V$ 이하(황산염 환원 박테리아가 번식하는 토양에서는 $-0.95V$ 이하)이여야 하고, 방식 전위 하한 값은 지하철도 등의 간섭 영향을 받는 곳을 제외하고는 포화 황산동 기준 전극으로 $-2.5V$ 이상이 되도록 노력한다.
② 전기 방식 전류가 흐르는 상태에서 자연 전위와의 전위 변화가 최소한 $-300mV$ 이하이어야

한다.
③ 전기 방식 시설의 관대지전위(管對地電位) 등을 1년에 1회 이상 점검하여야 한다.
④ 외부 전원법에 의한 전기방식 시설은 외부 전원점 관대지전위(管對地電位), 정류기의 출력, 전압, 전류, 배선의 접속상태 및 계기류 확인 등을 3개월에 1회 이상 점검하여야 한다.
⑤ 배류법에 의한 전기방식시설은 배류점 관대지전위(管對地電位), 배류기의 출력, 전압, 전류, 배선의 접속상태 및 계기류 확인 등을 3개월에 1회 이상 점검하여야 한다.
⑥ 절연부속품, 역전류방지장치, 결선(bond) 및 보호 절연체의 효과는 6개월에 1회 이상 점검하여야 한다.

(8) 방폭구조
① '**내압 방폭구조**'라 함은 방폭전기기기의 용기 내부에서 가연성가스의 폭발이 발생할 경우 그 용기가 폭발 압력에 견디고 접하면, 개구부 등을 통하여 외부의 가연성 가스에 인화되지 아니하도록 한 구조를 말한다.
② '**유입 방폭구조**'라 함은 용기 내부에 절연유를 주입하여 불꽃·아아크 또는 고온 발생 부분이 기름 속에 잠기게 함으로써 기름면 위에 존재하는 가연성가스에 인화되지 아니하도록 한 구조를 말한다.
③ '**압력 방폭구조**'라 함은 용기내부에 보호가스(신선한 공기 또는 불활성가스)를 압입하여 내부압력을 유지함으로써 가연성가스가 용기내부로 유입되지 아니하도록 한 구조를 말한다.
④ '**안전증 방폭구조**'라 함은 정상운전 중에 가연성가스의 점화원이 될 전기 스파크·아아크 또는 고온부분 등의 발생을 방지하기 위하여 기계적·전기적 구조상 또는 온도 상승에 대하여 특히 안전도를 증가시킨 구조를 말한다.
⑤ '**본질안전 방폭구조**' 라 함은 정상시 및 사고(단선, 단락, 지락 등)시에 발생하는 전기불꽃·아아크 또는 고온상부에 의하여 가연성 가스가 점화되지 아니하는 것이 점화시험, 기타 방법에 의하여 확인된 구조를 말한다.

⑥ '**특수 방폭구조**'라 함은 제1호 내지 제5호에서 규정한 구조 이외의 방폭구조로써 가연성가스에 점화를 방지할 수 있다는 것이 시험, 기타 방법에 의하여 확인된 구조를 말한다.

1) 방폭전기기기의 구조별 표시 방법

방폭전기기기의 구조별 표시 방법	표시 방법
내압 방폭 구조	d
유입 방폭 구조	o
압력 방폭 구조	p
안전증 방폭 구조	e
본질안전 방폭 구조	ia 또는 ib
특수 방폭 구조	s

2) 위험장소의 분류
가연성가스가 폭발할 위험이 있는 농도에 도달한 우려가 있는 장소(이하 "위험장소"라 한다)의 등급 및 방폭전기기기의 등급은 다음과 같이 분류한다.
1. 위험장소의 등급 분류는 다음과 같다.
   가. "1종장소"는 상용상태에서 가연성가스가 체류하여 위험하게 될 우려가 있는 장소, 정비 보수 또는 누출 등으로 인하여 종종 가연성가스가 체류하여 위험하게 될 우려가 있는 장소를 말한다.
   나. "2종장소"는 다음의 장소를 말한다.
      (1) 밀폐된 용기 또는 설비 내에 밀봉된 가연성 가스가 그 용기 또는 설비의 사고로 인해 파손되거나 오조작의 경우에만 누출할 위험이 있는 장소
      (2) 확실한 기계적 환기조치에 의하여 가연성가스가 체류하지 않도록 되어 있으나 환기장체에 이상이나 사고가 발생한 경우에는 가연성가스가 체류하여 위험하게 될 우려가 있는 장소
      (3) 1종장소외 주변 또는 인접한 실내에서 위험한 농도의 가연성 가스가 종종 침입할 우려가 있는 장소
   다. "0종 장소"란 상용의 상태에서 가연성가스의 농도가 연속해서 폭발하한계 이상으로 되는 장소(폭발상한계를 넘는 경우에는 폭

발한계 내로 들어갈 우려가 있는 경우를 포함한다)를 말한다.
2. 가연성가스의 폭발등급과 발화도(이하 "위험등급"이라 한다) 분류 및 이에 대응하는 방폭전기기기의 등급 분류는 다음과 같다.

★ 내압방폭구조의 폭발등급 분류

최대안전틈새 범위(mm)	0.9 이상	0.5 초과 0.9 미만	0.5 이하
가연성가스의 폭발등급	A	B	C
방폭전기기기의 폭발등급	ⅡA	ⅡB	ⅡC

※ 최대안전틈새는 내용적이 8리터이고 틈새깊이가 25mm인 표준용기 내에서 가스가 폭발할 때 발생한 화염이 용기 밖으로 전파하여 가연성가스에 점화되지 아니하는 최대값

★ 본질안전방폭구조의 폭발등급 분류

최대안전틈새 범위(mm)	0.8 초과	0.45 이상 0.8 이하	0.45 미만
가연성가스의 폭발등급	A	B	C
방폭전기기기의 폭발등급	ⅡA	ⅡB	ⅡC

※ 최소점화전류비는 메탄가스의 최소점화 전류를 기준으로 나타낸다.

★ 방폭전기기기의 온도등급 분류

가연성가스의 발화도(℃) 범위	방폭전기기기의 온도등급
450 초과	T1
300 초과 450 이하	T2
200 초과 300 이하	T3
135 초과 200 이하	T4
100 초과 135 이하	T5
85 초과 100 이하	T6

········ 예·상·문·제·17

가연성가스의 제조설비 중 1종 장소에서의 변압기의 방폭구조는?

① 내압방폭구조　② 안전증방폭구조
③ 유입방폭구조　④ 압력방폭구조

> **정답** ①
> **해설** 가연성 제조설비 1종 장소의 변압기 방폭구조는 내압방폭구조가 쓰인다.

(9) 벤트스택

1) 긴급용 벤트스택

① 벤트스택의 높이는 방출된 가스의 착지농도가 폭발하한계 값 미만이 되도록 충분한 높이로 할 것
② 벤트스택 방출구의 위치는 작업원이 정상 작업을 하는데 필요한 장소 작업원이 항시 통행하는 장소로부터 10m 이상 떨어진 곳에 설치할 것
③ 벤트스택에는 정전기 또는 낙뢰 등에 의한 착화를 방지하는 조치를 강구하고 만일 착화된 경우에는 즉시 소화할 수 있는 조치를 강구할 것
④ 벤트스택 또는 그 벤트스택에 연결된 배관에는 응축액의 고임을 제거 또는 방지하기 위한 조치를 강구할 것
⑤ 액화가스가 함께 방출되거나 또는 급냉될 우려가 있는 벤트스택에는 그 벤트스택과 연결된 가스 공급 시설의 가장 가까운 곳에 기액분리기를 설치할 것

2) 그 밖의 벤트스택

① 벤트스택의 높이는 방출된 가스의 착지농도가 폭발 하한계 값 미만이 되도록 충분한 높이로 할 것
② 벤트스택 방출구의 위치는 작업원이 정상작업을 하는데 필요한 장소 및 작업원이 항시 통행하는 장소로부터 5m 이상 떨어진 곳에 설치할 것
③ 벤트스택에는 정전기 또는 낙뢰 등에 의하여 착화된 경우에는 소화할 수 있는 조치를 강구할 것
④ 벤트스택 또는 그 벤트스택에 연결된 배관에는 응축액의 고임을 제고 또는 방지하기 위한 조치를 할 것
⑤ 액화가스가 함께 방출되거나 급냉될 우려가 있는 벤트스택에는 액화가스가 함께 방출되지 않는 조치를 할 것

(10) 플레어스택

1) 위치 및 높이

플레어스택의 설치 위치 및 놓이는 플레어스택 바로 밑의 지표면에 미치는 복사열이 4,000[kcal/m²·hr] 이하가 되도록 할 것

다만, 4,000[kcal/m²·hr]를 초과하는 경우로써 출입이 통제되어 있는 지역은 그러하지 아니한다.

2) 구조

플레어스택의 구조는 긴급 이송 설비에 의하여 이송되는 가스를 연소시켜 대기로 안전하게 방출시킬 수 있도록 다음의 조치를 하여야 한다.

① 파일럿 버너는 항상 작동할 수 있는 자동 점화장치를 설치하고 파일럿 버너가 꺼지지 않도록 하거나, 자동 점화 장치의 기능이 완전하게 유지되도록 할 것

② 역화 및 공기 등과의 혼합 폭발을 방지하기 위하여 당해 제조시설의 가스의 종류 및 시설의 구조에 따라 다음 각 호 중에서 1 또는 2 이상을 갖출 것
  ㉠ Liquid Seal의 설치
  ㉡ Flame Arresstor의 설치
  ㉢ Vapor Seal의 설치
  ㉣ Purge Gas(N_2, Off gas 등)의 지속적인 주입 등

(11) 가스누출 자동차단장치 설치기준

1) 용어의 정의

① **검지부** : 누출된 가스를 검지하여 제어부로 신호를 보내는 기능을 가진 것을 말한다.

② **차단부** : 제어부로부터 보내진 신호에 따라 가스의 유로를 개폐하는 기능을 가진 것을 말한다.

③ **제어부** : 차단부에 자동 차단신호를 보내는 기능, 차단부를 원격 개폐할 수 있는 기능 및 경보기능을 가진 것을 말한다.

2) 검지부의 설치기준

① **설치수** : 검지부의 설치수는 연소기(가스누설 자동차단기의 경우에는 소화안전장치가 부착되지 아니한 연소기에 한한다) 버너의 중심부분으로부터 수평거리 8m(공기보다 무거운 가스를 사용하는 경우에는 4m) 이내에 검지부 1개 이상이 설치되도록 할 것

다만, 연소시 설치실이 별실로 구분되어 있는 경우에는 실별로 산정하여야 한다.

② **설치위치**
  ㉠ 검지부는 천장으로부터 검지부 하단까지의 거리가 30cm 이하로 되도록 설치할 것
  다만, 공기보다 무거운 가스를 사용하는 경우에는 바닥면으로부터 검지부 상단까지의 거리가 30cm 이하로 되어야 한다.
  ㉡ 검지부는 다음 장소에 설치하지 아니할 것
    • 출입구의 부근 등으로서 외부의 기류가 통하는 곳
    • 환기구 등 공기가 들어오는 곳으로부터 1.5m 이내의 곳
    • 연소기의 폐 가스에 접촉하기 쉬운 곳

·············· 예·상·문·제·18

가스누출 자동차단장치의 검지부 설치금지 장소에 해당하지 않는 것은?

① 출입구 부근 등으로서 외부의 기류가 통하는 곳
② 가스가 체류하기 좋은 곳
③ 환기구 등 공기가 들어오는 곳으로부터 1.5m 이내의 곳
④ 연소기의 폐가스에 접촉하기 쉬운 곳

정답 ②

해설 가스 체류하는 곳에 검지부를 설치한다.

(12) 정압기

1) 정압기 용도별 분류

① **고압 정압기** : 가스 저장 기지에서부터 지역 배관망 사이에 설치되는 것으로서 약 7[MPa] 정도의 압력으로 공급되어 2[MPa]으로 감압된다.

② **지구 정압기** : 도시가스 회사 배관과 연결되는 지점에 설치되며 일반적으로 유량 정압 기능을 병행하게 된다.

③ **지역 정압기** : 도시가스 회사에서 다수의 수요가에 공급하기 위해서 설치되는 정압기이다.

2) 정압기 종류

① Reynolds식
② Fisher식
③ Axial flow식

3) 정압기 설치기준

① 정압기 입구 및 출구에는 가스 차단 장치를 설치할 것
② 출구에는 가스 압력의 이상 상승 방지 장치를 설치할 것
③ 가스 중 수분, 결로 현상의 동결 방지를 위하여 정압 기능을 저해할 우려가 있는 정압기에는 동결 방지 조치를 할 것
④ 정압기 입구 및 출구에는 가스의 압력을 측정, 기록할 수 있는 장치를 설치할 것
⑤ 정압기 입구에는 수분 및 불순물 제거장치를 설치할 것
⑥ 정압기실에는 가스가 누설시 검지경보장치를 설치할 것
⑦ 정압기실 내의 전기설비는 방폭 구조로 설치할 것
⑧ 정압기의 분해 점검 및 고장에 대비하여 예비 정압기를 설치할 것
⑨ 정압기는 설치 후 2년에 1회 이상 분해점검을 실시하며 1주일에 1회 이상 작동 상황을 점검할 것(단독 정압기는 3년에 1회)
⑩ 정압기실은 통풍이 잘 되도록 하고 자연 통풍이 곤란한 경우 강제 통풍시설을 갖출 것
⑪ 정압실 내의 조명은 시설의 조작을 안전하고 확실하게 조작할 수 있도록 150룩스 이상이 되도록 할 것
⑫ 정압실 주위는 높이 1.5m 이상의 경계책을 설치할 것

4) 지하에 정압기를 설치시 유의할 점

① 침수 방지 조치를 한다.
② 대기 균압 조치를 한다.
③ 방호 조치를 한다.
④ 내진 조치를 한다.
⑤ 동결 방지 조치를 한다.

5) 가스 차단장치

① 감시장치
② 동결방지 조치
③ 내압기록 장치
④ 불순물 제거 장치

6) 기밀시험

① 정압기 입구측은 최고 사용압력의 1.1배
② 정압기 출구측은 최고 사용압력의 1.1배 또는 840mmH$_2$O 중 높은 압력으로 할 것

7) 정압기 분해 점검

① 2년에 1회 분해 점검 실시
② 단독 정압기는 3년에 1회 분해 점검 실시

(13) 도시가스 유해성분, 열량, 압력 및 연소성 측정

1) 열량 측정

매일 6시 30분부터 9시 사이와 17시부터 20시 30분 사이에 각각 제조소의 출구, 배송기 압송기 출구에서 자동 열량계로 측정

2) 압력 측정

가스 홀더 출구, 정압기 출구 및 가스 공급 시석의 끝 부분 배관에서 자기 압력계로 측정, 압력은 100[mmH$_2$O] 이상 [250mmH$_2$O] 이내로 유지할 것

3) 연소성 측정

① **매일 2회 측정** : 6시 30분 ~ 9시
  17시 ~ 20시 30분

$$CP = K\frac{1.0H_2 + 0.6(CO + C_mH_n) + 0.3CH_4}{\sqrt{d}}$$

CP : 연소속도
K : 산소함유에 따른 수치
 (값이 클수록 연소속도가 **빠르다**.)
H$_2$: 수분함유율[%]
CO : 일산화탄소 함유율[%]

C_mH_n : 탄화수소 함유량[%]
CH_4 : 메탄 함유율[%]
d : 도시가스의 비중

4) 웨버지수

$$WI = \frac{Hg}{\sqrt{d}}$$

WI : 웨버지수
Hg : 도시가스의 총 발열량[kcal/m²]
d : 도시가스의 비중

※ 수치가 클수록 속도가 빠른 것이며, 표준 웨버지수의 ±4.5% 이내로 유지할 것

·············· 예·상·문·제·19

어떤 도시가스의 발열량이 15000kcal/Sm³일 때 웨버지수는 얼마인가?(단, 가스의 비중은 0.5로 한다.)

① 12121
② 20000
③ 21213
④ 30000

정답 ③

해설 $WI = \dfrac{15000}{\sqrt{0.5}} = 21213.2$

5) 유해성분 측정(1주 1회)

① 가스 홀더나 정압기 출구 내에서 측정
② 0℃, 1.013250bar에서 건조한 도시가스 1m² 당
  ㉠ S : 0.5g
  ㉡ NH_3 : 0.2g
  ㉢ H_2S : 0.02g을 초과하지 않을 것

6) 특정가스 사용 시설의 사용량 계산식

$$Q = X \times \frac{A}{11,000}[\text{kcal/m}^3]$$

Q : 노시가스 사용량[m³]
X : 실제도시가스 사용량[m³]
A : 실제도시가스 열량[kcal/m³]

2014년
제1회 1월 26일 시행
제2회 4월 6일 시행
제4회 7월 20일 시행
제5회 10월 11일 시행

2015년
제1회 1월 25일 시행
제2회 4월 4일 시행
제4회 7월 19일 시행
제5회 10월 10일 시행

2016년
제1회 1월 24일 시행
제2회 4월 2일 시행
제4회 7월 10일 시행

PART 02

기출문제

2014년 제1회 가스기능사 필기

2014년 1월 26일 시행

01 도로굴착공사에 의한 도시가스배관 손상 방지 기준으로 틀린 것은?

① 착공 전 도면에 표시된 가스배관과 기타 지장물 매설유무를 조사하여야 한다.
② 도로굴착자의 굴착공사로 인하여 노출된 배관길이가 10m 이상인 경우에는 점검통로 및 조명 시설을 하여야 한다.
③ 가스배관이 있을 것으로 예상되는 지점으로부터 2m 이내에서 줄파기를 할 때에는 안전관리전담자의 입회하에 시행하여야 한다.
④ 가스배관의 주의를 굴착하고자 할 때에는 가스배관의 좌우 1m 이내의 부분은 인력으로 굴착한다.

| 해설 | 지하 매설관 굴착공사시 노출배관길이 15m 이상일 때는 점검통로 및 조명시설을 갖출 것. 점검통로 폭은 80cm 이상, 가드레일은 0.9m 이상, 조명은 70Lux 이상일 것

02 도시가스 배관이 하천을 횡단하는 배관 주위의 흙이 사질토의 경우 방호구조물의 비중은?

① 배관 내유체의 비중 이상의 값
② 물의 비중 이상의 값
③ 토양의 비중 이상의 값
④ 공기의 비중 이상의 값

| 해설 | 하천 횡단시 가스배관 주위의 흙이 사질토인 경우 방호 구조물의 비중은 물의 비중 이상의 값일 것

03 액화석유가스 사용시설에서 LPG용기 집합설비의 저장능력이 얼마 이하일 때 용기, 용기밸브, 압력 조정기가 직사광선, 눈 또는 빗물에 노출되지 않도록 해야 하는가?

① 50kg 이하
② 100kg 이하
③ 300kg 이하
④ 500kg 이하

| 해설 | LPG 사용 집합시설에서 100kg 이하일 때 용기 및 용기밸브 압력조정기가 눈, 비, 직사광선에 노출되지 않도록 할 것

04 아세틸렌 용기를 제조하고자 하는 자가 갖추어야 하는 설비가 아닌 것은?

① 원료혼합기
② 건조로
③ 원료충전기
④ 소결로

| 해설 | 아세틸렌 용기 제조자가 소결로는 갖추지 않아도 되는 설비임

05 가스의 연소한계에 대하여 가장 바르게 나타낸 것은?

① 착화온도의 상한과 하한
② 물질이 탈 수 있는 최저온도
③ 완전연소가 될 때의 h산소공급 한계
④ 연소가 가능한 가스의 공기와의 혼합비율의 상한과 하한

| 해설 | 가스연소한계는 가스와 공기의 혼합비율이 연소가 가능한 상한과 하한의 범위를 말한다.

| 정답 | 01. ② 02. ② 03. ② 04. ④ 05. ④

06 LPG 사용시설에서 가스누출경보장치 검지부 설치높이 기준으로 옳은 것은?

① 지면에서 30cm 이내
② 지면에서 60cm 이내
③ 천장에서 30cm 이내
④ 천장에서 60cm 이내

| 해설 | LPG 누출검지기 설치위치는 공기보다 무거운 가스이므로 바닥에서 30cm 이내가 되도록 설치한다.

07 도시가스사업자는 가스공급시설을 효율적으로 관리하기 위하여 배관·정압기에 대하여 도시가스 배관망을 전산화하여야 한다. 이 때 전산관리 대상이 아닌 것은?

① 설치도면   ② 시방서
③ 시공자   ④ 배관제조자

| 해설 | 도시가스 정압시설과 배관망을 전산화 할 때 배관제조자는 해당되지 않는다.

08 겨울철 LP 가스용기 표면에 성에가 생겨 가스가 잘 나오지 않을 경우 가스를 사용하기 위한 가장 적절한 조치는?

① 연탄불에 쪼인다.
② 용기를 힘차게 흔든다.
③ 열 습포를 사용한다.
④ 90℃ 정도의 물을 용기에 붓는다.

| 해설 | 동절기 LP가스가 기화되지 않을 때 40℃ 이하의 열습포를 사용한다.

09 액화석유가스를 저장하기 위하여 지상 또는 지하에 고정 설치된 탱크로서 액화석유가스의 안전관리 및 사업법에서 정한 "소형저장탱크"는 그 저장능력이 얼마인 것을 말하는가?

① 1톤 미만   ② 3톤 미만
③ 5톤 미만   ④ 10톤 미만

| 해설 | LPG에서 소형저장탱크는 3톤 미만의(내용적 7000ℓ) 저장능력을 가진 탱크이다.

10 차량에 고정된 탱크로 염소를 운반할 때 탱크의 최대 내용적은?

① 12000L   ② 18000L
③ 20000L   ④ 38000L

| 해설 | 차량에 고정된 탱크에서 독성인 염소가스 운반 시 최대 내용적은 12000ℓ이다.

11 굴착으로 인하여 도시가스배관이 65m가 노출되었을 경우 가스누출경보기의 설치 개수로 알맞은 것은?

① 1개   ② 2개
③ 3개   ④ 4개

| 해설 | 매설된 도시가스의 노출배관이 65m일 때 가스누출경보기는 20m 마다 1개 비율로 설치하여 4개가 설치되어야 한다.

| 정답 | 06. ① 07. ④ 08. ③ 09. ② 10. ① 11. ④

12 도시가스 제조소 저장탱크의 방류둑에 대한 설명으로 틀린 것은?

① 지하에 묻은 저장탱크 내의 액화가스가 전부 유출된 경우에 그 액면이 지면보다 낮도록 된 구조는 방류둑을 설치한 것으로 본다.
② 방류둑의 용량은 저장탱크 저장능력의 90%에 상당하는 용적 이상이어야 한다.
③ 방류둑의 재료는 철근콘크리트, 금속, 흙, 철골·철근콘크리트 또는 이들을 혼합하여야한다.
④ 방류둑은 액밀한 것이어야 한다.

| 해설 | 도시가스제조소 저장탱크의 방류둑은 저장탱크 용량의 상당용적 이상이 되도록 설치한다.

13 냉동기란 고압가스를 사용하여 냉동하기 위한 기기로서 냉동능력 산정기준에 따라 계산된 냉동능력 몇 톤 이상인 것을 말하는가?

① 1　　② 1.2
③ 2　　④ 3

| 해설 | 냉동기란 냉동능력 산정기준에 의해 계산된 냉동능력 3톤 이상인 것을 말한다.

14 에어졸 제조설비와 인화성 물질과의 최소 우회거리는?

① 3m 이상　　② 5m 이상
③ 8m 이상　　④ 10m 이상

| 해설 | 에어졸 제조설비와 인화성 물질의 이격거리는 8m 이상일 것

15 지상 배관은 안전을 확보하기 위해 그 배관의 외부에 다음의 항목들을 표기하여야 한다. 해당하지 않는 것은?

① 사용가스명　　② 최고사용압력
③ 가스의 흐름방향　　④ 공급회사명

| 해설 | 도시가스 지상배관 표기사항은 사용가스명, 최고사용압력, 가스흐름방향표시 등이다.

16 고압가스제조시설에서 가연성가스 가스설비 중 전기설비를 방폭구조로 하여야 하는 가스는?

① 암모니아
② 브롬화메탄
③ 수소
④ 공기 중에서 자기 발화하는 가스

| 해설 | 가스제조설비에서 전기설비를 방폭구조로 해야 하는 것은 수소가스이다.

17 용기종류별 부속품의 기호 중 아세틸렌을 충전하는 용기의 부속품 기호는?

① AT　　② AG
③ AA　　④ AB

| 해설 | ・용기 부속품 기호
　ⓐ PG : 압축가스
　ⓑ AG : 아세틸렌가스
　ⓒ LG : 액화가스
　ⓓ LT : 저온 및 초저온 가스
　ⓔ LPG : 액화석유가스

| 정답 | 12. ② 13. ④ 14. ③ 15. ④ 16. ③ 17. ②

18 도시가스 배관을 노출하여 설치하고자 할 때 배관 손상방지를 위한 방호조치 기준으로 옳은 것은?

① 방호철판 두께는 최소 10mm 이상으로 한다.
② 방호철판의 크기는 1m 이상으로 한다.
③ 철근 콘크리트재 방호 구조물은 두께가 15cm 이상이어야 한다.
④ 철근 콘크리트재 방호 구조물은 높이가 1.5m 이상이어야 한다.

| 해설 | 도시가스 노출배관 방호기준에서 철판두께는 4mm 이상이고 구조물 높이는 1m 이상일 것

19 다음 중 누출시 다량의 물로 제독할 수 있는 가스는?

① 산화에틸렌　② 염소
③ 일산화탄소　④ 황화수소

| 해설 | ① 산화에틸렌 : 다량의 물
② 염소 : 소석회, 가성소다 수용액
④ 황화수소 : 가성소다수용액, 탄산소다수용액

20 시안화수소의 충전 시 사용되는 안정제가 아닌 것은?

① 암모니아　② 황산
③ 염화칼슘　④ 인산

| 해설 | 시안화수소(HCN)는 수분과 중합반응을 하므로 안정제는 강한 탈수작용이 있는 황산, 아황산, 인산, 인화칼슘 등이 사용된다.

21 가스계량기와 전기개폐기와의 최소 안전거리는?

① 15cm　② 30cm
③ 60cm　④ 80cm

| 해설 | 가스계량기와 전기 개폐기 이격거리 60cm

22 다음 중 공동주택 등에 도시가스를 공급하기 위한 것으로서 압력조정기의 설치가 가능한 경우는?

① 가스압력이 중압으로서 전체세대수가 100세대인 경우
② 가스압력이 중압으로서 전체세대수가 150세대인 경우
③ 가스압력이 저압으로서 전체세대수가 250세대인 경우
④ 가스압력이 저압으로서 전체세대수가 300세대인 경우

| 해설 | 공동주택 정압기 설치는 중압으로 100세대인 경우 설치한다.

23 다음 중 동일차량에 적재하여 운반할 수 없는 가스는?

① 산소와 질소
② 염소와 아세틸렌
③ 질소와 탄산가스
④ 탄산가스와 아세틸렌

| 해설 | • 동일차량 적재운반 금지
염소와 아세틸렌, 암모니아 또는 수소

| 정답 | 18. ② 19. ① 20. ① 21. ③ 22. ① 23. ②

24 고압가스 배관의 설치기준 중 하천과 병행하여 매설하는 경우에 대한 설명으로 틀린 것은?

① 배관은 견고하고 내구력을 갖는 방호구조물 안에 설치한다.
② 배관의 외면으로부터 2.5m 이상의 매설 심도를 유지한다.
③ 하상(河床, 하천의 바닥)을 포함한 하천 구역에 하천과 병행하여 설치한다.
④ 배관손상으로 인한 가스누출 등 위급한 상황이 발생한 때에 그 배관에 유입되는 가스를 신속히 차단할 수 있는 장치를 설치한다.

| 해설 | 하천과 병행한 매설배관 설치시 하천과 병행해서 설치하지 않는다.

25 가스사용시설에서 원칙적으로 PE배관을 노출배관으로 사용할 수 있는 경우는?

① 지상배관과 연결하기 위하여 금속관을 사용하는 보호조치를 한 경우로서 지면에서 20cm 이하로 노출하여 시공하는 경우
② 지상배관과 연결하기 위하여 금속관을 사용하는 보호조치를 한 경우로서 지면에서 30cm 이하로 노출하여 시공하는 경우
③ 지상배관과 연결하기 위하여 금속관을 사용하는 보호조치를 한 경우로서 지면에서 50cm 이하로 노출하여 시공하는 경우
④ 지상배관과 연결하기 위하여 금속관을 사용하는 보호조치를 한 경우로서 지면에서 1m 이하로 노출하여 시공하는 경우

| 해설 | 지상배관과 연결하기 위한 PE관은 금속관으로 보호조치한 경우로서 지면에서 30cm 이하로 노출시공하는 경우에 해당된다.

26 가연물의 종류에 따른 화재의 구분이 잘못된 것은?

① A급 : 일반화재
② B급 : 유류화재
③ C급 : 전기화재
④ D급 : 식용유 화재

| 해설 | • D급 화재 : 금속화재

27 정전기에 대한 설명 중 틀린 것은?

① 습도가 낮을수록 정전기를 축적하기 쉽다.
② 화학섬유로 된 의류는 흡수성이 높으므로 정전기가 대전하기 쉽다.
③ 액상의 LP가스는 전기 절연성이 높으므로 유동 시에는 대전하기 쉽다.
④ 재료 선택시 접촉 전위차를 적게 하여 정전기 발생을 줄인다.

| 해설 | 화학섬유는 흡습성이 낮으며 마찰시 정전기가 발생하기 쉽다.

28 비중이 공기보다 커서 바닥에 체류하는 가스로만 나열된 것은?

① 프로판, 염소, 포스겐
② 프로판, 수소, 아세틸렌
③ 염소, 암모니아, 아세틸렌
④ 염소, 포스겐, 암모니아

| 해설 | • 각 가스 비중
ⓐ 프로판(C_3H_8) : $\frac{44}{29}$ = 1.52
ⓑ 염소(CL_2) : $\frac{71}{29}$ = 2.45
ⓒ 포스겐($COCL_2$) : $\frac{99}{29}$ = 3.41
ⓓ 수소(H_2) : $\frac{2}{29}$ = 0.07

| 정답 | 24. ③ 25. ② 26. ④ 27. ② 28. ①

ⓔ 아세틸렌(C_2H_2) : $\frac{26}{29}$ = 0.9

ⓕ 암모니아(NH_3) : $\frac{17}{29}$ = 0.59

29 아세틸렌을 용기에 충전시 미리 용기에 다공물질을 채우는데 이때 다공도의 기준은?

① 75% 이상 92% 미만
② 80% 이상 95% 미만
③ 95% 이상
④ 98% 이상

| 해설 | 아세틸렌 다공도 75% 이상 92% 미만

30 다음 중 폭발방지대책으로서 가장 거리가 먼 것은?

① 압력계 설치
② 정전기 제거를 위한 접지
③ 방폭성능 전기설비 설치
④ 폭발하한 이내로 불활성가스에 의한 희석

| 해설 | 장치 폭발 방지의 대책으로는 압력계 설치는 거리가 멀다.

31 재료에 인장과 압축하중을 오랜 시간 반복적으로 작용시키면 그 응력이 인장강도보가 작은 경우에도 파괴되는 현상은?

① 인성파괴   ② 피로파괴
③ 취성파괴   ④ 크리프파괴

| 해설 | 재료에 인장, 압축, 하중의 반복으로 파괴되는 현상을 피로파괴라고 한다.

32 아세틸렌용기에 주로 사용되는 안전밸브의 종류는?

① 스프링식   ② 가용전식
③ 파열판식   ④ 압전식

| 해설 | 아세틸렌 용기의 안전밸브 형식은 가용전식으로 안전밸브의 작동온도 범위는 105±5℃ 범위이다.

33 다량의 메탄을 액화시키려면 어떤 액화사이클을 사용해야 하는가?

① 가스케이드 사이클
② 필립스 사이클
③ 캐피자 사이클
④ 클라우드 사이클

| 해설 | 메탄의 액화 비점이 -162℃로서 캐스케이드사이클이 사용된다.

34 저온 액체 저장설비에서 열의 침입요인으로 가장 거리가 먼 것은?

① 단열재를 직접 통한 열대류
② 외면으로부터의 열복사
③ 연결 파이프를 통한 열전도
④ 밸브 등에 의한 열전도

| 해설 | • 저온장치에서의 열침입 원인
　　ⓐ 단열재를 넣은 공간에 남은 가스분자의 열전도
　　ⓑ 외면으로부터의 열복사
　　ⓒ 지지, 요크 등에 의한 열전도
　　ⓓ 밸브, 안전밸브 등에 의한 열전도
　　ⓔ 열복사, 분자간의 열전도

| 정답 | 29. ① 30. ① 31. ② 32. ② 33. ① 34. ①

35 LP가스 이송설비 중 압축기의 부속장치로서 토출측과 흡압축을 전환시키며 액송과 가스 회수를 한 동작으로 할 수 있는 것은?

① 액트립　　② 액가스분리기
③ 전자밸브　④ 사방밸브

| 해설 | 압축기를 이용해서 LPG 이송하는 경우 잔가스를 회수시에는 사방절환밸브가 쓰인다.

36 다음 중 고압배관용 탄소강 강관의 KS규격 기호는?

① SPPS　　② SPHT
③ STS　　　④ SPPH

| 해설 | ① SPPS : 압력배관용 탄소강관
② SPHT : 고온배관용 탄소강관
③ STS : 스텐레스강관
④ SPPH : 고압배관용 탄소강관

37 저온장치용 재료 선정에 있어서 가장 중요하게 고려해야 하는 사항은?

① 고온 취성에 의한 충격치의 증가
② 저온 취성에 의한 충격치의 감소
③ 고온 취성에 의한 충격치의 감소
④ 저온 취성에 의한 충격치의 증가

| 해설 | 저온장치 재료선정시 저온취성에 의한 충격치 감소를 가장 중요하게 고려해야 한다.

38 다음 가연성 가스검출기 중 가연성가스의 굴절률 차이를 이용하여 농도를 측정하는 것은?

① 열선형　　② 안전등형
③ 검지관형　④ 간섭계형

| 해설 | 가스 검출시 굴절률 차이를 이용해서 농도를 측정하는 것은 간섭계형이다.

39 다음 곡률 반지름(r)이 50mm일 때 90° 구부림 곡선 길이는 얼마인가?

① 48.75mm　② 58.75mm
③ 68.75mm　④ 78.5mm

| 해설 | 곡선길이 = $2 \times \pi \times 50 \times \dfrac{90}{360}$ = 78.5mm

40 다음 펌프 중 시동하기 전에 프라이밍이 필요한 펌프는?

① 기어펌프　② 원심펌프
③ 축류펌프　④ 왕복펌프

| 해설 | 시동전 플라이밍(마중물)이 필요한 펌프는 원심펌프이다.

41 강관의 녹을 방지하기 위해 페인트를 칠하기 전에 먼저 사용하는 도료는?

① 알루미늄 도료　② 산화철 도료
③ 합성수지 도료　④ 광명단 도료

| 해설 | 녹 방지를 위해 밑칠용으로 사용되는 것은 광명단이다. 광명단은 아마인유에 연단을 혼합한 것으로 하도용으로 사용된다.

| 정답 | 35. ④　36. ④　37. ②　38. ④　39. ④　40. ②　41. ④

42 "압축된 가스를 단열 팽창시키면 온도가 강하한다"는 것은 무슨 효과라고 하는가?

① 단열효과 ② 줄-톰슨효과
③ 정류효과 ④ 팽윤효과

| 해설 | • 줄 – 톰슨효과
　　　　압축가스를 단열팽창시키면 온도와 압력이 강하한다.

43 다음 중 저온 장치 재료로서 가장 우수한 것은?

① 13% 크롬강 ② 9% 니켈강
③ 탄소강 ④ 주철

| 해설 | • 저온장치재료
　　　　9% 니켈강, 동 및 동합금, 18-8스텐레스강

44 펌프의 회전수를 1000rpm에서 1200rpm으로 변화시키면 동력은 약 몇배가 되는가?

① 1.3 ② 1.5
③ 1.7 ④ 2.0

| 해설 | • 동력 : $\left(\frac{1200}{1000}\right)^3 = 1.7$배

　　　• 양정 : $\left(\frac{1200}{1000}\right)^2 = 1.44$배

　　　• 유량 : $\left(\frac{1200}{1000}\right)^1 = 1.2$배

45 다음 중 왕복동 압축기의 특징이 아닌 것은?

① 압축하면 맥동이 생기기 쉽다.
② 기체의 비중에 관계없이 고압이 얻어진다.
③ 용량 조절의 폭이 넓다.
④ 비용적식 압축기이다.

| 해설 | 왕복동식 압축기는 피스톤을 왕복운동시켜서 압축되는 용적형으로 일정량의 가스가 압축되는 방식이다.

46 다음 각 가스의 성질에 대한 설명으로 옳은 것은?

① 질소는 안정한 가스로서 불활성가스라고도 하고, 고온에서도 금속과 화합하지 않는다.
② 염소는 반응성이 강한 가스로 강재에 대하여 상온에서도 무수(無水) 상태로 현저한 부식성을 갖는다.
③ 암모니아는 동을 부식하고 고온고압에서는 강재를 침식한다.
④ 산소는 액체 공기를 분류하여 제조하는 반응성이 강한 가스로 그 자신이 잘 연소한다.

| 해설 | 암모니아는 독성이며 가연성 가스로 동과 반응하여 착이온을 생성하고 고온고압의 조건에서는 강재에 질화작용과 취화작용이 동시에 발생한다.

| 정답 |　42. ②　43. ②　44. ③　45. ④　46. ③

47 어떤 액의 비중을 측정하였더니 2.5이었다. 이 액의 액주 6m의 압력은 몇 kg/cm²인가?

① 15kg/cm²   ② 1.5kg/cm²
③ 0.15kg/cm²   ④ 0.015kg/cm²

| 해설 |
$$P = r \times h$$
$$P = 2.5 g/cm^3 \times (6m \times 100)cm$$
$$= 2.5 g/cm^3 \times (6m \times 100)cm$$
$$= 1500 g/cm^2 = 1.5 kg/cm^2$$

48 100°C를 화씨온도로 단위 환산하면 몇 °F인가?

① 212   ② 234
③ 248   ④ 273

| 해설 |
$$°F = \frac{9}{5}°C + 32$$
$$\left(\frac{9}{5} \times 100\right) + 32 = 212°F$$

49 밀도의 단위로 옳은 것은?

① g/s^2 ② L/g
③ g/cm^3 ④ lb/in^2

| 해설 | 밀도 = g/cm^3(단위부피당 질량)

50 수돗물의 살균과 섬유의 표백용으로 주로 사용되는 가스는?

① F_2 ② Cl_2
③ O_2 ④ CO_2

| 해설 | 염소는 상수도 소독 및 표백제로 사용된다.

51 다음 중 1atm에 해당하지 않는 것은?

① 760mmHg   ② 14.7psi
③ 29.92inHg   ④ 1013kg/m²

| 해설 | 1atm = 760mmHg = 14.7psi = 29.92inHg
= 10332kg/m² = 10.33mH₂O

52 다음 중 액화석유가스의 일반적인 특성이 아닌 것은?

① 기화 및 액화가 용이하다.
② 공기보다 무겁다.
③ 액상의 액화석유가스는 물보다 무겁다.
④ 증발잠열이 크다.

| 해설 | LPG의 특성은 기체는 공기보다 무겁고 물보다 가볍다.

53 다음 가스 1몰을 완전연소 시키고자 할 때 공기가 가장 적게 필요한 것은?

① 수소   ② 메탄
③ 아세틸렌   ④ 에탄

| 해설 | • 각 가스의 완전연소식(산화반응)
ⓐ $2H_2 + O_2 \rightarrow 2H_2O$
ⓑ $CH_4 + 2O_2 \rightarrow CO_2 + 2H_2O$
ⓒ $C_2H_2 + 2.5O_2 \rightarrow 2CO_2 + H_2O$
ⓓ $C_2H_6 + 3.5O_2 \rightarrow 2CO_2 + 3H_2O$

| 정답 | 47. ② 48. ① 49. ③ 50. ② 51. ④ 52. ③ 53. ①

54 다음 중 열(熱)에 대한 설명이 틀린 것은?

① 비열이 큰 물질은 열용량이 크다.
② 1cal는 약 4.2J이다.
③ 열은 고온에서 저온으로 흐른다.
④ 비열은 물보다 공기가 크다.

| 해설 | 비열은 어떤 물질 1kg을 1℃ 올리는데 필요한 열량으로 단위는 kcal/kg℃이다.
비열은 공기보다 물이 크다.
- 공기(정압비열) = 0.24kcal/kg℃
- 물 = 1kcal/kg℃

55 다음 중 무색, 무취의 가스가 아닌 것은?

① O_2 ② N_2
③ CO_2 ④ O_3

| 해설 | 오존(O_3)은 독성이 있으며 독특한 취기가 있는 파란색 기체이다.

56 불완전연소 현상의 원인으로 옳지 않은 것은?

① 가스압력에 비하여 공급 공기량이 부족할 때
② 환기가 불충분한 공간에 연소기가 설치되었을 때
③ 공기와의 접촉혼합이 불충분할 때
④ 불꽃의 온도가 증대되었을 때

| 해설 | 불꽃온도 증대시에는 완전연소에 가까워 온도도 상승하고 불완전 연소시에는 온도가 낮아진다.

57 무색의 복숭아 냄새가 나는 독성가스는?

① Cl_2 ② HCN
③ NH_3 ④ PH_3

| 해설 | 시안화수소는 복숭아 향기가 나는 독성이며 가연성가스이다.

58 다음 가스 중 기체밀도가 가장 적은 것은?

① 프로판   ② 메탄
③ 부탄   ④ 아세틸렌

| 해설 | • 각 가스의 기체 밀도
ⓐ C_3H_8 : $44g/22.4cm^3 = 1.96g/cm^3$
ⓑ CH_4 : $16g/22.4cm^3 = 0.71g/cm^3$
ⓒ C_4H_{10} : $58g/22.4cm^3 = 2.59g/cm^3$
ⓓ C_2H_2 : $26g/22.4cm^3 = 1.16g/cm^3$

59 수소의 성질에 대한 설명 중 틀린 것은?

① 무색, 무미, 무취의 가연성 기체이다.
② 밀도가 아주 작아 확산속도가 빠르다.
③ 열전도율이 작다.
④ 높은 온도일 때에는 강재, 기타 금속재료라도 쉽게 투과한다.

| 해설 | 수소는 매우 가볍고 열전도율이 큰 기체이다.

| 정답 | 54. ④ 55. ④ 56. ④ 57. ② 58. ② 59. ③

60 액화천연가스(LNG)의 폭발성 및 인화성에 대한 설명으로 틀린 것은?

① 다른 지방족 탄화수소에 비해 연소속도가 느리다.
② 다른 지방족 탄화수소에 비해 최소발화에너지가 낮다.
③ 다른 지방족 탄화수소에 비해 폭발하한 농도가 높다.
④ 전기저항이 작으며 유동 등에 의한 정전기 발생은 다른 가연성 탄화수소류보다 크다.

| 해설 | 액화천연가스의 주성분인 메탄은 최소발화온도가 615℃ ~ 682℃ 정도이고 연소범위는 5 ~ 15%로 폭발하한이 비교적 높다.

2014년 제2회 가스기능사 필기

2014년 4월 6일 시행

01 다음 중 가연성이면서 독성가스인 것은?

① NH_3
② H_2
③ CH_4
④ N_2

| 해설 | ① 암모니아(NH_3) : 독성, 가연성
② 수소(H_2) : 가연성
③ 메탄(CH_4) : 가연성
④ 질소(N_2) : 불연성

02 가연성 물질을 공기로 연소시키는 경우 공기 중의 산소농도를 높게 하면 연소속도와 발화온도는 어떻게 변하는가?

① 연소속도는 빠르게 되고, 발화온도는 높아진다.
② 연소속도는 빠르게 되고, 발화온도는 낮아진다.
③ 연소속도는 느리게 되고, 발화온도는 높아진다.
④ 연소속도는 느리게 되고, 발화온도는 낮아진다.

| 해설 | 연소시 산소농도를 높이면 연소속도는 빠르게 되고 발화점은 낮아진다.

03 고압가스 특정제조시설에서 긴급이송설비에 의하여 이송되는 가스를 안전하게 연소 시킬 수 있는 장치는?

① 플레어스택
② 벤트스택
③ 인터록기구
④ 긴급차단장치

| 해설 | 가스설비에서 긴급히 폐기시켜야 되는 가스를 대기중에 안전하게 연소시켜서 배출하는 장치를 플레어스택이라고 한다.

04 도시가스로 천연가스를 사용하는 경우 가스 누출경보기의 검지부 설치위치로 가장 적합한 것은?

① 바닥에서 15cm 이내
② 바닥에서 30cm 이내
③ 천장에서 15cm 이내
④ 천장에서 30cm 이내

| 해설 | 도시가스 주성분은 메탄이다. 공기보다 가벼운 가스이므로 검지기 설치는 천장에서 30cm 이내에 설치한다.

| 정답 | 01. ① 02. ② 03. ① 04. ④

05 다음 중 독성(LC_{50})이 가장 강한 가스는?

① 염소　　　② 시안화수소
③ 산화에틸렌　④ 불소

| 해설 | LC_{50}은 치사농도를 나타내는 지수로서 노출된 동물의 50%가 사망하는 농도이다.
① 염소 LC_{50} : 293ppm
② 시안화수소 LC_{50} : 140ppm
③ 산화에틸렌 LC_{50} : 2,900ppm
④ 불소 LC_{50} : 185ppm

06 LPG 저장탱크 지하 설치시 저장탱크실 상부 윗면으로부터 저장탱크 상부까지의 깊이는 얼마 이상으로 하여야 하는가?

① 0.6m　　② 0.8m
③ 1m　　　④ 1.2m

| 해설 | LPG 지하탱크와 콘크리트실 상부와 이격거리는 60cm 이상일 것

07 차량에 고정된 충전탱크는 그 온도를 항상 몇 ℃ 이하로 유지하여야 하는가?

① 20　　② 30
③ 40　　④ 50

| 해설 | 차량고정용 저장탱크의 유지온도는 40℃ 이하일 것

08 초저온용기나 저온용기의 부속품에 표시하는 기호는?

① AG　　② PG
③ LG　　④ LT

| 해설 |
- AG : 아세틸렌가스
- PG : 압축가스
- LG : 액가스
- LT : 저온 및 초저온
- LPG : 액화석유가스

09 상용의 온도에서 사용압력이 1.2MPa인 고압가스 설비에 사용되는 배관의 재료로서 부적합한 것은?

① KS D 3562(압력배관용 탄소 강관)
② KS D 3570(고온 배관용 탄소 강관)
③ KS D 3507(배관용 탄소 강관)
④ KS D 3576(배관용 스테인리스 강관)

| 해설 | 배관용 탄소강관(SPP)은 사용온도 350℃ 이하 사용압력 0.1MPa 이하에서 사용된다.

10 도시가스 사용시설의 지상배관은 표면색상을 무슨 색으로 도색하여야 하는가?

① 황색　　② 적색
③ 회색　　④ 백색

| 해설 | 도시가스의 지상배관은 황색으로 도색한다.

| 정답 | 05. ② 06. ① 07. ③ 08. ④ 09. ③ 10. ①

11 액화석유가스 충전시설 중 충전설비는 그 외면으로부터 사업소 경계까지 몇 m 이상의 거리를 유지하여야 하는가?

① 5
② 10
③ 15
④ 24

| 해설 | LPG충전소 충전설비와 사업소경계까지의 이격거리는 24m이다.

12 가스의 경우 폭굉(Detonation)의 연소속도는 약 몇 m/s 정도인가?

① 0.03 ~ 10
② 10 ~ 50
③ 100 ~ 600
④ 1000 ~ 3000

| 해설 | 폭굉연소속도 1000 ~ 3500m/s

13 의료용 가스용기의 도색구분이 틀린 것은?

① 산소 – 백색
② 액화탄산가스 – 회색
③ 질소 – 흑색
④ 에틸렌 – 갈색

| 해설 | • 의료용기 도색
ⓐ 산소 – 백색
ⓑ 액화탄산가스 – 회색
ⓒ 질소 – 흑색
ⓓ 에틸렌 – 자색

14 다음 가스 중 위험도(H)가 가장 큰 것은?

① 프로판
② 일산화탄소
③ 아세틸렌
④ 암모니아

| 해설 | • 각 가스 연소범위와 위험도
ⓐ 프로판 : 2.1 ~ 9.5%
$$H = \frac{9.5 - 2.1}{2.1} = 3.52$$
ⓑ 일산화탄소 : 12.5 ~ 74%
$$H = \frac{74 - 12.5}{12.5} = 4.92$$
ⓒ 아세틸렌 : 2.5 ~ 81%
$$H = \frac{81 - 2.5}{2.5} = 31.4$$
ⓓ 암모니아 : 15 ~ 28%
$$H = \frac{28 - 15}{15} = 0.87$$

15 용기의 안전점검 기준에 대한 설명으로 틀린 것은?

① 용기의 도색 및 표시 여부를 확인
② 용기의 내·외면을 점검
③ 재검사 기간의 도래 여부를 확인
④ 열 영향을 받은 용기는 재검사와 상관이 없이 새 용기로 교환

| 해설 | 용기의 안전점검기준에서 열영향의 과소에 따라서 정밀 안전검사 후 불합격된 경우 새 용기로 교환하게 된다.

16 다음 각 독성가스 누출시 사용하는 제독제로서 적합하지 않은 것은?

① 염소 : 탄산소다수용액
② 포스겐 : 소석회
③ 산화에틸렌 : 소석회
④ 황화수소 : 가성소다수용액

| 해설 | 산화에틸렌의 제독제는 다량의 물

17 에어졸 시험방법에서 불꽃길이 시험을 위해 채취한 시료의 온도 조건은?

① 24℃ 이상, 26℃ 미만
② 26℃ 이상, 30℃ 미만
③ 46℃ 이상, 50℃ 미만
④ 60℃ 이상, 66℃ 미만

| 해설 | 에어졸 불꽃길이 시험에서 시료의 온도는 24℃ 이상 26℃ 미만일 것

18 교량에 도시가스 배관을 설치하는 경우 보호조치 등 설계·시공에 대한 설명으로 옳은 것은?

① 교량첨가 배관은 강관을 사용하며 기계적접합을 원칙으로 한다.
② 제3자의 출입이 용이한 교량설치 배관의 경우 보행방지철조망 또는 방호철조망을 설치한다.
③ 지진발생시 등 비상 시 긴급차단을 목적으로 첨가배관의 길이가 200m 이상인 경우 교량 양단의 가까운 곳에 밸브를 설치토록 한다.
④ 교량첨가 배관에 가해지는 여러 하중에 대한 합성응력이 배관의 허용응력을 초과하도록 설계한다.

| 해설 | 교량설치 배관의 경우 관계자의 출입이 용이한 경우 보행방지철조망이나 방호철조망을 설치한다.

19 고압가스 저장실 등에 설치하는 경계책과 관련된 기준으로 틀린 것은?

① 저장설비·처리설비 등을 설치한 장소의 주위에는 높이 1.5m 이상의 철책 또는 철망 등의 경계표지를 설치하여야 한다.
② 건축물 내에 설치하였거나, 차량의 통행 등 조업시행이 현저히 곤란하여 위해 요인이 가중될 우려가 있는 경우에는 경계책 설치를 생략할 수 있다.
③ 경계책 주위에는 외부사람이 무단출입을 금하는 내용의 경계표지를 보기 쉬운 장소에 부착하여야 한다.
④ 경계책 안에는 불가피한 사유발생 등 어떠한 경우라도 화기, 발화 또는 인화하기 쉬운 물질을 휴대하고 들어가서는 아니된다.

| 해설 | 가스저장실 등에 설치하는 경계책은 1.5m 높이 이상으로 관계자 외에 무단출입을 금지하기 위해서 설치한다.

20 독성가스 사용시설에서 처리설비의 저장능력이 45,000kg인 경우 제2종 보호시설까지 안전거리는 얼마 이상 유지하여야 하는가?

① 14m
② 16m
③ 18m
④ 20m

| 해설 | 독성가스 저장량 45000kg일 때 2종보호시설과 유지하여야 하는 거리는 20m이다.

21 아세틸렌의 성질에 대한 설명으로 틀린 것은?

① 색이 없고 불순물이 있을 경우 악취가 난다.
② 융점과 비점이 비슷하여 고체 아세틸렌은 융해하지 않고 승화한다.
③ 발열화합물이므로 대기 개방시 분해폭발할 우려가 있다.
④ 액체 아세틸렌보다 고체 아세틸렌이 안정하다.

| 해설 | 아세틸렌은 가압충격에 의해서 분해폭발을 일으키게 되고 대기 중에 개방했을 때 분해폭발이 발생하지는 않는다.

22 고압가스용 이음매 없는 용기의 재검사시 내압시험 합격판정의 기준이 되는 영구증가율은?

① 0.1% 이하
② 3% 이하
③ 5% 이하
④ 10% 이하

| 해설 | 가스용기 내압시험시 영구증가율은 10% 이하시 합격으로 한다.

23 프로판을 사용하고 있던 버너에 부탄을 사용하려고 한다. 프로판의 경우보다 약 몇 배의 공기가 필요한가?

① 1.2배
② 1.3배
③ 1.5배
④ 2.0배

| 해설 | • 프로판 연소식 : $C_3H_8 + 5O_2 = 3CO_2 + 4H_2O$
• 부탄 연소식 : $C_4H_{10} + 6.5O_2 = 4CO_2 + 5H_2O$
∴ $\frac{6.5}{5} = 1.3$배

24 가스의 연소에 대한 설명으로 틀린 것은?

① 인화점은 낮을수록 위험하다.
② 발화점은 낮을수록 위험하다.
③ 탄화수소에서 착화점은 탄소수가 많은 분자일수록 낮아진다.
④ 최소점화에너지는 가스의 표면장력에 의해 주로 결정된다.

| 해설 | 가스연소에서 최소점화에너지는 가스연소범위에서 하한이 낮을수록 낮아진다.

25 아세틸렌의 취급방법에 대한 설명으로 가장 부적절한 것은?

① 저장소는 화기엄금을 명기한다.
② 가스 출구 동결 시 60℃ 이하의 온수로 녹인다.
③ 산소용기와 같이 저장하지 않는다.
④ 저장소는 통풍이 양호한 구조이어야 한다.

| 해설 | 아세틸렌 가스출구 동결시 40℃ 이하의 열습포로 녹인다.

26 가스 폭발을 일으키는 영향 요소로 가장 거리가 먼 것은?

① 온도
② 매개체
③ 조성
④ 압력

| 해설 | • 가스폭발 영향요소(발화 발생요인)
온도, 조성, 압력, 용기의 크기 형태

| 정답 | 21. ③ 22. ④ 23. ② 24. ④ 25. ② 26. ②

27 어떤 도시가스의 웨버지수를 측정하였더니 36.52MJ/m³이었다. 품질검사기준에 의한 합격 여부는?

① 웨버지수 허용기준보다 높으므로 합격이다.
② 웨버지수 허용기준보다 낮으므로 합격이다.
③ 웨버지수 허용기준보다 높으므로 불합격이다.
④ 웨버지수 허용기준보다 낮으므로 불합격이다.

해설 | 도시가스 열량 10400kcal/m³
1kcal = 4.1868kJ
1000kJ = 1MJ
$\frac{(10400 \times 4.1868)}{1000}$ = 43.543MJ/m³
도시가스열량은 43.543MJ/m³이어야 하는데 36.52MJ/m³은 열량이 기준치보다 낮으므로 불합격이다.

28 300kg의 액화프레온12(R-12)가스를 내용적 50L 용기에 충전할 때 필요한 용기의 개수는? (C = 0.86)

① 5개　　② 6개
③ 7개　　④ 8개

해설 | $G = \frac{V}{C}$

$\frac{50\ell}{0.86}$ = 58.14kg

∴ 용기본수 = $\frac{300kg}{58.14kg}$ = 5.15본 = 6본

29 저장탱크에 의한 액화석유가스 사용시설에서 가스계량기는 화기와 몇 m 이상의 우회거리를 유지해야 하는가?

① 2m　　② 3m
③ 5m　　④ 8m

해설 | LPG 계량기와 화기이격거리는 2m

30 가스사고가 발생하면 산업통상자원부령에서 정하는 바에 따라 관계기관에 가스사고를 통보해야 한다. 다음 중 사고통보내용이 아닌 것은?

① 통보자의 소속, 직위, 성명 및 연락처
② 사고원인자 인적사항
③ 사고발생 일시 및 장소
④ 시설현황 및 피해현황(인명 및 재산)

해설 | 가스사고 통보사항 중 사고원인자 인적사항은 통보내용에 해당되지 않는다.

31 가스크로마토그래피의 구성 요소가 아닌 것은?

① 광원　　② 칼럼
③ 검출기　　④ 기록계

해설 | • 가스크로마토그래피 3대 구성요소
칼럼, 검출기, 기록계

| 정답 | 27. ④　28. ②　29. ①　30. ②　31. ①

32 도시가스공급시설에서 사용되는 안전제어장치와 관계가 없는 것은?

① 중화장치
② 압력안전장치
③ 가스누출검지경보장치
④ 긴급차단장치

| 해설 | 도시가스 공급시설 안전제어장치 중에서 중화장치는 관계가 없다.

33 LPG나 액화가스와 같이 비점이 낮고 내압이 0.4 ~ 0.5MPa 이상인 액체에 주로 사용되는 펌프의 메카니컬 시일의 형식은?

① 더블시일형
② 인사이드시일형
③ 아웃사이드시일형
④ 밸런스시일형

| 해설 | • 밸런스시일형
 LPG나 액화가스처럼 비점이 낮고 내압이 4 ~ 5기압이상인 액체에 사용되는 펌프의 메카니컬시일방식이다.

34 유량을 측정하는데 사용하는 계측기기가 아닌 것은?

① 피토관   ② 오리피스
③ 벨로우즈   ④ 벤투리

| 해설 | 측정 계측기에서 벨로우즈는 해당되지 않는다.

35 기화기의 성능에 대한 설명으로 틀린 것은?

① 온수 가열방식은 그 온수의 온도가 90℃ 이하일 것
② 증기 가열방식은 그 증기의 온도가 120℃이하일 것
③ 압력계는 그 최고눈금이 상용압력의 1.5 ~ 2배일 것
④ 기화통 안의 가스액이 토출배관으로 흐르지 않도록 적합한 자동제어장치를 설치할 것

| 해설 | 강제기화기에서 온수식은 80℃ 이하일 것, 증기식은 120℃ 이하일 것

36 고압장치의 재료로서 가장 적합하게 연결된 것은?

① 액화염소용기 – 화이트메탈
② 압축기의 베어링 – 13% 크롬강
③ LNG 탱크 – 9% 니켈강
④ 고온고압의 수소반응탑 – 탄소강

| 해설 | LNG저장탱크는 -162℃의 초저온 액체가 접촉하므로 9% 니켈강이 적응성이 있다.

37 구조에 따라 외치식, 내치식, 편심로터리식 등이 있으며 베이퍼록 현상이 일어나기 쉬운 펌프는?

① 제트펌프   ② 기포펌프
③ 왕복펌프   ④ 기어펌프

| 해설 | 기어펌프는 외치식, 내치식, 편심로터리식 등이 있으며 베이퍼록이 발생하기 쉽다.

38 다음 중 터보(Turbo)형 펌프가 아닌 것은?

① 원심 펌프 ② 사류 펌프
③ 축류 펌프 ④ 플런저 펌프

| 해설 | 플런저 펌프는 왕복동식이다.

39 가스 액화 분리장치에서 냉동사이클과 액화사이클을 응용한 장치는?

① 한냉발생장치 ② 정유분출장치
③ 정유흡수장치 ④ 분순물제거장치

| 해설 | 공기액화분리장치에서 냉동사이클과 액화사이클을 응용한 장치는 한냉발생장치이다.

40 저압가스 수송배관의 유량공식에 대한 설명으로 틀린 것은?

① 배관길이에 반비례한다.
② 가스비중에 비례한다.
③ 허용압력손실에 비례한다.
④ 관경에 의해 결정되는 계수에 비례한다.

| 해설 | • 저압배관유량계산식

$$Q = K\sqrt{\frac{D^5 \cdot h}{S \cdot L}}$$

Q : 가스유량(m^3/h)
K : 유량계수
D : 관내경(cm)
h : 허용압력손실(mmH_2O)
S : 가스비중
L : 관길이(m)

∴ 위 식에서 저압배관의 가스유량은 가스비중에 반비례한다.

41 탄소강 중에 저온취성을 일으키는 원소로 옳은 것은?

① P ② S
③ Mo ④ Cu

| 해설 | ① P : 저온취성
② S : 적열취성
③ MO : 뜨임취성 방지, 내산화성 증가
④ Cu : 대기 중 내산화성 증가

42 가스의 연소방식이 아닌 것은?

① 적화식 ② 세미분젠식
③ 분젠식 ④ 원지식

| 해설 | • 가스 연소방식
적화식, 분젠식, 세미분젠식, 전1차 공기방식

43 양정 90m, 유량이 90m^3/h인 송수 펌프의 소요동력은 약 몇 kW인가? (단, 펌프의 효율은 60%이다.)

① 30.6 ② 36.8
③ 50.2 ④ 56.8

| 해설 | $\frac{1000 \times 90 \times 90}{102 \times 0.6 \times 3600}$ = 36.8kW

44 재료가 일정 온도 이상에서 응력이 작용할 때 시간이 경과함에 따라 변형이 증대되고 때로는 파괴되는 현상을 무엇이라 하는가?

① 피로 ② 크리프
③ 에로숀 ④ 탈탄

| 해설 | • 크리프강도
재료에 일정하중이 작용할 때 시간이 경과함에 따라 변형이 증가되고 결국은 파괴되는 현상

| 정답 | 38. ④ 39. ① 40. ② 41. ① 42. ④ 43. ② 44. ②

45 LP가스 공급방식 중 강제기화방식의 특징에 대한 설명 중 틀린 것은?

① 기화량 가감이 용이하다.
② 공급가스의 조성이 일정하다.
③ 계량기를 설치하지 않아도 된다.
④ 한랭시에도 충분히 기화시킬 수 있다.

| 해설 | · 강제기화방식 이점
ⓐ 공급가스의 조성이 일정하다.
ⓑ 기화량을 가감할 수 있다.
ⓒ 한랭시에도 충분히 기화 할 수 있다.

46 다음 설명과 관계있는 법칙은?

> 열은 스스로 저온의 물체에서 고온의 물체로 이동하는 것은 불가능하다.

① 에너지 보존의 법칙
② 열역학 제2법칙
③ 평형 이동의 법칙
④ 보일-샤를의 법칙

| 해설 | · 열역학 제2법칙
열은 스스로 저온체에서 고온체로 이동하는 것은 불가능하다.

47 산소(O_2)에 대한 설명 중 틀린 것은?

① 무색, 무취의 기체이며, 물에는 약간 녹는다.
② 가연성가스이나 그자신은 연소하지 않는다.
③ 용기의 도색은 일반 공업용이 녹색, 의료용이 백색이다.
④ 저장용기는 무계목 용기를 사용한다.

| 해설 | 산소는 지연성가스로 그 자신은 연소하지 않는다.

48 다음 중 암모니아 건조제로 사용되는 것은?

① 진한 황산
② 할로겐 화합물
③ 소다석회
④ 황산동 수용액

| 해설 | 암모니아 건조제는 소다석회(CaO + NaOH)를 사용한다.

49 10L 용기에 들어있는 산소의 압력이 10MPa이었다. 이 기체를 20L 용기에 옮겨놓으면 압력은 몇 MPa로 변하는가?

① 2
② 5
③ 10
④ 20

| 해설 | $P_1V_1 = P_2V_2$ (보일법칙, T=일정)
$10MPa \times 10L = P_2 \times 20L$
∴ P_2 = 5MPa

50 다음 [보기]와 같은 성질을 갖는 것은?

[보기]
· 공기보다 무거워 누출시 낮은 곳에 체류한다.
· 기화 및 액화가 용이하며 발열량이 크다.
· 증발잠열이 크기 때문에 냉매로도 이용된다.

① O_2
② CO
③ LPG
④ C_2H_4

| 해설 | · LPG 특성
ⓐ $C_3 \sim C_4$의 저급탄화수소로 구성되어 있다.
ⓑ 공기보다 무거워 낮은 곳에 체류한다.
ⓒ 기화 및 액화가 용이하며 발열량이 높다.
ⓓ 증발잠열이 커서 냉매로도 이용된다.

| 정답 | 45. ③ 46. ② 47. ② 48. ③ 49. ② 50. ③

51 다음 압력 중 가장 높은 압력은?

① $1.5kg/cm^2$
② $10H_2O$
③ $745mmHg$
④ $0.6atm$

해설 | ① $1.5kg/cm^2$
② $10mH_2O$
→ $\dfrac{10mH_2O}{10.33mH_2O} \times 1.0332kg/cm^2$
= $1.0kg/cm^2$
③ $745mmHg$
→ $\dfrac{745mmHg}{760mmHg} \times 1.0332kg/cm^2$
= $1.01kg/cm^2$
④ $0.6atm$
→ $\dfrac{0.6atm}{1atm} \times 1.0332kg/cm^2$
= $0.62kg/cm^2$

52 다음 중 게이지압력을 옳게 표시한 것은?

① 게이지압력 = 절대압력 − 대기압
② 게이지압력 = 대기압 − 절대압력
③ 게이지압력 = 대기압 + 절대압력
④ 게이지압력 = 절대압력 + 진공압력

해설 | 게이지압력 = 절대압력 − 대기압

53 같은 조건일 때 액화시키기 가장 쉬운 가스는?

① 수소
② 암모니아
③ 아세틸렌
④ 네온

해설 | • 비점
ⓐ 수소 : −252℃
ⓑ 암모니아 : −33.4℃
ⓒ 아세틸렌 : −83.8℃
ⓓ 네온 : −245.9℃

54 가스분석 시 이산화탄소의 흡수제로 사용되는 것은?

① KOH
② H_2SO_4
③ NH_4Cl
④ $CaCl_2$

해설 | 가스 분석시에 CO_2(이산화탄소) 흡수제로 KOH(수산화칼륨)를 사용한다.
$CO_2 + 2KOH \rightarrow K_2CO_3 + H_2O$

55 연소기 연소상태 시험에 사용되는 도시가스 중 역화하기 쉬운 가스는?

① 13A−1
② 13A−2
③ 13A−3
④ 13A−R

해설 | 역화하기 쉬운 가스는 13A−2로 "13"은 WI (웨버지수)를 100으로 나눠서 나타낸 값이고 "A"는 가스의 연소속도로
• A는 늦음(39 ~ 40cm/s)
• B는 중간(47 ~ 65cm/s)
• C는 빠름(80cm/s)을 나타낸다.
"2"는 가스연소특성과 호환성을 나타내는 웨버지수(WI)와 연소속도(CP)에 의한 가스 호환성 그래프에서
• 1번 구역은 소화음
• 2번 구역은 역화
• 3번 구역은 불완전연소
• 4번 구역은 리프팅을 나타낸다.

56 나프타(Naphtha)의 가스화 효율이 좋으려면?

① 올레핀계 탄화수소 함량이 많을수록 좋다.
② 파라핀계 탄화수소 함량이 많을수록 좋다.
③ 나프텐계 탄화수소 함량이 많을수록 좋다.
④ 방향족계 탄화수소 함량이 많을수록 좋다.

해설 | 나프타 분해시 가스화 효율은 P, O, N, A에서 파라핀계(P) 함유량이 높을수록 좋다.

| 정답 | 51. ① 52. ① 53. ② 54. ① 55. ② 56. ②

57 순수한 물 1kg을 1℃ 높이는데 필요한 열량을 무엇이라 하는가?

① 1kcal ② 1B.T.U
③ 1C.H.U ④ 1kJ

| 해설 | • 1kcal
물 1kg을 1℃ 올리는데 필요한 열량

58 기체의 성질을 나타내는 보일의 법칙(Boyleslaw)에서 일정한 값으로 가정한 인자는?

① 압력 ② 온도
③ 부피 ④ 비중

| 해설 | • 보일의 법칙
$P_1 V_1 = P_2 V_2$ (T = 일정)
"T"는 온도를 나타냄

59 섭씨온도(℃)의 눈금과 일치하는 화씨온도(℉)는?

① 0 ② -10
③ -30 ④ -40

| 해설 | 섭씨온도와 일치하는 화씨온도는 -40℉이다.

60 다음 중 폭발범위가 가장 넓은 가스는?

① 암모니아 ② 메탄
③ 황화수소 ④ 일산화탄소

| 해설 | • 폭발범위
ⓐ 암모니아 : 15~28%
ⓑ 메탄 : 5~15%
ⓒ 황화수소 : 4.3~46%
ⓓ 일산화탄소 : 12.5~75%

| 정답 | 57. ① 58. ② 59. ④ 60. ④

2014년 제4회 가스기능사 필기

2014년 7월 20일 시행

01 아세틸렌은 폭발 형태에 따라 크게 3가지로 분류된다. 이에 해당되지 않는 폭발은?

① 화합폭발 ② 중합폭발
③ 산화폭발 ④ 분해폭발

| 해설 | • 아세틸렌 폭발종류
　　　　분해폭발, 산화폭발, 화합폭발

02 연소에 대한 일반적인 설명 중 옳지 않은 것은?

① 인화점이 낮을수록 위험성이 크다.
② 인화점보다 착화점의 온도가 낮다.
③ 발열량이 높을수록 착화온도는 낮아진다.
④ 가스의 온도가 높아지면 연소범위는 넓어진다.

| 해설 | • 인화점 : 가연물질을 가열하여 증기발생시 점화원에 의해 점화되는 최저온도
　　　　• 착화점 : 가연물질을 점차 가열하여 온도상승으로 인하여 발화하는 온도로, 인화점보다 매우 높다.

03 일반도시가스사업 가스공급시설의 입상관 밸브는 분리가 가능한 것으로서 바닥으로부터 몇 m 범위에 설치하여야 하는가?

① 0.5 ~ 1m ② 1.2 ~ 1.5m
③ 1.6 ~ 2.0m ④ 2.5 ~ 3.0m

| 해설 | 입상관 밸브 설치 높이는 바닥에서 1.6 ~ 2m이다.

04 액화석유가스 사용시설을 변경하여 도시가스를 사용하기 위해서 실시하여야 하는 안전조치 중 잘못 설명한 것은?

① 일반도시가스사업자는 도시가스를 공급한 이후에 연소기 열량의 변경 사실을 확인하여야 한다.
② 액화석유가스의 배관 양단에 막음조치를 하고 호스는 철거하여 설치하려는 도시가스 배관과 구분되도록 한다.
③ 용기 및 부대설비가 액화석유가스 공급자의 소유인 경우에는 도시가스공급 예정일까지 용기 등을 철거해 줄 것을 공급자에게 요청해야 한다.
④ 도시가스로 연료를 전환하기 전에 액화석유가스 안전공급계약을 해지하고 용기 등의 철거와 안전조치를 확인하여야 한다.

| 해설 | 도시가스를 공급하기 전에 연소기의 열량 변경사항을 확인하여야 한다.

05 시안화수소(HCN)의 위험성에 대한 설명으로 틀린 것은?

① 인화온도가 아주 낮다.
② 오래된 시안화수소는 자체 폭발할 수 있다.
③ 용기에 충전한 후 60일을 초과하지 않아야 한다.
④ 호흡 시 흡입하면 위험하나 피부에 묻으면 아무 이상이 없다.

| 정답 | 01. ②　02. ②　03. ③　04. ①　05. ④

| 해설 | 시안화수소는 가연성이며 독성가스로 인화점이 −17.8℃이며 오래 저장된 것은 중합반응으로 폭발을 일으킬 수 있다. 호흡시에는 매우 위험하며 피부 접촉으로도 치명상을 입는다.

06 고정식 압축도시가스자동차 충전의 저장설비, 처리설비, 압축가스설비 외부에 설치하는 경계책의 설치기준으로 틀린 것은?

① 긴급차단장치를 설치할 경우는 설치하지 아니할 수 있다.
② 방호벽(철근콘크리트로 만든 것)을 설치하지 아니할 수 있다.
③ 처리설비 및 압축가스설비가 밀폐형 구조물 안에 설치된 경우는 설치하지 아니할 수 있다.
④ 저장설비 및 처리설비가 액확산방지시설 내에 설치된 경우는 설치하지 아니할 수 있다.

| 해설 | C.N.G 충전설비에서 긴급차단장치설치와는 상관없이 경계책을 설치하여야 한다.

07 다음 ( ) 안의 ㉠과 ㉡에 들어갈 명칭은?

아세틸렌을 용기에 충전하는 때에는 미리 용기에 다공물질을 고루 채워 다공도가 75% 이상, 92% 미만이 되도록 한 후 (㉠) 또는 (㉡)를(을) 고루 침윤시키고 충전하여야 한다.

① ㉠ 아세톤, ㉡ 알코올
② ㉠ 아세톤, ㉡ 물(H_2O)
③ ㉠ 아세톤, ㉡ 디메틸포름아미드
④ ㉠ 아세톤, ㉡ 물(H_2O)

| 해설 | 아세틸렌 용기 충전시 다공물질을 고루 채워 다공도가 75% 이상 92% 미만 되도록 한 후 용제인 아세톤 또는 디메틸포름아미드를 고루 침윤시킨 뒤 충전한다.

08 고압가스용 냉동기에 설치하는 안전장치의 구조에 대한 설명으로 틀린 것은?

① 고압차단장치는 그 설정압력이 눈으로 판별할 수 있는 것으로 한다.
② 고압차단장치는 원칙적으로 자동복귀방식으로 한다.
③ 안전밸브는 작동압력을 설정한 후 봉인될 수 있는 구조로 한다.
④ 안전밸브 각부의 가스통과 면적은 안전밸브의 구경면적 이상으로 한다.

| 해설 | 냉동기의 고압차단장치는 작동압력이 정상고압보다 $4kg/cm^2$ 정도 높다. 작동 후 복귀형태에 따라 자동복귀형과 수동복귀형이 있다.

09 공기 중에서 폭발하한치가 가장 낮은 것은?

① 시안화수소 ② 암모니아
③ 에틸렌   ④ 부탄

| 해설 | ① 시안화수소 : 6 ~ 41%
② 암모니아 : 15 ~ 28%
③ 에틸렌 : 2.7 ~ 36%
④ 부탄 : 1.8 ~ 8.4%

10 도시가스사용시설 중 자연배기식 반밀폐식 보일러에서 배기톱의 옥상돌출부는 지붕면으로부터 수직거리로 몇 cm 이상으로 하여야 하는가?

① 30　　　　② 50
③ 90　　　　④ 100

| 해설 | 반밀폐식 보일러 배기톱의 옥상돌출부와 지붕면 수직거리는 100cm 이상으로 하여야 한다.

11 고압가스 제조설비에 설치하는 가스누출경보 및 자동차단장치에 대한 설명으로 틀린 것은?

① 계기실 내부에도 1개 이상 설치한다.
② 잡가스에는 경보하지 아니하는 것으로 한다.
③ 누출을 검지하여 그 농도를 지시함과 동시에 경보를 울리는 방식으로 한다.
④ 가연성 가스의 제조설비에 격막 갈바니 전지방식의 것을 설치한다.

| 해설 | 가스누설 검지경보장치는 접촉연소방식, 격막 갈바니 전지방식, 반도체방식, 그 밖에 방식에 의하여 검지엘리먼트의 변화를 전기적 신호에 의해 이미 설정해 놓은 가스농도에서 자동적으로 경보하는 것일 것

12 고압가스 용기의 파열사고 원인으로서 가장 거리가 먼 내용은?

① 압축산소를 충전한 용기를 차량에 눕혀서 운반하였을 때
② 용기의 내압이 이상 상승하였을 때
③ 용기 재질의 불량으로 인하여 인장강도가 떨어질 때
④ 균열되었을 때

| 해설 | • 용기파열사고 원인
ⓐ 용기의 재질 불량
ⓑ 내압의 이상 상승
ⓒ 용접용기의 용접상 결함
ⓓ 과충전
ⓔ 용기내 폭발성 가스 혼입
ⓕ 충격 및 타격
ⓖ 검사의 태만, 기피
ⓗ 분해 반응

13 공기 중 폭발범위에 따른 위험도가 가장 큰 가스는?

① 암모니아　　② 황화수소
③ 석탄가스　　④ 이황화탄소

| 해설 | • 위험도
ⓐ 암모니아 위험도(H) = $\frac{28-15}{15}$ = 0.87
ⓑ 황화수소 위험도(H) = $\frac{45-4.3}{4.3}$ = 9.47
ⓒ 석탄가스 위험도(H) = $\frac{31-5.3}{5.3}$ = 4.85
ⓓ 이황화탄소 위험도(H) = $\frac{50-1.3}{1.3}$ = 37.5

14 LP가스 충전설비의 작동 상황 점검주기로 옳은 것은?

① 1일 1회 이상　　② 1주일 1회 이상
③ 1월 1회 이상　　④ 1년 1회 이상

| 해설 | LPG 충전설비 작동상황점검은 매일 1회 이상 실시한다.

| 정답 | 10. ④　11. ④　12. ①　13. ④　14. ①

15 고압가스설비에 장치하는 압력계의 눈금은?

① 상용압력의 2.5배 이상, 3배 이하
② 상용압력의 2배 이상, 2.5배 이하
③ 상용압력의 1.5배 이상, 2배 이하
④ 상용압력의 1배 이상, 1.5배 이하

| 해설 | 가스설비에 사용되는 압력계는 상용압력의 1.5배 이상, 2배 이하의 압력범위를 설치한다.

16 도시가스공급시설의 공사계획 승인 및 신고대상에 대한 설명으로 틀린 것은?

① 제조소 안에서 액화가스용저장탱크의 위치변경 공사는 공사계획 신고대상이다.
② 밸브기지의 위치변경 공사는 공사계획 신고대상이다.
③ 호칭지름이 50mm 이하인 저압의 공급관을 설치하는 공사는 공사계획 신고대상에서 제외한다.
④ 저압인 사용자공급관 50m를 변경하는 공사는 공사계획 신고대상이다.

| 해설 | 밸브기지 설치공사 및 위치변경공사는 공사계획의 승인대상이다.

17 공정과 설비의 공장형태 및 영향, 고장형태별 위험도 순위 등을 결정하는 안전성평가기법은?

① 위험과 운전분석(HAZOP)
② 예비위험분석(PHA)
③ 결함수분석(FTA)
④ 이상 위험도 분석(FMECA)

| 해설 |
- 위험과 운전분석(HAZOP)
  공정의 위험을 정성적으로 평가하는 기법 TF팀 구성으로 플랜트 노드별로 구분해서 위험등급별로 HAZOP sheet 기록으로 노드별 위험등급을 여러 등급으로 분류한다.
- 예비 위험분석(PHA)
  시스템 위험분석하기 전에 예비적 작업으로 공정의 위험부분을 열거하고 그 사고 빈도와 심각성에 대해 토의결정하는 기법이다.
- 결함수 분석(FTA)
  정성평가로부터 인지된 사고의 시나리오를 톱 과제로 해서 그 사고가 발생되는데 모든 영향인자를 귀납적 방법으로 tree를 작성해서 분석, 고장율 data를 적용해 인지된 사고 과제의 고장확률을 구하는 기법이다.

18 다음은 이동식 압축도시가스 자동차충전시설을 점검한 내용이다. 이 중 기준에 부적합한 경우는?

① 이동충전차량과 가스배관구를 연결하는 호스의 길이가 6m 이었다.
② 가스배관구 주위에는 가스배관구를 보호하기 위하여 높이 40cm, 두께 13cm인 철근 콘크리트 구조물이 설치되어 있었다.
③ 이동충전차량과 충전설비 사이 거리는 8m 이있고, 이동충전차량과 충전설비 사이에 강판제 방호벽이 설치되어 있었다.
④ 충전설비 근처 및 충전설비에서 6m 떨어진 장소에 수동 긴급차단장치가 각각 설치되어 있었으며 눈에 잘 띄었다.

| 해설 | C.N.G 충전설비에서 충전호스길이는 8m이다.

| 정답 | 15. ③ 16. ② 17. ④ 18. ①

19 독성가스 저장시설의 제독 조치로써 옳지 않은 것은?

① 흡수 중화조치
② 흡착 제거조치
③ 이송설비로 대기 중에 배출
④ 연소조치

| 해설 | 독성가스의 제독조치로 대기중에 배출하는 방식은 적합하지 않다.

20 도시가스 배관의 지하매설시 사용하는 침상재료(Bedding)는 배관 하단에서 배관 상단 몇 cm까지 포설하는가?

① 10
② 20
③ 30
④ 50

| 해설 | 가스배관 매설시 침상재료로 사용하는 모래부설은 배관 상단 30cm까지 한다.

21 시안화수소를 충전한 용기는 충전 후 몇 시간 정치한 뒤 가스의 누출검사를 해야 하는가?

① 6
② 12
③ 18
④ 24

| 해설 | 시안화수소는 충전 후에 24시간 정치한 뒤에 가스누출 여부검사를 한다.

22 폭발등급은 안전간격에 따라 구분한다. 폭발등급 1급이 아닌 것은?

① 일산화탄소
② 메탄
③ 암모니아
④ 수소

| 해설 |
- 폭발 1등급
  ⓐ 안전간격 0.6mm 이상의 가스
  ⓑ 일산화탄소, 메탄, 에탄, 프로판, 암모니아, 부탄 등
- 폭발 2등급
  ⓐ 전간격 0.6~0.4mm의 가스
  ⓑ 에틸렌, 석탄가스
- 폭발 3등급
  ⓐ 안전간격 0.4mm 이하의 가스
  ⓑ 수소, 아세틸렌, 이황화탄소, 수성가스

23 염소(Cl_2)의 재해 방지용으로서 흡수제 및 제해제가 아닌 것은?

① 가성소다 수용액
② 소석회
③ 탄산소다 수용액
④ 물

| 해설 |
- 염소가스 제해재
  ⓐ 가성소다 수용액
  ⓑ 탄산소다 수용액
  ⓒ 소석회

| 정답 | 19. ③ 20. ③ 21. ④ 22. ④ 23. ④

24 다음 굴착공사 중 굴착공사를 하기 전에 도시가스사업자와 협의를 하여야 하는 것은?

① 굴착공사 예정지역 범위에 묻혀 있는 도시가스배관의 길이가 110m인 굴착공사
② 굴착공사 예정지역 범위에 묻혀 있는 송유관의 길이가 200m인 굴착공사
③ 해당 굴착공사로 인하여 압력이 3.2kPa인 도시가스배관의 길이가 30m 노출될 것으로 예상되는 굴착공사
④ 해당 굴착공사로 인하여 압력이 0.8MPa인 도시가스배관의 길이가 8m 노출될 것으로 예상되는 굴착공사

| 해설 | 굴착공사 예정지역 범위에 묻혀있는 도시가스 배관길이가 100m 이상인 굴착공사는 협의대상이다.

25 건축물 내 도시가스 매설배관으로 부적합한 것은?

① 동관
② 강관
③ 스테인리스강
④ 가스용 금속플렉시블 호스

| 해설 | • 매설가스관으로 사용되는 배관
  ⓐ PLP 강관
  ⓑ 스텐레스관 강관
  ⓒ 동관
  ⓓ 가스용 금속플렉시블관

26 고압가스안전관리법의 적용을 받는 가스는?

① 철도차량의 에어컨디셔너 안의 고압가스
② 냉동능력 3톤 미만인 냉동설비 안의 고압가스
③ 용접용 아세틸렌가스
④ 액화브롬화메탄 제조설비 외에 있는 액화브롬화메탄

| 해설 | 고법 적용범위의 가스는 용접용 아세틸렌가스이다.

• 적용범위에서 제외되는 고압가스
  ⓐ 철도차량의 에어컨디셔너 안의 고압가스
  ⓑ 등화용 아세틸렌 가스
  ⓒ 냉동능력 3톤 미만의 냉동설비 안의 고압가스
  ⓓ 액화브롬화메탄 제조설비 이외에 있는 액화브롬화메탄

27 일반도시가스사업자의 가스공급시설 중 정압기의 분해 점검 주기의 기준은?

① 1년에 1회 이상   ② 2년에 1회 이상
③ 3년에 1회 이상   ④ 5년에 1회 이상

| 해설 | 도시가스 일반정압기 분해점검주기는 2년에 1회 이상으로 한다.

28 자동차용 압축천연가스 완속충전설비에서 실린더 내경이 100mm, 실린더의 행정이 200mm, 회전수가 100rpm일 때 처리능력(m³/h)은 얼마인가?

① 9.42   ② 8.21
③ 7.05   ④ 6.15

| 해설 | • 압축기 처리능력(m³/h)
$= \dfrac{\pi}{4}(0.1)^2 \times 0.2 \times 100\text{rpm} \times 60\text{min/h}$
$= 9.42 \text{m}^3/\text{h}$

| 정답 | 24. ① 25. ② 26. ③ 27. ② 28. ①

29 다음 중 가연성이면서 유독한 가스는?

① NH_3 ② H_2
③ CH_4 ④ N_2

| 해설 | ① 암모니아(NH_3) - 독성, 가연성
② 수소(H_2) - 가연성
③ 메탄(CH_4) - 가연성
④ 질소(N_2) - 불연성

30 다음은 어떤 안전설비에 대한 설명인가?

> 설비가 잘못 조작되거나 정상적인 제조를 할 수 없는 경우 자동으로 원재료의 공급을 차단시키는 등 고압가스 제조설비 안의 제조를 제어하는 기능을 한다.

① 긴급이송설비   ② 인터록기구
③ 안전밸브   ④ 벤트스택

| 해설 | 인터록장치는 오조작방지 장치이다.

31 LPG를 탱크로리에서 저장탱크로 이송 시 작업을 중단해야 되는 경우가 아닌 것은?

① 과충전이 된 경우
② 충전기에서 자동차에 충전하고 있을 때
③ 작업 중 주위에 화재 발생 시
④ 누출이 생길 경우

| 해설 | • 이충전 작업시 작업을 중단하여야 하는 경우
ⓐ 작업 중 주위 화재 발생시
ⓑ 가스누출 발생시
ⓒ 과충전시
ⓓ 압축기사용시 액압축이 발생되는 경우
ⓔ 펌프사용시 베이퍼록 현상이 심화되는 경우

32 다음 배관재료 중 사용온도 350℃ 이하, 압력이 10MPa 이상의 고압관에 사용되는 것은?

① SPP   ② SPPH
③ SPPW   ④ SPPG

| 해설 | • SPP(배관용 탄소강관) : 사용압력이 낮은 물, 기름, 가스관 사용
• SPPH(고압배관용 탄소강관) : 350℃ 이하 압력 10MPa 이상 사용
• SPPW(수도용 아연도금 강관) : 정수두 100m 이하 급수관용

33 대형 저장탱크 내를 가는 스테인리스관으로 상하로 움직여 관내에서 분출하는 가스상태와 액체상태의 경계면을 찾아 액면을 측정하는 액면계로 옳은 것은?

① 슬립튜브식 액면계
② 유리관식 액면계
③ 클링커식 액면계
④ 플로트식 액면계

| 해설 | 슬립튜브 게이지는 상하로 조작해서 분출되는 가스상태에 따라서 액면을 측정하는 액면계의 종류이다.

34 내압이 0.4~0.5MPa 이상이고, LPG나 액화가스와 같이 낮은 비점의 액체일 때 사용되는 터보식 펌프의 메카니컬 시일 형식은?

① 더블 시일   ② 아웃사이드 시일
③ 밸런스 시일   ④ 언밸런스 시일

| 해설 | 메카니컬 시일 중 밸런스시일 방식은 내압이 0.4~0.5MPa 이상으로 LPG나 액화가스 같이 비점이 낮은 액체에 사용하는 방식이다.

| 정답 | 29. ①   30. ②   31. ②   32. ②   33. ①   34. ③

35 3단 토출압력이 2MPa·g이고, 압축비가 2인 4단 공기압축기에서 1단 흡입 압력은 약 몇 MPa·g인가? (단, 대기압은 0.1MPa로 한다.)

① 0.16MPa·g ② 0.26MPa·g
③ 0.36MPa·g ④ 0.46MPa·g

| 해설 |
- 1단 흡입압력
  0.525MPa·abs ÷ 2(압축비)
  = 0.2625MPa·abs − 0.1MPa
  = 0.1625MPa·g
- 2단 흡입압력
  1.05MPa·abs ÷ 2(압축비)
  = 0.525MPa·abs
- 3단 흡입압력
  2.1MPa·abs ÷ 2(압축비)
  = 1.05MPa·abs
- 3단 토출압력
  2MPa·g + 0.1MPa = 2.1MPa·abs
- 4단 흡입압력
  2.1MPa·abs
- 4단 토출압력
  2.1MPa·abs × 2(압축비) = 4.2MPa·abs
- 확인검산
  압축비 = 2
  압축비 = $\sqrt[단수]{\dfrac{4단\,토출압력(절대)}{1단\,흡입압력(절대)}}$
  = $\sqrt[4]{\dfrac{4.2MPa·abs(절대)}{0.2625MPa·abs(절대)}}$
  = 2

36 반복하중에 의해 재료의 저항력이 저하하는 현상을 무엇이라고 하는가?

① 교축 ② 크리프
③ 피로 ④ 응력

| 해설 |
- 피로한도
  파괴강도보다 상당히 낮은 응력에서도 계속되는 반복하중에 의해서 재료의 저항력이 저하되어 재료가 파괴되는 현상이다.

37 가연성가스 검출기 중 탄광에서 발생하는 CH_4의 농도를 측정하는데 주로 사용되는 것은?

① 간섭계형 ② 안전등형
③ 열선형   ④ 반도체형

| 해설 | 탄광내에서 메탄농도를 측정하는 안전등형은 2중의 철망에 둘러싸인 석유램프의 일종으로 메탄가스 존재시 불꽃 길이와 형상의 변화로 검지한다.

38 저온액화가스 탱크에서 발생할 수 있는 열의 침입현상으로 가장 거리가 먼 것은?

① 연결된 배관을 통한 열전도
② 단열재를 충전한 공간에 남은 가스분자의 열전도
③ 내면으로부터의 열전도
④ 외면의 열복사

| 해설 |
- 저온탱크 열 침입 현상
  ⓐ 연결된 배관을 통한 열전도
  ⓑ 지지, 요오크에서의 열전도
  ⓒ 밸브 및 안전밸브 등에 의한 열전도
  ⓓ 외면으로부터의 열 복사
  ⓔ 단열재를 충전한 공간에 남은 가스의 분자에 의한 열전도

39 가연성가스를 냉매로 사용하는 냉동제조시설의 수액기에는 액면계를 설치한다. 다음 중 수액기의 액면계로 사용할 수 없는 것은?

① 환형유리관 액면계
② 차압식 액면계
③ 초음파식 액면계
④ 방사선식 액면계

| 해설 | 냉동장치에서 냉매 수액기에 설치하는 액면계로서 유리제인 환형 유리관식 액면계는 특성상 부적당하다.

| 정답 | 35. ① 36. ③ 37. ② 38. ③ 39. ①

40 LP가스 자동차충전소에서 사용하는 디스펜서(Dispenser)에 대하여 옳게 설명한 것은?

① LP가스 충전소에서 용기에 일정량의 LP 가스를 충전하는 충전기기이다.
② LP가스 충전소에서 용기에 충전하는 가스용적을 계량하는 기기이다.
③ 압축기를 이용하여 탱크로리에서 저장탱크로 LP가스를 이송하는 장치이다.
④ 펌프를 이용하여 LP가스를 저장탱크로 이송할 때 사용하는 안전장치이다.

| 해설 | 디스펜서는 LPG 충전소에서 일정량의 LPG를 충전하는 충전기기이다.

41 다음 중 왕복식 펌프에 해당하는 것은?

① 기어펌프 ② 베인펌프
③ 터빈펌프 ④ 플런저펌프

| 해설 | • 왕복식펌프
   ⓐ 피스톤펌프
   ⓑ 플런저펌프

42 도시가스의 측정 사항에 있어서 반드시 측정하지 않아도 되는 것은?

① 농도 측정   ② 연소성 측정
③ 압력 측정   ④ 열량 측정

| 해설 | 도시가스 측정에서 열량이나 연소성, 압력, 유량 등은 측정이 필요하나 농도측정은 필요치 않다.

43 펌프의 실제 송출유량을 Q, 펌프 내부에서의 누설유량을 $0.6Q$, 임펠러 속을 지나는 유량을 $1.6Q$라 할 때 펌프의 체적효율(η_V)은?

① 37.5%   ② 40%
③ 60%   ④ 62.5%

| 해설 | • 실제송출유량 : Q
• 누설유량 : $0.6Q$
• 임펠러통과유량 : $1.6Q$(실제송출유량 + 누설유량)
∴ 체적효율(η_V)
$= \dfrac{\text{실제송출유량}}{\text{임펠러 통과유량(실제송출유량 + 누설유량)}}$
$= \dfrac{1}{1.6} \times 100 = 62.5\%$

44 LP가스 공급방식 중 자연기화 방식의 특징에 대한 설명으로 틀린 것은?

① 기화능력이 좋아 대량 소비시에 적당하다.
② 가스 조성의 변화량이 크다.
③ 설비장소가 크게 된다.
④ 발열량의 변화량이 크다.

| 해설 | 자연기화방식은 외기의 온도의 영향으로 강제기화방식에 비해 기화능력이 떨어지고 대량소비에 원활한 가스공급이 어렵다.

45 다음 [보기]에서 설명하는 정압기의 종류는?

[보기]
- unloading 형이다.
- 본체는 복좌밸브로 되어 있어 상부에 다이어프램을 가진다.
- 정특성은 아주 좋으나 안정성은 떨어진다.
- 다른 형식에 비하여 크기가 크다.

① 레이놀드 정압기
② 엠코 정압기
③ 피셔식 정압기
④ 엑셀 플로우식 정압기

| 해설 | 언로딩형으로 정특성은 뛰어나나 안정성이 현저히 떨어지는 것은 레이놀드 정압기의 특징이며 단점이다.

46 도시가스 제조방식 중 촉매를 사용하여 사용온도 400~800℃에서 탄화수소와 수증기를 반응시켜 수소, 메탄, 일산화탄소, 탄산가스 등의 저급 탄화수소로 변환시키는 프로세스는?

① 열분해 프로세스
② 접촉분해 프로세스
③ 부분연소 프로세스
④ 수소화분해 프로세스

| 해설 | • 접촉분해공정
탄화수소와 수증기를 400~800℃ 범위의 반응온도에서 촉매 존재하에 반응시켜서 메탄, 수소, 일산화탄소, 이산화탄소로 변환하는 공정이다. 수증기 개질공정, 스팀 개질공정으로도 명칭한다.

47 수소의 공업적 용도가 아닌 것은?

① 수증기의 합성 ② 경화유의 제조
③ 메탄올의 합성 ④ 암모니아 합성

| 해설 | • 수소의 공업적 용도
ⓐ 암모니아 합성원료
ⓑ 연료전지, 로켓연료
ⓒ 메탄올 합성원료
ⓓ 경화유 제조
ⓔ 인조보석, 석영글라스 제조

48 다음 각 온도의 단위환산 관계로서 틀린 것은?

① 0℃ = 273K   ② 32°F = 492°R
③ °K = −273℃   ④ °K = 460°R

| 해설 | °R = K × 1.8, °K = $\dfrac{°R}{1.8}$

∴ $\dfrac{460}{1.8}$ = 255.56°K

255.56°K = 460℃

49 다음 중 저장소의 바닥부 환기에 가장 중점을 두어야 하는 가스는?

① 메탄   ② 에틸렌
③ 아세틸렌   ④ 부탄

| 해설 | 가스비중이 공기보다 무거워서 바닥에 체류하는 가스는 바닥부 환기에 중점을 두어야 한다.
① 메탄(CH_4) : $\dfrac{16}{29}$ = 0.55 - 공기보다 가볍다.
② 에틸렌(C_2H_4) : $\dfrac{28}{29}$ = 0.97 - 공기보다 가볍다.
③ 아세틸렌(C_2H_2) : $\dfrac{26}{29}$ = 0.9 - 공기보다 가볍다.
④ 부탄(C_4H_{10}) : $\dfrac{58}{29}$ = 2 - 공기보다 무겁다.

| 정답 | 45. ① 46. ② 47. ① 48. ④ 49. ④

50 고압가스의 성질에 따른 분류가 아닌 것은?

① 가연성 가스 ② 액화 가스
③ 조연성 가스 ④ 불연성 가스

| 해설 | • 고압가스 성질에 따른 분류
　　　　가연성, 조연성, 불연성
• 가스 상태에 따른 분류
　액화가스, 압축가스, 용해가스 등

51 압력이 일정할 때 기체의 절대온도와 체적은 어떤 관계가 있는가?

① 절대온도와 체적은 비례한다.
② 절대온도와 체적은 반비례한다.
③ 절대온도는 체적의 제곱에 비례한다.
④ 절대온도는 체적의 제곱에 반비례한다.

| 해설 | 기체에서 절대온도와 체적은 비례한다.

• 샤를의 법칙(압력일정)

$$\frac{V_1}{T_1} = \frac{V_2}{T_2} \text{ (압력 = 일정)}$$

52 100J의 일의 양을 Cal 단위로 나타내면 약 얼마인가?

① 24   ② 40
③ 240 ④ 400

| 해설 | 1cal = 4.186J

$$\therefore 1\text{cal} = \frac{100\text{J}}{4.186\text{J}} = 23.889\text{cal}$$

53 표준상태에서 분자량이 44인 기체의 밀도는?

① 1.96g/L   ② 1.96kg/L
③ 1.55g/L   ④ 1.55kg/L

| 해설 | • 아보가드로의 법칙
표준상태에서 모든 기체의 1mol은 22.4L이다.
∴ 44g 분자량 기체 밀도는

$$\frac{44\text{g}}{22.4\text{L}} = 1.96\text{g/L}$$

54 고압가스 종류별 발생 현상 또는 작용으로 틀린 것은?

① 수소 - 탈탄작용
② 염소 - 부식
③ 아세탈렌 - 아세틸라이드 생성
④ 암모니아 - 카르보닐 생성

| 해설 | • 암모니아는 질화작용과 취화작용이 발생된다.
• 카르보닐은 일산화탄소에서 Ni, Fe, Co 등과 반응해서 발생된다.

55 정압비열(C_p)와 정적비열(C_v)의 관계를 나타내는 비열비(k)를 옳게 나타낸 것은?

① $k = \dfrac{C_p}{C_v}$ ② $k = \dfrac{C_v}{C_p}$

③ $k < 1$ ④ $k = C_v - C_p$

| 해설 |

$$k = \frac{C_p}{C_v} \text{ (비열비)}$$

$k > 1$

| 정답 | 50. ②　51. ①　52. ①　53. ①　54. ④　55. ①

56 다음 중 수소(H_2)의 제조법이 아닌 것은?

① 공기액화 분리법
② 석유 분해법
③ 천연가스 분해법
④ 일산화탄소 전화법

| 해설 | • 수소의 제법
ⓐ 수성가스법(석탄 또는 코크스의 가스화법)
ⓑ 석유분해법
ⓒ 천연가스 분해법
ⓓ 일산화탄소 전화법

57 수은주 760mmHg 압력은 수주로는 얼마가 되는가?

① 9.33mH_2O
② 10.33mH_2O
③ 11.33mH_2O
④ 12.33mH_2O

| 해설 | 760mmHg = 10.33mH_2O

58 일산화탄소의 성질에 대한 설명 중 틀린 것은?

① 산화성이 강한 가스이다.
② 공기보다 약간 가벼우므로 수상치환으로 포집한다.
③ 개미산에 진한 황산을 작용시켜 만든다.
④ 혈액 속의 헤모글로빈과 반응하여 산소의 운반력을 저하시킨다.

| 해설 | 일산화탄소는 강한 환원성을 갖고 있어 각종 금속을 단체로 생성한다(금속 야금법에 사용).

$$HCOOH \xrightarrow{C-H_2SO_4} CO + H_2O$$

포름산 : formic acid
(개미산)

59 프로판의 완전연소 반응식으로 옳은 것은?

① $C_3H_8 + 4O_2 \to 3CO_2 + 2H_2O$
② $C_3H_8 + 5O_2 \to 3CO_2 + 4H_2O$
③ $C_3H_8 + 2O_2 \to 3CO + H_2O$
④ $C_3H_8 + O_2 \to CO_2 + H_2O$

| 해설 | • 프로판 완전연소식
$C_3H_8 + 5O_2 \to 3CO_2 + 4H_2O$

60 다음 중 확산 속도가 가장 빠른 것은?

① O_2
② N_2
③ CH_4
④ CO_2

| 해설 | 분자량이 작은 것이 확산속도가 빠르다.

• 각 가스 분자량
ⓐ O_2 : 32
ⓑ N_2 : 28
ⓒ CH_4 : 16
ⓓ CO_2 : 44

| 정답 | 56. ① 57. ② 58. ① 59. ② 60. ③

2014년 제5회 가스기능사 필기

2014년 10월 11일 시행

01 다음 각 가스의 정의에 대한 설명으로 틀린 것은?

① 압축가스란 일정한 압력에 의하여 압축되어 있는 가스를 말한다.
② 액화가스란 가압·냉각 등의 방법에 의하여 액체상태로 되어 있는 것으로서 대기압에서의 끓는점이 40℃ 이하 또는 상용온도 이하인 것을 말한다.
③ 독성가스란 인체에 유해한 독성을 가진 가스로서 허용농도가 100만분의 3000 이하인 것을 말한다.
④ 가연성가스란 공기 중에서 연소하는 가스로서 폭발한계의 하한이 10% 이하인 것과 폭발한계의 상한과 하한의 차가 20% 이상인 것을 말한다.

| 해설 | 독성가스는 허용농도가 100만분의 200 이하인 가스를 말한다.

02 용기 신규검사에 합격된 용기 부속품 각인에서 초저온 용기나 저온용기의 부속품에 해당하는 기호는?

① LT   ② PT
③ MT   ④ UT

| 해설 | • 용기부속품 각인
  ⓐ LT : 초저온 및 저온용기
  ⓑ PG : 압축가스
  ⓒ LG : 액화가스
  ⓓ AG : 아세틸렌가스

03 용기의 재검사 주기에 대한 기준으로 맞는 것은?

① 압력용기는 1년마다 재검사
② 저장탱크가 없는 곳에 설치한 기화기는 2년마다 재검사
③ 500L 이상 이음매 없는 용기는 5년마다 재검사
④ 용접용기로서 신규검사 후 15년 이상 20년 미만인 용기는 3년마다 재검사

04 가스사용시설인 가스보일러의 급·배기방식에 따른 구분으로 틀린 것은?

① 반밀폐형 자연배기식(CF)
② 반밀폐형 강제배기식(FE)
③ 밀폐형 자연배기식(RF)
④ 밀폐형 강제급배기식(FF)

| 해설 | • 자연배기식(Conventional Flue) : 실내공기로 연소하고 연소가스는 자연 드래프트에 의해 옥외로 배출하는 방식으로 급기구가 반드시 필요하다.
• 강제배기식(Forced Exhaust) : 연소에 필요한 공기는 실내에서 취하고 배기는 팬을 이용해서 옥외로 강제 배출하는 방식으로 급기구가 반드시 필요하다.
• 강제급배기방식(Forced Draft Balanced Flue) : 자체내장된 팬으로 강제적으로 급배기하는 방식이다.

| 정답 | 01. ③   02. ①   03. ③   04. ③

05 도시가스 배관을 지상에 설치 시 검사 및 보수를 위하여 지면으로부터 몇 cm 이상의 거리를 유지하여야 하는가?

① 10cm　　② 15cm
③ 20cm　　④ 30cm

| 해설 | 도시가스 배관 지상 설치시 지면과 이격거리는 30cm 이상 유지할 것

06 차량에 고정된 산소용기 운반 차량에는 일반인이 쉽게 식별할 수 있도록 표시하여야 한다. 운반차량에 표시하여야 하는 것은?

① 위험고압가스, 회사명
② 위험고압가스, 전화번호
③ 화기엄금, 회사명
④ 화기엄금, 전화번호

| 해설 | 차량에 고정된 용기의 운반차량 표시에는 위험고압가스와 연락처 표기

07 LPG 충전·집단공급 저장시설의 공기에 의한 내압시험시 상용압력의 일정 압력 이상으로 승압한 후 단계적으로 승압시킬 때, 상용압력의 몇 % 씩 증가시켜 내압시험압력에 달하였을 때 이상이 없어야 하는가?

① 5%　　② 10%
③ 15%　　④ 20%

| 해설 | LPG 공급·저장시설 내압시험시 상용압력의 50%까지 올린 후 단계적으로 상용압력의 10%씩 증가시켜 실시한다.

08 도시가스도매사업자가 제조소 내에 저장능력이 20만톤인 지상식 액화천연가스 저장탱크를 설치하고자 한다. 이때 처리능력이 30만m^{3}인 압축기와 얼마 이상의 거리를 유지하여야 하는가?

① 10m　　② 24m
③ 30m　　④ 50m

| 해설 | 액화천연가스 저장탱크와 처리능력 30만m^{3}인 압축기와의 이격거리는 30m 이상되도록 한다.

09 특정고압가스사용시설에서 독성가스 감압설비와 그 가스의 반응설비 간의 배관에 반드시 설치하여야 하는 설비는?

① 안전밸브　　② 역화방지장치
③ 중화장치　　④ 역류방지장치

| 해설 | 독성가스 감압설비와 반응설비간의 배관에는 역류방지장치를 설치할 것

10 과압안전장치 형식에서 용전의 용융온도로서 옳은 것은? (단, 저압부에 사용하는 것은 제외한다.)

① 40℃ 이하　　② 60℃ 이하
③ 75℃ 이하　　④ 105℃ 이하

| 해설 | 과압안전장치 가용전식 안전밸브의 용융온도는 75℃ 이하일 것(단 암모니아는 제외)

| 정답 | 05. ④　06. ②　07. ②　08. ③　09. ④　10. ③

11 차량에 고정된 탱크 중 독성가스는 내용적을 얼마 이하로 하여야 하는가?

① 12000L   ② 15000L
③ 16000L   ④ 18000L

| 해설 | 차량고정용 탱크 독성가스 내용적은 12000L 이하일 것(단, 암모니아는 제외)

12 다음 중 2중관으로 하여야 하는 가스가 아닌 것은?

① 일산화탄소   ② 암모니아
③ 염화메탄   ④ 염소

| 해설 | • 2중관으로 하여야 하는 가스
염소, 포스겐, 염화메탄, 아황산가스, 시안화수소, 황화수소, 산화에틸렌, 암모니아

13 LPG 저장탱크에 설치하는 압력계는 상용압력 몇 배 범위의 최고눈금이 있는 것을 사용하여야 하는가?

① 1 ~ 1.5배   ② 1.5 ~ 2배
③ 2 ~ 2.5배   ④ 2.5 ~ 3배

| 해설 | 고압가스설비에 설치하는 압력계 눈금범위는 상용압력의 1.5배 ~ 2배의 압력범위일 것

14 암모니아 취급 시 피부에 닿았을 때 조치사항으로 가장 적당한 것은?

① 열습포로 감싸준다.
② 아연화 연고를 바른다.
③ 산으로 중화시키고 붕대로 감는다.
④ 다량의 물로 세척 후 붕산수를 바른다.

| 해설 | 암모니아는 물에 잘 녹기 때문에 다량의 물로 세척 후 붕산수를 바른다.

15 압축, 액화 등의 방법으로 처리할 수 있는 가스의 용적이 1일 100m³ 이상인 사업소에는 표준이 되는 압력계를 몇 개 이상 비치하여야 하는가?

① 1개   ② 2개
③ 3개   ④ 4개

| 해설 | 1일 처리능력 100m³ 이상인 사업소에는 표준 압력계 2개 이상 비치할 것

16 압력조정기 출구에서 연소기 입구까지의 호스는 얼마 이상의 압력으로 기밀시험을 실시하는가?

① 2.3kPa   ② 3.3kPa
③ 5.63kPa   ④ 8.4kPa

| 해설 | 압력조정기 출구에서 연소기까지 호스의 기밀시험은 8.4kPa 이상으로 할 것

17 가연성가스 및 독성가스의 충전용기보관실에 대한 안전거리 규정으로 옳은 것은?

① 충전용기 보관실 1m 이내에 발화성물질을 두지 말 것
② 충전용기 보관실 2m 이내에 인화성물질을 두지 말 것
③ 충전용기 보관실 5m 이내에 발화성물질을 두지 말 것
④ 충전용기 보관실 8m 이내에 인화성물질을 두지 말 것

| 해설 | 가연성가스 충전용기 보관실 2m 이내에 인화성 물질을 두지 않도록 할 것

| 정답 | 11. ① 12. ① 13. ② 14. ④ 15. ② 16. ④ 17. ②

18 액화염소가스 1375kg을 용량 50L인 용기에 충전하려면 몇 개의 용기가 필요한가? (단, 액화염소가스의 정수[C]는 0.8이다.)

① 20　　② 22
③ 35　　④ 37

| 해설 |
$$G = \frac{V}{C}$$
$V = 1375 \times 0.8 = 1100L$, $\frac{1100L}{50L} = 22$본

19 고압가스 품질검사에 대한 설명으로 틀린 것은?

① 품질검사 대상 가스는 산소, 아세틸렌, 수소이다.
② 품질검사는 안전관리책임자가 실시한다.
③ 산소는 동암모니아 시약을 사용한 오르잣드법에 의한 시험결과 순도가 99.5% 이상이어야 한다.
④ 수소는 하이드로썰파이드 시약을 사용한 오르잣드법에 의한 시험결과 순도가 99.0% 이상이어야 한다.

| 해설 | • 수소 품질검사
　ⓐ 피로카톨 또는 하이드로셜피이드 시약의 오르잣드법
　ⓑ 순도 98.5%
　ⓒ 35℃에서 11.8Mpa 이상일 것(충전압력)

20 저장탱크 방류둑 용량은 저장능력에 상당하는 용적 이상의 용적이어야 한다. 다만, 액화산소 저장탱크의 경우에는 저장능력 상당용적의 몇 % 이상으로 할 수 있는가?

① 40　　② 60
③ 80　　④ 90

| 해설 | 액화산소의 방류둑 용량은 저장능력의 상당용적의 60% 이상이어야 한다.

21 도시가스 중압 배관을 매몰할 경우 다음 중 적당한 색상은?

① 회색　　② 청색
③ 녹색　　④ 적색

| 해설 | • 도시가스 매설관 색상
　ⓐ 중·고압배관 : 적색
　ⓑ 저압배관 : 황색

22 가연성가스를 취급하는 장소에서 공구의 재질로 사용하였을 경우 불꽃이 발생할 가능성이 가장 큰 것은?

① 고무　　② 가죽
③ 알루미늄 합금　　④ 나무

| 해설 | 스파크 발생 가능성이 큰 재질로 알루미늄 합금이 높다.

| 정답 | 18. ② 19. ④ 20. ② 21. ④ 22. ③

23 고압가스 저장능력 산정기준에서 액화가스의 저장탱크 저장능력을 구하는 식은? (단, Q, W는 저장능력, P는 최고충전압력, V는 내용적, C는 가스종류에 따른 정수, d는 가스의 비중이다.)

① $W = 0.9dV$
② $Q = 10PV$
③ $W = \dfrac{V}{C}$
④ $Q = (10P+1)V$

| 해설 | • 액화가스 저장탱크 내용적 계산식

$$Q = 0.9dV$$

24 도시가스 공급시설의 안전조작에 필요한 조명등의 조도는 몇 럭스 이상이어야 하는가?

① 100
② 150
③ 200
④ 300

| 해설 | 가스 공급시설 방폭등의 조도는 150럭스 이상일 것

25 도시가스사업법에서 정한 특정가스사용시설에 해당하지 않는 것은?

① 제1종 보호시설 내 월사용예정량 1,000m³ 이상인 가스시설
② 제2종 보호시설 내 월사용예정량 2,000m³ 이상인 가스사용시설
③ 월사용예정량 2,000m³ 이하인 가스사용시설 중 많은 사람이 이용하는 시설로 시·도지사가 지정하는 시설
④ 전기사업법, 에너지이용합리화법에 의한 가스사용시설

| 해설 | 특정가스시설에서 제외되는 것은 전기사업법, 에너지이용합리화법에 의한 가스사용시설은 포함되지 않는다.

26 가연성 가스용 가스누출경보 및 자동차단장치의 경보농도설정치의 기준은?

① ±5% 이하
② ±10% 이하
③ ±15% 이하
④ ±25% 이하

| 해설 | 가연성가스 경보농도 설정치 기준은 ±25% 이하의 범위일 것

27 액화가스를 충전하는 탱크는 그 내부에 액면요동을 방지하기 위하여 무엇을 설치하여야 하는가?

① 방파판
② 안전밸브
③ 액면계
④ 긴급차단장치

| 해설 | 액화가스탱크 내부 액면요동 방지장치로는 방파판을 설치한다.

28 고압가스 충전용 밸브를 가열할 때의 방법으로 가장 적당한 것은?

① 60℃ 이상의 더운물을 사용한다.
② 열습포를 사용한다.
③ 가스버너를 사용한다.
④ 복사열을 사용한다.

| 해설 | 충전밸브 동결 시 40℃ 이하의 열습포를 사용한다.

29 일반도시가스사업 정압기실에 설치되는 기계환기설비 중 배기구의 관경은 얼마 이상로 하여야 하는가?

① 10cm
② 20cm
③ 30cm
④ 50cm

| 해설 | 정압기실 배기구의 관경은 100mm(10cm) 이상일 것

30 도시가스 공급시설을 제어하기 위한 기기를 설치한 계기실의 구조에 대한 설명으로 틀린 것은?

① 계기실의 구조는 내화구조로 한다.
② 내장재는 불연성 재료로 한다.
③ 창문은 망입(網入)유리 및 안전유리 등으로 한다.
④ 출입구는 1곳 이상에 설치하고 출입문은 방폭문으로 한다.

| 해설 | 출입구는 2곳 이상 설치하고 출입문은 방화문으로 한다.

31 가스미터의 설치장소로서 가장 부적당한 곳은?

① 통풍이 양호한 곳
② 전기공작물 주변의 직사광선이 비치는 곳
③ 가능한 한 배관의 길이가 짧고 꺾이지 않는 곳
④ 화기와 습기에서 멀리 떨어져 있고 청결하며 진동이 없는 곳

| 해설 | 전기설비와는 이격되어야 하며 직사광선 또는 빗물을 받을 우려가 있는 곳에는 격납상자내에 설치할 것

32 액주식 압력계에 사용되는 액체의 구비조건으로 틀린 것은?

① 화학적으로 안정되어야 한다.
② 모세관 현상이 없어야 한다.
③ 점도와 팽창계수가 작아야 한다.
④ 온도변화에 의한 밀도변화가 커야 한다.

| 해설 | 액주식 압력계의 봉입액은 온도변화에 의한 밀도변화가 작아야 한다.

33 고압가스안전관리법령에 따라 고압가스 판매시설에서 갖추어야 할 계측설비가 바르게 짝지어진 것은?

① 압력계, 계량기
② 온도계, 계량기
③ 압력계, 온도계
④ 온도계, 가스분석계

| 해설 | 가스판매시설에 구비하여야 할 계측기로는 압력계, 계량기

34 사용 압력이 2MPa, 관의 인장강도가 20kg/mm^{2}일 때의 스케줄 번호(Sch No)는? (단, 안전율은 4로 한다.)

① 10
② 20
③ 40
④ 80

| 해설 | 스케줄번호 = $10 \times \dfrac{\text{사용압력(kg/cm}^2)}{\text{허용능력(kg/mm}^2)}$
= $10 \times \dfrac{20\text{kg/cm}^2}{20/4} = 40$

$\left(\text{허용응력} = \dfrac{\text{인장강도}}{\text{안전율}} \right)$

35 부취제 주입용기를 가스압으로 밸런스시켜 중력에 의해서 부취제를 가스 흐름 중에 주입하는 방식은?

① 적하 주입방식
② 펌프 주입방식
③ 위크증발식 수입방식
④ 미터연실 바이패스 주입방식

| 해설 | 부취제 주입설비에서 중력에 의해 주입하는 방식은 적하주입방식이다.

| 정답 | 30. ④ 31. ② 32. ④ 33. ① 34. ③ 35. ①

36 도시가스의 품질검사 시 가장 많이 사용되는 검사방법은?

① 원자흡광광도법
② 가스크로마토그래피법
③ 자외선, 적외선 흡수분광법
④ ICP법

| 해설 | 품질검사에서 가스분석시 가스크로마토그래피(G.C)가 가장 널리 쓰인다.

37 도시가스시설 중 입상관에 대한 설명으로 틀린 것은?

① 입상관이 화기가 있을 가능성이 있는 주위를 통과하여 불연재료로 차단조치를 하였다.
② 입상관의 밸브는 분리 가능한 것으로서 바닥으로부터 1.7m의 높이에 설치하였다.
③ 입상관의 밸브를 어린 아이들이 장난을 못하도록 3m의 높이에 설치하였다.
④ 입상관의 밸브 높이가 1m 이어서 보호상자 안에 설치하였다.

| 해설 | 입상관 밸브의 높이는 1.6m 이상, 2m 이하가 되도록 설치한다.

38 배관 속을 흐르는 액체의 속도를 급격히 변화시키면 물이 관벽을 치는 현상이 일어나는데 이런 현상을 무엇이라 하는가?

① 캐비테이션 현상   ② 워터햄머링현상
③ 서징 현상   ④ 맥동 현상

| 해설 | 배관 속 유체를 급격하게 개폐할 경우 심한 요동 치는 현상이 발생하는데 워터햄머링 즉 수격작용이라고 한다.

39 연소기의 설치방법으로 틀린 것은?

① 환기가 잘 되지 않은 곳에는 가스온수기를 설치하지 아니한다.
② 밀폐형 연소기는 급기구 및 배기통을 설치하여야 한다.
③ 배기통의 재료는 불연성 재료로 한다.
④ 개방형 연소기가 설치된 실내에는 환풍기를 설치한다.

| 해설 | 밀폐형 연소기는 외부에서 연소용 공기를 공급하고 배기가스 또한 외부로 배출하는 방식으로 F.F식이라고도 한다.(강제급배기방식)

40 오리피스 미터의 특징에 대한 설명으로 옳은 것은?

① 압력손실이 매우 작다.
② 침전물이 관벽에 부착되지 않는다.
③ 내구성이 좋다.
④ 제작이 간단하고 교환이 쉽다.

| 해설 | 오리피스 미터는 제작이 간단하고 교환이 쉬우나 압력손실이 매우 크고 침전물 퇴적의 우려가 있다.

41 압력조정기의 종류에 따른 조정압력이 틀린 것은?

① 1단 감압식 저압조정기 : 2.3~3.3kPa
② 1단 감압식 준저압조정기 : 5~30kPa 이내에서 제조자가 설정한 기준압력의 ±20%
③ 2단 감압식 2차용 저압조정기 : 2.3~3.3kPa
④ 자동절체식 일체형 조압조정기 : 2.3~3.3kPa

| 해설 | • 압력조정기 조정압력범위
자동절체식 일체형 저압조정기 : 2.55 ~ 3.3kPa

42 용기의 내용적이 105L인 액화암모니아 용기에 충전할 수 있는 가스의 충전량은 약 몇 kg인가? (단, 액화암모니아의 가스정수 C 값은 1.86이다.)

① 20.5
② 45.5
③ 56.5
④ 117.5

| 해설 |
$$G = \frac{V}{C}$$

∴ $\frac{105L}{1.86}$ = 56.45kg

43 증기 압축식 냉동기에서 냉매가 순환되는 경로로 옳은 것은?

① 압축기 → 증발기 → 응축기 → 팽창밸브
② 증발기 → 응축기 → 압축기 → 팽창밸브
③ 증발기 → 팽창밸브 → 응축기 → 압축기
④ 압축기 → 응축기 → 팽창밸브 → 증발기

| 해설 | • 증기 압축식 냉동기 순환경로

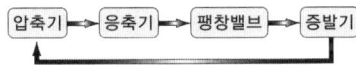

44 도시가스 정압기에 사용되는 정압기용 필터의 제조기술기준으로 옳은 것은?

① 내가스 성능시험의 질량변화율은 5 ~ 8%이다.
② 입, 출구 연결부는 플랜지식으로 한다.
③ 기밀시험은 최고사용압력 1.25배 이상의 수압으로 실시한다.
④ 내압시험은 최고사용압력 2배의 공기압으로 실시한다.

| 해설 | 정압기 필터의 연결부는 플랜지 타입으로 한다.

45 구조가 간단하고 고압, 고온 밀폐탱크의 압력까지 측정이 가능하여 가장 널리 사용되는 액면계는?

① 크린카식 액면계
② 벨로우즈식 액면계
③ 차압식 액면계
④ 부자식 액면계

| 해설 | 플루우트식(부자식) 액면계는 구조가 간단하고 고온, 고압의 밀폐식 탱크에 적합하다.

46 주기율표의 0족에 속하는 불활성 가스의 성질이 아닌 것은?

① 상온에서 기체이며, 단원자 분자이다.
② 다른 원소와 잘 화합한다.
③ 상온에서 무색, 무미, 무취의 기체이다.
④ 방전관에 넣어 방전시키면 특유의 색을 낸다.

| 해설 | 0족 기체(비활성)는 다른 원소와 잘 반응하지 않는 안정된 구조를 갖는다.

47 LPG 1L가 기화해서 약 250L의 가스가 된다면 10kg의 액화 LPG가 기화하면 가스 체적은 얼마나 되는가? (단, 액화 LPG의 비중은 0.5이다.)

① $1.25m^3$ ② $5.0m^3$
③ $10.0m^3$ ④ $25m^3$

| 해설 | $\frac{10kg}{0.5kg/L} \times 250L = 5000L = 5m^3$

48 공급가스인 천연가스 비중이 0.6이라 할 때 45m 높이의 아파트 옥상까지 압력손실은 약 몇 mmH₂O인가?

① 18.0   ② 23.3
③ 34.9   ④ 27.0

| 해설 | 입상관 압력손실 $= 1.29(1-S)h$

∴ $1.293(1-0.6)45m = 23.274 mmH_2O$

49 시안화수소 충전에 대한 설명 중 틀린 것은?

① 용기에 충전하는 시안화수소는 순도가 98% 이상이어야 한다.
② 시안화수소를 충전한 용기는 충전 후 24시간 이상 정치한다.
③ 시안화수소는 충전 후 30일이 경과되기 전에 다른 용기에 옮겨 충전하여야 한다.
④ 시안화수소 충전용기는 1일 1회 이상 질산구리 벤젠 등의 시험지로 가스누출 검사를 한다.

| 해설 | 시안화수소는 충전 후 60일이 경과되기 전에 다른 용기로 옮겨서 충전한다(단, 순도 98% 이상으로 착색되지 않은 것은 제외한다.).

50 다음 중 절대압력을 정하는데 기준이 되는 것은?

① 게이지 압력   ② 국소 대기압
③ 완전 진공   ④ 표준 대기압

| 해설 | 절대압력은 완전진공을 기준으로 한다.

51 일산화탄소 전화법에 의해 얻고자 하는 가스는?

① 암모니아   ② 일산화탄소
③ 수소   ④ 수성가스

| 해설 | • 일산화탄소 전화법
일산화탄소에 수증기를 반응시켜 철-크롬계 촉매와 함께 가열하여 수소를 얻는다.
$CO + H_2O \rightarrow CO_2 + H_2$

52 도시가스는 무색, 무취이기 때문에 누출 시 중독 및 사고를 미연에 방지하기 위하여 부취제를 첨가하는데 그 첨가비율의 용량이 얼마의 상태에서 냄새를 감지할 수 있어야 하는가?

① 0.1%   ② 0.01%
③ 0.2%   ④ 0.02%

| 해설 | 부취제 첨가농도는 공기 중 $\frac{1}{1000}$ 농도에서 감지하도록 한다.
$\frac{1}{1000} \times 100 = 0.1\%$

53 절대온도로 표시한 것 중 가장 거리가 먼 것은?

① $-273.15℃$ ② $0°K$
③ $0°R$ ④ $0°F$

| 해설 | $0°K$(절대온도) $= -273℃$
∴ $-460°F = 0°R$

| 정답 | 47. ② 48. ② 49. ③ 50. ③ 51. ③ 52. ① 53. ④

54 염소(Cl_2)에 대한 설명으로 틀린 것은?

① 황록색의 기체로 조연성이 있다.
② 강한 자극성의 취기가 있는 독성기체이다.
③ 수소와 염소의 등량 혼합기체를 염소폭명기라 한다.
④ 건조 상태의 상온에서 강재에 대하여 부식성을 갖는다.

| 해설 | 건조한 상태의 염소는 강재에 부식성이 없으므로 염소용기 재질로 탄소강을 사용한다.

55 '효율이 100%인 열기관은 제작이 불가능하다.'라고 표현되는 법칙은?

① 열역학 제0법칙 ② 열역학 제1법칙
③ 열역학 제2법칙 ④ 열역학 제3법칙

| 해설 | • 열역학 제2법칙 : 클라시우스의 이론
자기 스스로 저온에서 고온으로 열을 전달할 수 없다. 또한 성능계수가 무한대인 냉동기는 제작할 수 없다. 즉 제2종 영구기관인 효율이 100%인 열기관은 제작이 불가능하다.

56 순수한 물의 증발 잠열은?

① 539kcal/kg   ② 79.68kcal/kg
③ 639cal/kg   ④ 80.68cal/kg

| 해설 | 100℃ 물 → 100℃ 수증기
증발잠열 : 539kcal/kg

57 게이지압력 1520mmHg는 절대압력으로 몇 기압인가?

① 0.33atm   ② 3atm
③ 30atm   ④ 33atm

| 해설 | 절대압력 = 게이지압력 + 대기압
= 1520mmHg + 760mmHg
= 2280mmHg
$\dfrac{2280mmHg}{760mmHg} \times 1atm = 3atm$

58 압력단위를 나타낸 것은?

① kg/cm^2 ② kL/m^2
③ $kcal/mm^2$ ④ kV/km^2

| 해설 | • 압력
단위면적에 작용하는 힘(kg/cm^2)

59 A의 분자량은 B의 분자량의 2배이다. A와 B의 확산속도의 비는?

① $\sqrt{2}$: 1   ② 4 : 1
③ 1 : 4   ④ 1 : $\sqrt{2}$

| 해설 | • 그레엄의 기체의 확산속도 법칙
두 가지 기체가 지지는 확산속도는 그 기체의 밀도(분자량)의 제곱근에 반비례한다.
즉, 분자량이 큰 것이 확산속도가 느리다.

$\dfrac{UB}{UA} = \sqrt{\dfrac{MA}{MB}}$

$\dfrac{B}{A} = \sqrt{\dfrac{2}{1}}$

∴ 1 : $\sqrt{2}$

| 정답 | 54. ④ 55. ③ 56. ① 57. ② 58. ① 59. ④

60 부탄(C_4H_{10})가스의 비중은?

① 0.55   ② 0.9
③ 1.5   ④ 2

| 해설 | • 가스 비중(공기 = 1)
• 공기분자량 = 29
• 부탄분자량 = 58

$$\therefore \frac{58}{29} = 2$$

| 정답 | 60. ④

2015년 제1회 가스기능사 필기

2015년 1월 25일 시행

01 메탄가스의 특성에 대한 설명으로 틀린 것은?

① 메탄은 프로판에 비해 연소에 필요한 산소량이 많다.
② 폭발한계농도가 프로판보다 높다.
③ 무색·무취이다.
④ 폭발상한농도가 부탄보다 높다.

| 해설 | 메탄은 탄소가 1개로 프로판의 탄소 3개 보다 적어 연소시 산소 요구량이 2.5배 적다.
$CH_4 + 2O_2 \rightarrow CO_2 + 2H_2O$
$C_3H_8 + 5O_2 \rightarrow 3CO_2 + 4H_2O$
$\dfrac{\text{프로판 연소시 산소량}}{\text{메탄 연소시 산소량}} : \dfrac{5몰}{2몰} = 2.5배$

02 하버-보시법으로 암모니아 44g을 제조하려면 표준상태에서 수소는 약 몇 L가 필요한가?

① 22 ② 44
③ 87 ④ 100

| 해설 | $N_2 + 3H_2 \rightarrow 2NH_3$
$(3 \times 22.4) : 34g$
$xL : 44g$
$x = \left(\dfrac{\frac{44}{3}}{4}\right) \times (3 \times 22.4) = 86.96L$

03 섭씨온도로 측정할 때 상승된 온도가 5℃이었다. 이 때 화씨온도로 측정하면 상승온도는 몇 도인가?

① 7.5 ② 8.3
③ 9.0 ④ 41

| 해설 | $5 \times 1.8 = 9$도

04 다음 중 표준상태에서 가스상 탄화수소의 점도가 가장 높은 가스는?

① 에탄 ② 메탄
③ 부탄 ④ 프로판

| 해설 | 가스상 포화탄화수소의 점도는 탄소수가 적을수록 점도가 높다.
• 점도가 높은 순서
ⓐ CH_4(탄소수 1개)
ⓑ C_2H_6(탄소수 2개)
ⓒ C_3H_8(탄소수 3개)
ⓓ C_4H_{10}(탄소수 4개)

05 SNG에 대한 설명으로 가장 적당한 것은?

① 액화석유가스 ② 액화천연가스
③ 정유가스 ④ 대체천연가스

| 해설 | • SNG
대체 천연가스, 합성 천연가스

| 정답 | 01. ① 02. ③ 03. ③ 04. ② 05. ④

06 암모니아의 성질에 대한 설명으로 옳지 않은 것은?

① 가스일 때 공기보다 무겁다.
② 물에 잘 녹는다.
③ 구리에 대하여 부식성이 강하다.
④ 자극성 냄새가 있다.

| 해설 | 암모니아(NH_3)는 분자량이 17로 공기 분자량 29보다 가볍다.

가스비중 = $\frac{17}{29}$ = 0.586배 가볍다.

07 액체는 무색 투명하고, 특유의 복숭아향을 가진 맹독성 가스는?

① 일산화탄소　② 포스겐
③ 시안화수소　④ 메탄

| 해설 | 시안화수소(HCN)는 복숭아 향기가 나는 독성 가스이다.

08 도시가스의 원료인 메탄가스를 완전연소시켰다. 이 때 어떤 가스가 주로 발생되는가?

① 부탄　② 암모니아
③ 콜타르　④ 이산화탄소

| 해설 | $CH_4 + 2O_2 \rightarrow CO_2 + 2H_2O$
메탄 연소시 CO_2와 H_2O가 생성된다.

09 어떤 물질의 고유의 양으로 측정하는 장소에 따라 변함이 없는 물리량은?

① 질량　② 중량
③ 부피　④ 밀도

| 해설 | 질량(kg_m)은 물질의 고유의 양으로 장소에 따라 달라지는 않으나 중량은 중력장 하에서는 변하므로 중량(kgf)으로 달리 표기한다.

10 다음 중 지연성 가스로만 구성되어 있는 것은?

① 일산화탄소, 수소
② 질소, 아르곤
③ 산소, 이산화질소
④ 석탄가스, 수성가스

| 해설 | ① 일산화탄소, 수소 : 가연성가스
② 질소, 아르곤 : 불연성가스
③ 산소, 이산화질소 : 지연성가스(조연성)
④ 석탄가스, 수성가스 : 가연성가스

11 표준대기압 하에서 물 1kg의 온도를 1℃ 올리는데 필요 열량은 얼마인가?

① 0kcal　② 1kcal
③ 80kcal　④ 539kcal/kg·℃

| 해설 | • 1kcal
물 1kg을 1℃ 올리는데 필요한 열량

12 고압가스판매자가 실시하는 용기의 안전점검 및 유지관리의 기준으로 틀린 것은?

① 용기 아랫부분의 부식상태를 확인할 것
② 완성검사 도래 여부를 확인할 것
③ 밸브의 그랜드너트가 고정핀으로 이탈방지를 위한 조치가 되어 있는지의 여부를 확인할 것
④ 용기캡이 씌워져 있거나 프로텍터가 부착되어 있는지의 여부를 확인할 것

| 해설 | 가스용기의 안전점검 및 유지관리에서는 사용연한에 대한 재검사가 있고, 완성검사는 가스설비에 해당된다.

13 가연성가스의 제조설비 중 전기설비를 방폭성능을 가지는 구조로 갖추지 아니하여도 되는 가스는?

① 암모니아   ② 염화메탄
③ 아크릴알데히드   ④ 산화에틸렌

| 해설 | 암모니아, 브롬화메탄은 가연성가스이나 폭발하한이 높은 관계로 전기설비는 방폭성능 구조에서 제외된다.

14 수소의 특징에 대한 설명으로 옳은 것은?

① 조연성 기체이다.
② 폭발범위가 넓다.
③ 가스의 비중이 커서 확산이 느리다.
④ 저온에서 탄소와 수소취성을 일으킨다.

| 해설 | 수소는 가연성 기체로서 폭발범위가 4~75%로 넓고 고온고압 하에서 수소취성(탈탄작용)을 일으킨다.

15 다음 중 제1종 보호시설이 아닌 것은?

① 가설건축물이 아닌 사람을 수용하는 건축물로서 사실상 독립된 부분의 연면적이 1500m²인 건축물
② 문화재보호법에 의하여 지정문화재로 지정된 건축물
③ 수용 능력이 100인(人) 이상인 공연장
④ 어린이집 및 어린이놀이시설

| 해설 | • 제1종 보호시설
ⓐ 학교, 유치원, 어린이집, 놀이방, 어린이 놀이터, 학원, 병원(의원을 포함한다), 도서관, 청소년수련시설, 경로당, 시장, 공중목욕탕, 호텔, 여관, 극장, 교회 및 공회당
ⓑ 사람을 수용하는 건축물(가설건축물은 제외한다)로서 사실상 독립된 부분의 연면적이 1천m² 이상인 것
ⓒ 예식장, 장례식장 및 전시장, 그 밖에 이와 유사한 시설로서 300명 이상 수용할 수 있는 건축물
ⓓ 아동복지시설 또는 장애인복지시설로 20명 이상 수용할 수 있는 건축물
ⓔ 문화재보호법에 따라 지정문화재로 지정된 건축물

• 제2종 보호시설
ⓐ 주택
ⓑ 사람을 수용하는 건축물(가설건축물 제외)로서 사실상 독립된 부분의 연면적이 100m² 이상 1,000m² 미만인 것

16 공기 중에서 폭발범위가 가장 좁은 것은?

① 메탄   ② 프로판
③ 수소   ④ 아세틸렌

| 해설 | • 폭발범위
ⓐ 메탄 : 5~15%
ⓑ 프로판 : 2.1~9.5%
ⓒ 수소 : 4~75%
ⓓ 아세틸렌 : 2.5~81%

17 운반 책임자를 동승시키지 않고 운반하는 액화석유가스용 차량에서 고정된 탱크에 설치하여야 하는 장치는?

① 살수장치   ② 누설방지장치
③ 폭발방지장치 ④ 누설경보장치

| 해설 | • LPG 이송 탱크로리
LPG 운송차량에 고정된 탱크(LPG 탱크로리)에 설치하는 안전장치는 폭발방지장치, 긴급차단장치, 안전밸브 등이 있다.

18 용기에 의한 액화석유가스 저장소에서 실외 저장소 주위의 경계 울타리와 용기보관장소 사이에는 얼마 이상의 거리를 유지하여야 하는가?

① 2m   ② 8m
③ 15m   ④ 20m

| 해설 | • LPG 저장소의 실외저장소 경계책과 용기보관장소 이격거리는 20m 이상 유지할 것
• 충전용기와 잔가스 용기 보관장소 1.5m 이상 간격을 이격할 것
• 용기 단위 집적량 30톤 초과하지 않을 것
• 파렛트에 집적된 용기 높이 0.5m 이하일 것
• 파렛트에 넣지 않은 용기는 2단 이하로 쌓을 것

19 일반도시가스사업의 가스공급시설 기준에서 배관을 지상에 설치할 경우 가스 배관의 표면 색상은?

① 흑색   ② 청색
③ 적색   ④ 황색

| 해설 | 일반도시가스 사업자 공급배관 지상 설치 시 황색으로 도색할 것

20 고압가스안전관리법상 독성가스는 공기 중에 일정량 이상 존재하는 경우 인체에 유해한 독성을 가진 가스로서 허용 농도(해당 가스를 성숙한 흰쥐 집단에게 대기 중에서 1시간 동안 계속하여 노출시킨 경우 14일 이내에 그 흰쥐의 2분의 1 이상이 죽게 되는 가스의 농도를 말한다.)가 얼마인 것을 말하는가?

① 100만 분의 2000 이하
② 100만 분의 3000 이하
③ 100만 분의 4000 이하
④ 100만 분의 5000 이하

| 해설 | 독성가스 허용농도(성숙한 흰 쥐 집단에서 대기 중에서 1시간 동안 계속 노출 후 14일 이내 1/2이 죽게 되는 농도)는 100만 분의 5000 이하일 것

21 오리피스 유량계는 어떤 형식의 유량계인가?

① 차압식   ② 면적식
③ 용적식   ④ 터빈식

| 해설 | • 차압식 유량계
오리피스, 벤츄리, 플로노즐

22 빙점 이하의 낮은 온도에서 사용되며 LPG 탱크, 저온에서도 인성이 감소되지 않는 화학공업 배관 등에 주로 사용되는 관의 종류는?

① SPLT   ② SPHT
③ SPPH   ④ SPPS

| 해설 | • 저온배관에 사용되는 배관의 기호 : SPLT

| 정답 | 17. ③ 18. ④ 19. ④ 20. ④ 21. ① 22. ①

23 1단 감압식 저압조정기의 조정압력(출구압력)은?

① 2.3 ~ 3.3kPa   ② 5 ~ 30kPa
③ 32 ~ 83kPa   ④ 57 ~ 83kPa

| 해설 | • 1단 감압저압조정기 조정 압력범위 : 2.3 ~ 3.3kPa

24 도시가스용 압력조정기에 대한 설명으로 옳은 것은?

① 유량성능은 제조자가 제시한 설정압력의 ±10% 이내로 한다.
② 합격표시는 바깥지름이 5mm의 "K"자 각인을 한다.
③ 입구측 연결배관 관경은 50A 이상의 배관에 연결되어 사용되는 조정기이다.
④ 최대 표시유량 300Nm³/h 이상인 사용처에 사용되는 조정기이다.

| 해설 | 압력조정기 합격표시는 바깥지름 5mm의 K자를 각인

25 고압가스용 이음매 없는 용기에서 내력비란?

① 내력과 압궤강도의 비를 말한다.
② 내력과 파열강도의 비를 말한다.
③ 내력과 압축강도의 비를 말한다.
④ 내력과 인장강도의 비를 말한다.

| 해설 | 무계목 용기의 내력비는 내력과 인장강도의 비

26 단위 체적당 물체의 질량은 무엇을 나타내는 것인가?

① 중량   ② 비열
③ 비체적   ④ 밀도

| 해설 | • 밀도
단위 체적당 질량 : kg/m^3, g/L

27 수소에 대한 설명으로 틀린 것은?

① 상온에서 자극성을 갖는 가연성 기체이다.
② 폭발범위는 공기 중에서 약 4 ~ 75%이다.
③ 염소와 반응하여 폭명기를 형성한다.
④ 고온·고압에서 강재 중 탄소와 반응하여 수소취성을 일으킨다.

| 해설 | 수소는 가연성 기체로 가볍고 확산이 매우 빠르나 자극성은 없다.

28 비중이 13.6인 수은은 76cm의 높이를 갖는다. 비중이 0.5인 알코올로 환산하면 그 수주는 몇 m인가?

① 20.67   ② 15.2
③ 13.6   ④ 5

| 해설 | $\dfrac{13.6}{0.5} \times 0.76m = 20.672m$

| 정답 | 23. ①   24. ②   25. ④   26. ④   27. ①   28. ①

29 기체연료의 연소 특성으로 틀린 것은?

① 소형 버너도 매연이 적고, 완전연소가 가능하다.
② 하나의 연료 공급원으로부터 다수의 연소로와 버너에 쉽게 공급된다.
③ 미세한 연소 조정이 어렵다.
④ 연소율의 가변범위가 넓다.

| 해설 | 기체연소는 확산연소나 예혼합연소이며, 특징은 완전연소로 연소율의 가변범위가 넓고, 미세 연소조정이 가능한 장점이 있다.

30 굴착으로 인하여 도시가스 배관이 65m가 노출되었을 경우 가스누출경보기의 설치 개수로 알맞은 것은?

① 1개 ② 2개
③ 3개 ④ 4개

| 해설 | 매설된 도시가스의 노출배관이 65m일 때 가스누출 경보기는 20m 마다 1개의 비율로 설치하므로 4개가 설치되어야 한다.

31 천연가스의 발열량이 10400kcal/Sm³이다. SI 단위인 MJ/Sm³으로 나타내면?

① 2.47 ② 43.68
③ 2476 ④ 43680

| 해설 | 10,400kcal/Sm³
1kcal = 4.2kJ
10,400kcal/Sm³ × 4.2kJ/kcal
= 43680kJ/Sm³ = 43.68MJ/Sm³

32 LPG 충전소에는 시설의 안전확보상 "충전 중 엔진 정지"를 주위의 보기 쉬운 곳에 설치해야 한다. 이 표지판의 바탕색과 문자색은?

① 흑색바탕에 백색글씨
② 흑색바탕에 황색글씨
③ 백색바탕에 흑색글씨
④ 황색바탕에 흑색글씨

| 해설 | LPG 충전소의 "충전 중 엔진정지"는 황색 바탕에 흑색 글씨. "화기엄금" 표지는 백색 바탕에 적색 문자

33 가스도매사업 제조소의 배관장치에 설치하는 경보장치가 울려야 하는 시기의 기준으로 잘못된 것은?

① 배관 안의 압력이 상용압력의 1.05배를 초과한 때
② 배관 안의 압력이 정상운전 때의 압력보다 15% 이상 강하한 경우 이를 검지한 때
③ 긴급차단밸브의 조작회로가 고장난 때 또는 긴급차단 밸브가 폐쇄된 때
④ 상용압력이 5MPa 이상인 경우에는 상용압력에 0.5MPa를 더한 압력을 초과한 때

| 해설 | • 경보장치는 작동 기준
ⓐ 배관내의 압력이 상용압력의 1.05배(상용압력이 4MPa 이상인 경우에는 상용압력에 0.2MPa를 더한 압력)를 초과한 때
ⓑ 배관내의 압력이 정상운전시의 압력보다 15% 이상 강하한 경우 이를 검지한 때
ⓒ 긴급차단밸브의 조작회로가 고장난 때 또는 긴급차단밸브가 폐쇄된 때

34 다음 중 상온에서 가스를 압축, 액화상태로 용기에 충전시키기가 가장 어려운 가스는?

① C_3H_8 ② CH_4
③ Cl_2 ④ CO_2

| 해설 | 각 가스의 비점을 보면 가장 낮은 것이 액화하기 어렵다.
① C_3H_8 : -42.1℃
② CH_4 : -162℃
③ Cl_2 : -34.1℃
④ CO_2 : -78.5℃

35 가스 운반 시 차량 비치 항목이 아닌 것은?

① 가스 표시 색상
② 가스 특성(온도와 압력과의 관계, 비중, 색깔, 냄새)
③ 인체에 대한 독성 유무
④ 화재, 폭발의 위험성 유무

| 해설 | 가스 운반차량에서 가스 색상 표시는 비치항목에 해당되지 않는다.

36 처리능력이 1일 35,000m³인 산소 처리설비로 전용공업지역이 아닌 지역일 경우 처리설비 외면과 사업소 밖에 있는 병원과는 몇 m 이상 안전거리를 유지하여야 하는가?

① 16m ② 17m
③ 18m ④ 20m

| 해설 | 산소 35,000m³ 처리설비와 제1종 보호시설인 병원과의 안전거리는 18m 이상

37 용기에 의한 고압가스 판매시설의 충전용기 보관실 기준으로 옳지 않은 것은?

① 가연성가스 충전용기 보관실은 불연성 재료나 난연성의 재료를 사용한 가벼운 지붕을 설치한다.
② 공기보다 무거운 가연성가스의 용기보관실에는 가스누출검지경보장치를 설치한다.
③ 충전용기 보관실은 가연성가스가 새어나오지 못하도록 밀폐구조로 한다.
④ 용기보관실의 주변에는 화기 또는 인화성 물질이나 발화성 물질을 두지 않는다.

| 해설 | 가스 판매시설에서 충전 용기 보관실은 환기구를 설치하여 누설 가스가 체류하지 않도록 한다.

38 다음 중 연소의 3요소가 아닌 것은?

① 가연물 ② 산소공급원
③ 점화원 ④ 인화점

| 해설 | • 연소의 3요소
가연물, 점화원, 산소공급원

39 액화 암모니아 10kg을 기화시키면 표준상태에서 약 몇 m³의 기체로 되는가?

① 4 ② 5
③ 13 ④ 26

| 해설 | 아보가드로 법칙에 의하면 암모니아 1몰이 17kg이고 부피는 22.4m³이다.
$\left(\dfrac{10kg}{17kg}\right) \times 22.4m^3 = 13.17m^3$

40 가연성가스 충전용기 보관실의 벽 재료의 기준은?

① 불연재료
② 난연재료
③ 가벼운 재료
④ 불연 또는 난연재료

| 해설 | 가연성가스 충전용기 보관실 벽은 불연성재료일 것

41 질소를 취급하는 금속재료에서 내질화성을 증대시키는 원소는?

① Ni
② Al
③ Cr
④ Ti

| 해설 | 고온고압의 질소와 금속재질에 함유된 Cr, Al, MO, Ti 등과 질화반응 시 내질화성 금속원소로 Ni이 사용된다.

42 비점이 점차 낮은 냉매를 사용하여 저비점의 기체를 액화하는 사이클은?

① 클라우드 액화사이클
② 필립스 액화사이클
③ 캐스케이드 액화사이클
④ 캐피자 액화사이클

| 해설 | 캐스케이드 액화사이클은 비점이 낮은 냉매를 사용하여 점차 더 낮은 비점의 기체를 액화시키는 사이클이다.

43 분말진공단열법에서 충진용 분말로 사용되지 않는 것은?

① 탄화규소
② 펄라이트
③ 규조토
④ 알루미늄 분말

| 해설 | • 분말 진공 단열법의 충진용 분말제
  펄라이트, 규조토, 알루미늄 분말

44 압축기에서 다단 압축을 하는 목적으로 틀린 것은?

① 소요 일량의 감소
② 이용 효율의 증대
③ 힘의 평형 향상
④ 토출온도 상승

| 해설 | • 다단압축의 목적
  ⓐ 소요 일량의 절약
  ⓑ 이용효율의 증가
  ⓒ 힘의 평형 양호
  ⓓ 가스온도 상승 방지

45 다음 각 가스에 의한 부식현상 중 틀린 것은?

① 암모니아에 의한 강의 질화
② 황화수소에 의한 철의 부식
③ 일산화탄소에 의한 금속의 카르보닐화
④ 수소원자에 의한 강의 탈수소화

| 해설 | 고온고압 하에서 수소는 수소취성(탈탄작용)을 일으킨다.

| 정답 | 40. ① 41. ① 42. ③ 43. ① 44. ④ 45. ④

46 초저온 저장탱크에 주로 사용되며, 차압에 의하여 측정하는 액면계는?

① 시창식
② 햄프슨식
③ 부자식
④ 회전 튜브식

| 해설 | • 햄프슨식 액면계
  액산등 초저온 저장탱크에서 차압에 의해 액면을 측정한다.

47 측정압력이 0.01 ~ 10kg/cm² 정도이고, 오차가 ±1 ~ 2% 정도이며 유체 내의 먼지 등의 영향이 적으나, 압력 변동에 적응하기 어렵고 주위 온도 오차에 의한 충분한 주의를 요하는 압력계는?

① 전기저항 압력계
② 벨로우즈(Bellows) 압력계
③ 부르동(bourdon)관 압력계
④ 피스톤 압력계

| 해설 | • 벨로우즈 압력계
  온도에 영향을 받으며, 급격한 압력변동에 적응력이 떨어진다. 측정대상 유체내 먼지의 영향은 적으나, 오차범위는 ±1 ~ 2% 정도이며 측정압력은 0.01 ~ 10kg/cm² 범위이다. 다이어프램식과 유사한 특성을 가진다.

48 유체가 5m/s의 속도로 흐를 때 이 유체의 속도수두는 약 몇 m인가? (단, 중력가속도는 9.8m/s²이다.)

① 0.98
② 1.28
③ 12.2
④ 14.1

| 해설 | • 속도수두(m)
$$V = \frac{v^2}{2g_c} = \frac{5^2}{2 \times 9.8} = 1.275m$$

49 1000L의 액산 탱크에 액산을 넣어 방출밸브를 개방하여 12시간 방치하였더니 탱크 내의 액산이 4.8kg 방출되었다면 1시간당 탱크에 침입하는 열량은 약 몇 kcal인가? (단, 액산의 증발잠열은 60kcal/kg이다.)

① 12
② 24
③ 70
④ 150

| 해설 | $Q = \frac{4.8kg \times 60kcal/kg}{12hr \times 1m^3} = 24kcal$

50 다음 중 아세틸렌과 치환반응을 하지 않는 것은?

① Cu
② Ag
③ Hg
④ Ar

| 해설 | • 아세틸렌과 화합반응을 일으키는 원소 : Ag, Cu, Hg
  아르곤(Ar)은 0족 기체인 불활성 기체로서 아세틸렌과 반응하지 않는다.(이 반응을 여기서 치환반응으로 용어를 사용함)

51 도시가스 사업자는 굴착공사 정보지원센터로부터 굴착 계획의 통보내용을 통지받은 때에는 얼마 이내에 매설된 배관이 있는지를 확인하고 그 결과를 굴착공사 정보지원센터에 통지하여야 하는가?

① 24시간
② 36시간
③ 48시간
④ 60시간

| 해설 | 도시가스사업자는 굴착계획통보내용을 통지받고 매설배관 확인 후 굴착공사 정보지원센터에 24시간 이내 통지할 것

52 도시가스 배관의 지름이 15mm인 배관에 대한 고정장치의 설치간격은 몇 m 이내마다 설치하여야 하는가?

① 1
② 2
③ 3
④ 4

| 해설 | • 배관고정
　　　ⓐ 관경 13mm 이하, 1m 마다 고정
　　　ⓑ 관경 13mm 이상, 33mm 이하, 2m 마다 고정
　　　ⓒ 관경 33mm 이상, 3m 마다 고정

53 독성가스인 암모니아의 저장탱크에는 그 가스의 용량이 그 저장탱크 내용적의 몇 %를 초과하지 않아야 하는가?

① 80%
② 85%
③ 90%
④ 95%

| 해설 | 저장탱크 내용적의 90% 초과하지 않도록 충전할 것

54 도시가스의 매설 배관에 설치하는 보호판은 누출가스가 지면으로 확산되도록 구멍을 뚫는데 그 간격의 기준으로 옳은 것은?

① 1m 이하 간격
② 2m 이하 간격
③ 3m 이하 간격
④ 5m 이하 간격

| 해설 | 보호판에는 누출가스의 확산을 위해서 직경 30mm 이상 50mm 이하의 구멍을 3m 이하의 간격으로 뚫는다.

55 가스도매사업의 가스공급시설 중 배관을 지하에 매설할 때의 기준으로 틀린 것은?

① 배관은 그 외면으로부터 수평거리로 건축물까지 1.0m 이상을 유지한다.
② 배관은 그 외면으로부터 지하의 다른 시설물과 0.3m 이상의 거리를 유지한다.
③ 배관을 산과 들에 매설할 때는 지표면으로부터 배관의 외면까지의 매설깊이를 1m 이상으로 한다.
④ 배관은 지반 동결로 손상을 받지 아니하는 깊이로 매설한다.

| 해설 | 매설배관과 건축물과의 수평거리는 1.5m 이상일 것

56 고압가스 용기 재료의 구비조건이 아닌 것은?

① 내식성, 내마모성을 가질 것
② 무겁고 충분한 강도를 가질 것
③ 용접성이 좋고 가공 중 결함이 생기지 않을 것
④ 저온 및 사용온도에 견디는 연성과 점성 강도를 가질 것

| 해설 | • 용기재료 구비조건
　　　가볍고 충분한 강도를 가질 것

정답 | 52. ② 53. ③ 54. ③ 55. ① 56. ②

57 다음 중 고압가스 특정제조 허가의 대상이 아닌 것은?

① 석유정제시설에서 고압가스를 제조하는 것으로서 그 저장능력이 100톤 이상인 것
② 석유화학공업시설에서 고압가스를 제조하는 것으로서 그 처리능력이 1만 세제곱미터 이상인 것
③ 철강공업시설에서 고압가스를 제조하는 것으로서 그 처리능력이 1만 세제곱미터 이상인 것
④ 비료제조시설에서 고압가스를 제조하는 것으로서 그 저장능력이 100톤 이상인 것

| 해설 | 철강공업자의 가스제조 처리능력은 10만m³ 이상인 것이 특정제조 허가대상이 된다.

58 고압가스 저장의 시설에서 가연성가스 시설에 설치하는 유동방지 시설의 기준은?

① 높이 2m 이상의 내화성 벽으로 한다.
② 높이 1.5m 이상의 내화성 벽으로 한다.
③ 높이 2m 이상의 불연성 벽으로 한다.
④ 높이 1.5m 이상의 불연성 벽으로 한다.

| 해설 | • 가연싱가스 지장시설에서 유동방지시설은 높이 2m 이상의 내화벽으로 한다.
• 가스설비 등과 화기를 취급하는 장소와의 사이는 우회수평거리로 8m 액화석유가스 판매점의 경우에는 2m 이상일 것

59 도시가스배관의 용어에 대한 설명으로 틀린 것은?

① 배관이란 본관, 공급관, 내관 또는 그 밖의 관을 말한다.
② 본관이란 도시가스제조사업소의 부지경계에서 정압기까지 이르는 배관을 말한다.
③ 사용자 공급관이란 공급관 중 정압기에서 가스사용자가 구분하여 소유하는 건축물의 외벽에 설치된 계량기까지 이르는 배관을 말한다.
④ 내관이란 가스사용자가 소유하거나 정유하고 있는 토지의 경계에서 연소기까지 이르는 배관을 말한다.

| 해설 | • 본관
도시가스 제조사업소(액화천연가스의 인수기지를 포함한다)의 부지경계에서 정압기까지 이르는 배관

• 공급관
ⓐ 공동주택, 오피스텔, 콘도미니엄, 그 밖에 안전관리를 위하여 지식경제부장관이 필요하다고 인정하여 정하는 건축물(이하 "공동주택등"이라 한다)에 가스를 공급하는 경우에는 정압기에서 가스사용자가 구분하여 소유하거나 점유하는 건축물 외벽에 설치하는 계량기의 전단밸브(계량기가 건축물의 내부에 설치된 경우에는 건축물의 외벽)까지 이르는 배관
ⓑ 공동주택 등 외의 건축물 등에 가스를 공급하는 경우에는 정압기에서 가스사용자가 소유하거나 점유하고 있는 토지의 경계까지 이르는 배관
ⓒ 가스도매사업의 경우에는 정압기에서 일반도시가스사업자의 가스공급시설이나 대량수요자의 가스사용시설까지 이르는 배관

• 사용자 공급관
공급관 중 가스사용자가 소유하거나 점유하고 있는 토지의 경계에서 가스사용자가 구분하여 소유하거나 점유하는 건축물의 외벽에 설치된 계량기의 전단밸브(계량기가 건축물의 내부에 설치된 경우에는 건축물의 외벽)까지 이르는 배관

- 내관

  가스사용자가 소유하거나 점유하고 있는 토지의 경계(공동주택의 경우로서 가스사용자가 구분하여 소유하거나 점유하는 건축물의 외벽에 계량기가 설치된 경우에는 그 계량기의 전단밸브, 계량기가 건축물의 내부에 설치된 경우에는 건축물의 외벽)에서 연소기에 이르는 배관

60 가연성가스와 동일차량에 적재하여 운반할 경우 충전용기의 밸브가 서로 마주보지 않도록 적재해야 할 가스는?

① 수소 ② 산소
③ 질소 ④ 아르곤

| 해설 | 용기 운반시 동일차량에 적재할 때 충전용기 밸브가 마주보지 않도록 적재해야 하는 가스는 가연성가스와 산소이다.

정답 60. ②

2015년 제2회 가스기능사 필기

2015년 4월 4일 시행

01 고압가스 충전용기는 항상 몇 ℃ 이하의 온도를 유지하여야 하는가?

① 10℃ ② 30℃
③ 40℃ ④ 50℃

| 해설 | 고압가스 용기는 40℃ 이하 보관할 것

02 액화석유가스 저장탱크 벽면의 국부적인 온도 상승에 따른 저장탱크의 파열을 방지하기 위하여 저장탱크 내벽에 설치하는 폭발방지장치의 재료로 맞는 것은?

① 다공성 철판
② 다공성 알루미늄판
③ 다공성 아연판
④ 오스테나이트계 스테인리스판

| 해설 | 저장탱크 폭발방지장치 재료는 다공성 알루미늄판을 사용한다.

03 최대 지름이 6m인 가연성 가스 저장탱크 2개가 서로 유지하여야 할 최소 거리는?

① 0.6m ② 1m
③ 2m ④ 3m

| 해설 | $\dfrac{6+6}{4} = 3m$

04 방호벽을 설치하지 않아도 되는 곳은?

① 아세틸렌가스 압축기와 충전장소 사이
② 판매소의 용기 보관실
③ 고압가스 저장설비와 사업소 안의 보호시설과의 사이
④ 아세틸렌가스 발생장치와 당해 가스충전용기 보관장소 사이

| 해설 | • 방호벽 설치
ⓐ 아세틸렌가스 또는 10MPa 이상인 압축가스를 용기에 충전하는 경우에는 압축기와 그 충전장소 사이
ⓑ 압축기와 그 가스충전용기 보관장소 사이
ⓒ 충전장소와 그 가스충전용기의 보관장소 사이 및 충전장소와 그 충전용 주관밸브의 조작밸브 사이

05 다음 중 연소의 형태가 아닌 것은?

① 분해연소 ② 확산연소
③ 증발연소 ④ 물리연소

| 해설 | 연소형태에서 분해연소, 증발연소, 확산연소, 예혼합연소, 표면연소 등이 있으나 물리연소는 포함되지 않는다.

| 정답 | 01. ③ 02. ② 03. ④ 04. ④ 05. ④

06 가스누출검지경보장치의 설치에 대한 설명으로 틀린 것은?

① 통풍이 잘 되는 곳에 설치한다.
② 가스의 누출을 신속하게 검지하고 경보하기에 충분한 개수 이상 설치한다.
③ 장치의 기능은 가스의 종류에 적절한 것으로 한다.
④ 가스가 체류할 우려가 있는 장소에 적절하게 설치한다.

| 해설 | • 가스누출 검지경보장치의 검지부 설치 제외 장소
ⓐ 출입구의 부근 등으로 외부 기류가 통하는 장소
ⓑ 환기구 등 공기가 들어오는 곳으로부터 1.5m 이내의 장소
ⓒ 연소기의 폐가스 접촉이 쉬운 장소

07 신규검사 후 20년이 경과한 용접용기(액화석유가스용 용기는 제외한다)의 재검사 주기는?

① 3년 마다   ② 2년 마다
③ 1년 마다   ④ 6개월 마다

| 해설 | 20년 경과된 용접용기는 1년 마다 재검사를 받을 것

08 액화석유가스의 안전관리 및 사업법에서 정한 용어에 대한 설명으로 틀린 것은?

① 저장설비란 액화석유가스를 저장하기 위한 설비로서 각종 저장탱크 및 용기를 말한다.
② 저장탱크란 액화석유가스를 저장하기 위하여 지상 또는 지하에 고정 설치된 탱크로서 그 저장능력이 3톤 이상인 탱크를 말한다.
③ 용기 집합설비란 2개 이상의 용기를 집합하여 액화석유가스를 저장하기 위한 설비를 말한다.
④ 충전용기란 액화석유가스 충전질량의 90% 이상이 충전되어 있는 상태의 용기를 말한다.

| 해설 | 충전용기는 액화석유가스 충전질량이 $\frac{1}{2}$ 이상 충전되어 있는 상태의 용기를 말한다.

09 도시가스 사용시설에서 안전을 확보하기 위하여 최고사용압력의 1.1배 또는 얼마의 압력 중 높은 압력으로 실시하는 기밀시험에 이상이 없어야 하는가?

① 5.4kPa   ② 6.4kPa
③ 7.4kPa   ④ 8.4kPa

| 해설 | 도시가스 사용시설 기밀시험 압력은 최고사용압력의 1.1배 또는 8.4kPa의 압력 중 높은 압력으로 실시할 것

| 정답 | 06. ①   07. ③   08. ④   09. ④

10 충전용기 등을 적재한 차량의 운반 개시 전 용기 적재상태의 점검내용이 아닌 것은?

① 차량의 적재중량 확인
② 용기의 고정상태 확인
③ 용기 보호캡의 부착유무 확인
④ 운반계획서 확인

| 해설 | 충전 용기 운반 전 적재상태 점검 내용에서 가스 명칭, 성질 및 이동 중 주의사항 기재서면을 휴대하여야 하고 운반계획서는 해당없다.

11 방류둑의 내측 및 그 외면으로부터 몇 m 이내에 그 저장탱크의 부속설비 외의 것을 설치하지 못하도록 되어 있는가?

① 3m   ② 5m
③ 8m   ④ 10m

| 해설 | 방류둑 내측 및 그 외면으로부터 10m 이내에 저장탱크의 부속설비 외의 것을 설치하지 않을 것

12 가스의 성질에 대하여 옳은 것으로만 나열된 것은?

㉠ 일산화탄소는 가연성이다.
㉡ 산소는 조연성이다.
㉢ 질소는 가연성도 조연성도 아니다.
㉣ 아르곤은 공기 중에 함유되어 있는 가스로서 가연성이다.

① ㉠, ㉡, ㉣   ② ㉠, ㉡, ㉢
③ ㉡, ㉢, ㉣   ④ ㉠, ㉢, ㉣

| 해설 | ㉠ 일산화탄소 : 가연성
㉡ 산소 : 조연성
㉢ 질소 : 불연성
㉣ 아르곤 : 불연성

13 고압가스 일반제조시설 중 에어졸의 제조 기준에 대한 설명으로 틀린 것은?

① 에어졸의 분사제는 독성가스를 사용하지 않는다.
② 35℃에서 그 용기의 내압이 0.8MPa 이하로 한다.
③ 에어졸 제조설비는 화기 또는 인화성 물질과 5m 이상의 우회거리를 유지한다.
④ 내용적이 30cm³ 이상인 용기는 에어졸의 제조에 재사용하지 아니한다.

| 해설 | • 에어졸 제조기준
ⓐ 에어졸 분사제는 독성가스가 아닐 것
ⓑ 35℃에서 내압이 0.8MPa 이하 용량은 용기 내용적의 90% 이하일 것
ⓒ 내용적 30cm³ 이상인 용기는 에어졸 제조에 사용된 일이 없는 것일 것
ⓓ 에어졸 제조설비 및 에어졸 충전용기 저장소는 화기 또는 인화성 물질과 8m 이상의 우회거리 유지할 것

14 도시가스 사용시설에서 PE배관은 온도가 몇 ℃ 이상이 되는 장소에 설치하지 아니 하는가?

① 25℃   ② 30℃
③ 40℃   ④ 60℃

| 해설 | 도시가스에서 PE관은 40℃ 이상이 되는 장소에 h109설치하지 아니할 것

| 정답 | 10. ④ 11. ④ 12. ② 13. ③ 14. ③

15 용기에 의한 고압가스 운반기준으로 틀린것은?

① 3000kg의 액화 조연성 가스를 차량에 적재하여 운반할 때는 운반책임자가 동승하여야 한다.
② 허용농도가 500ppm인 액화 독성가스 1000kg을 차량에 적재하여 운반할 때는 운반책임자가 동승하여야 한다.
③ 충전용기와 위험물안전관리법에서 정하는 위험물과는 동일차량에 적재하여 운반할 수 없다.
④ 300m³의 압축 가연성 가스를 차량에 적재하여 운반할 때에는 운전자가 운반책임자의 자격을 가진 경우에는 자격이 없는 사람을 동승시킬 수 있다.

| 해설 | · 고압가스 운반 책임자 동승
ⓐ 압축가스 : 조연성 600m³ 이상시
　　　　　　가연성 300m³ 이상시
　　　　　　독 성 100m³ 이상시
ⓑ 액화가스 : 조연성 6ton 이상시
　　　　　　가연성 3ton 이상시
　　　　　　독 성 1ton 이상시

16 0종 장소에는 원칙적으로 어떤 방폭구조의 것으로 하여야 하는가?

① 내압방폭구조　② 본질안전방폭구조
③ 특수방폭구조　④ 안전증방폭구조

| 해설 | · 0종 장소
상용의 상태에서 가연성 가스의 농도가 연속해서 폭발한계 이상으로 되는 장소에서 방폭구조는 본질안전 방폭구조로 한다.

17 공기와 혼합된 가스가 압력이 높아지면 폭발범위가 좁아지는 가스는?

① 메탄　　　　② 프로판
③ 일산화탄소　④ 아세틸렌

| 해설 | 가연성 가스는 압력이 높아지면 대체적으로 폭발범위가 넓어지나 일산화탄소는 좁아진다.

18 아세틸렌(C_2H_2)에 대한 설명으로 틀린 것은?

① 폭발범위는 수소보다 넓다.
② 공기보다 무겁고 황색의 가스이다.
③ 공기와 혼합되지 않아도 폭발하는 수가 있다.
④ 구리, 은, 수은 및 그 합금과 폭발성 화합물을 만든다.

| 해설 | 아세틸렌은 분자량 26으로 공기 평균분자량 29보다 가볍고 색깔은 없다.

19 지하에 매설된 도시가스 배관의 전기방식 기준으로 틀린 것은?

① 전기방식 전류가 흐르는 상태에서 토양 중에 있는 배관 등의 방식 전위 상한 값은 포화황산동 기준전극으로 -0.85V 이하일 것
② 전기방식 전류가 흐르는 상태에서 자연전위와의 전위 변화가 최소한 300mV 이하일 것
③ 배관에 대한 전위 측정은 가능한 배관 가까운 위치에서 실시할 것
④ 전기 방식 시설의 관대지전위 등을 2년에 1회 이상 점검할 것

| 정답 | 15. ① 16. ② 17. ③ 18. ② 19. ④

| 해설 | • 배관의 방식전위 상한값 : -0.85V 이하일 것
(포화 황산동 기준 전극)
• 배관의 방식전위 하한값 : -2.5V 이상일 것
(포화 황산동 기준 전극)
• 전기방식 전류가 흐르는 상태에서 자연전위와의 전위변화는 최소한 300mV 이하일 것
• 관대지 전위는 1년 1회 이상 점검할 것

20 천연가스 지하매설 배관의 퍼지용으로 주로 사용되는 가스는?

① N_2 ② Cl_2
③ H_2 ④ O_2

| 해설 | 천연가스 배관 퍼지용으로는 불활성 가스인 N_2(질소)를 사용한다.

21 고압가스설비에 설치하는 압력계의 최고눈금에 대한 측정범위의 기준으로 옳은 것은?

① 상용압력의 1.0배 이상 1.2배 이하
② 상용압력의 1.2배 이상 1.5배 이하
③ 상용압력의 1.5배 이상 2.0배 이하
④ 상용압력의 2.0배 이상 3.0배 이하

| 해설 | 고압가스 설비에 설치하는 압력계는 상용압력의 1.5 ~ 2배의 최고 눈금범위를 갖는 압력계를 설치한다.

22 상용압력 15MPa, 배관내경 15mm, 재료의 인장강도 480N/mm², 관내면 부식여유 1mm, 안전율 4, 외경과 내경의 비가 1.2 미만인 경우 배관의 두께는?

① 2mm   ② 3mm
③ 4mm   ④ 5mm

| 해설 | • 외경과 내경의 비가 1.2 미만인 배관 두께 계산식

$$t(m/m) = \frac{P \times D}{\left(2 \times \frac{f}{S}\right) - P} + C$$

t : 배관의 두께(mm)
P : 상용압력(MPa)
D : 내경에서 부식여유에 상당하는 부분을 뺀 수치(mm)
f : 재료의 인장강도(N/mm²)
S : 안전율
C : 부식여유수치(mm)

$$\therefore \frac{15 \times (15-1)}{\left(2 \times \frac{480}{4}\right) - 15} + 1 = 1.9333 ≒ 2mm$$

23 정압기의 기능을 모두 옳게 나열한 것은?

① 감압기능
② 정압기능
③ 감압기능, 정압기능
④ 감압기능, 정압기능, 폐쇄기능

| 해설 | • 정압기의 기능
ⓐ 감압기능
ⓑ 정압기능
ⓒ 차단(폐쇄)기능

24 고압식 액화분리 장치의 작동 개요에 대한 설명이 아닌 것은?

① 원료공기는 여과기를 통하여 압축기로 흡입하여 약 150 ~ 200kg/cm² 으로 압축시킨다.
② 압축기를 빠져나온 원료공기는 열교환기에서 약간 냉각되고 건조기에서 수분이 제거된다.
③ 압축공기는 수세정탑을 거쳐 축냉기로 송입되어 원료공기와 불순 질소류가 서로 교환된다.
④ 액체공기는 상부 정류탑에서 약 0.5atm 정도의 압력으로 정류된다.

| 해설 | 저압식 액화분리장치에서 압축된 공기는 수세정탑을 거쳐 축냉기로 송입되어 원료공기와 불순질소류가 서로 열교환되는 시스템이다.

25 압축기에 사용하는 윤활유 선택시 주의사항으로 틀린 것은?

① 인화점이 높을 것
② 잔류탄소의 양이 적을 것
③ 점도가 적당하고 항유화성 적을 것
④ 사용가스와 화학반응을 일으키지 않을 것

| 해설 | • 압축기 윤활유 구비 조건
  ⓐ 화학적으로 안정되고 사용가스와 반응하지 않을 것
  ⓑ 인화점이 높고 응고점이 낮을 것
  ⓒ 점도가 적당하고 항유화성이 클 것
  ⓓ 수분 및 산 등의 불순물이 적을 것
  ⓔ 열 안정성이 좋아 쉽게 열분해되지 않을 것
  ⓕ 정제도가 높아 잔류 탄소가 적을 것

26 금속재료의 저온에서의 성질에 대한 설명으로 거리가 먼 것은?

① 강은 암모니아 냉동기용 재료로서 적당하다.
② 탄소강은 저온도가 될수록 인장강도가 감소한다.
③ 구리는 액화분리장치용 금속재료로서 적당하다.
④ 18 - 8 스테인리스강은 우수한 저온장치용 재료이다.

| 해설 | 탄소강은 저온도에서 취성이 커지고 인장강도 감소와는 거리가 있다.

27 압력배관용 탄소강관의 사용압력 범위로 가장 적당한 것은?

① 1 ~ 2MPa   ② 1 ~ 10MPa
③ 10 ~ 20MPa   ④ 10 ~ 50MPa

| 해설 | 압력배관용 탄소강관(SPPS)은 350℃ 이하에서 사용되며 사용압력범위는 1 ~ 10MPa이다.

28 수소불꽃을 이용하여 탄화수소의 누출을 검지할 수 있는 가스누출검지기는?

① FID   ② OMD
③ 접촉연소식   ④ 반도체식

| 해설 | • FID
  수소 불꽃 이온화 검출기

29 부유피스톤형 압력계에서 실린더 지름이 0.02m이고 추와 피스톤의 무게가 20000g일 때 이 압력계에 접속된 부르동관의 압력계 눈금이 7kg/cm²를 나타내었다. 이 부르동관의 압력계의 오차는 약 몇 % 인가?

① 5
② 10
③ 15
④ 20

| 해설 | 게이지 압력(kg/cm²)
$= \dfrac{\text{추와 피스톤의 무게(kg)}}{\text{실린더 단면적(cm}^2\text{)}}$

$\dfrac{20\text{kg}}{\dfrac{\pi}{4}(2)^2\text{cm}^2} = 6.369\text{kg/cm}^2$

오차 : $\dfrac{7 - 6.369}{6.369} \times 100 = 9.9\%$

30 부취제를 외기로 분출하거나 부취설비로부터 부취제가 흘러나오는 경우 냄새를 감소시키는 방법으로 가장 거리가 먼 것은?

① 연소법
② 수동조절
③ 화학적 산화처리
④ 활성탄에 의한 흡착

| 해설 | • 부취제 누출시 제거법
  ⓐ 연소법
  ⓑ 활성탄에 의한 흡착
  ⓒ 화학적 산화처리

31 산화에틸렌 취급시 주로 사용되는 제독제는?

① 가성소다 수용액
② 탄산소다 수용액
③ 소석회 수용액
④ 물

| 해설 | 산화에틸렌 제독제로는 다량의 물을 사용한다.

32 산소압축기의 내부 윤활유제로 주로 사용되는 것은?

① 석유
② 물
③ 유지
④ 황산

| 해설 | • 산소압축기 윤활유
  물 또는 10% 이하의 묽은 글리세린수 사용

33 공기 중으로 누출시 냄새로 쉽게 알 수 있는 가스로만 나열된 것은?

① Cl_2, NH_3
② CO, Ar
③ C_2H_2, CO
④ O_2, Cl_2

| 해설 | • 누출시 쉽게 알 수 있다(자극성취기). : Cl_2, NH_3
  • 누출시 쉽게 알 수 없다. : CO, Ar, C_2H_2, O_2

| 정답 | 29. ② 30. ② 31. ④ 32. ② 33. ①

34 일반 액화석유가스 압력 조정기에 표시하는 사항이 아닌 것은?

① 제조자명이나 그 약호
② 제조번호나 로트번호
③ 입구압력(기호 : P, 단위 : MPa)
④ 검사 연월일

| 해설 | • LPG 조정기 표시사항
　　　　ⓐ 품명 및 제조자명
　　　　ⓑ 약호 및 제조번호 롯드번호
　　　　ⓒ 품질보증기간
　　　　ⓓ 입구압력 및 조정압력
　　　　ⓔ 용량
　　　　ⓕ 가스의 흐름 방향(화살표)
　　　　ⓖ 핸들의 조임 및 풀림 방향

35 가스용기의 취급 및 주의사항에 대한 설명으로 틀린 것은?

① 충전시 용기는 용기 재검사 기간이 지나지 않았는지 확인한다.
② LPG 용기나 밸브를 가열할 때는 뜨거운 물(40℃ 이상)을 사용한다.
③ 충전한 후에는 용기 밸브의 누출여부를 확인한다.
④ 용기 내에 잔류물이 있은 때에는 잔류물을 제거하고 충전한다.

| 해설 | LPG 용기 취급시 밸브가 얼었거나 동결되었을 때 열습포나 뜨거운 물을 사용시 그 온도는 40℃ 이하일 것

36 다음 각 폭발의 종류와 그 관계로서 맞지 않은 것은?

① 화학폭발 : 화약의 폭발
② 압력폭발 : 보일러의 폭발
③ 촉매폭발 : C_2H_2의 폭발
④ 중합의 폭발 : HCN의 폭발

| 해설 | $H_2 + Cl_2 \xrightarrow{촉매(직사광선)} 2HCl$
염소폭명기에서 직사광선은 촉매역할을 하므로 촉매폭발에 해당된다.

37 용기 신규검사에 합격된 용기 부속품기호 중 압축가스를 충전하는 용기 부속품의 기호는?

① AG
② PG
③ LG
④ LT

| 해설 | • PG : 압축가스
　　　• AG : 아세틸렌
　　　• LG : 액화가스
　　　• LT : 초저온 및 저온가스

38 일반도시가스 사업자가 설치하는 가스공급시설 중 정압기의 설치에 대한 설명으로 틀린 것은?

① 건축물 내부에 설치된 도시가스 사업자의 정압기로서 가스누출경보기와 연동하여 작동하는 기계환기설비를 설치하고 1일 1회 이상 안전점검을 실시하는 경우에는 건축물 내부에 설치할 수 있다.
② 정압기에 설치되는 가스방출관의 방출구는 주위에 불 등이 없는 안전한 위치로서 지면으로부터 3m 이상의 높이에 설치하여야 하며 전기시설물과의 접촉으로 사고의 우려가 있는 장소에서는 5m 이상의 높이로 설치한다.
③ 정압기에 설치하는 가스차단장치는 정압기의 입구 및 출구에 설치한다.
④ 정압기는 2년에 1회 이상 분해점검을 실시하고 필터는 가스공급 개시 후 1월 이내 및 가스 공급 개시 후 매년 1회 이상 분해점검을 실시한다.

| 해설 | • 정압기 방출구조
  지상에서 5m 이상, 단 전기시설물과의 접촉 등의 사고가 우려되는 장소에서는 3m 이상으로 할 것

39 충전용 주관의 압력계는 정기적으로 표준압력계로 그 기능을 검사하여야 한다. 다음 중 검사의 기준으로 옳은 것은?

① 매월 1회 이상
② 3개월에 1회 이상
③ 6개월에 1회 이상
④ 1년에 1회 이상

| 해설 | • 충전용 주관 압력계는 매월 1회 이상 표준압력계로 검사할 것
• 기타 압력계는 3개월에 1회 이상 검사할 것

40 백금-백금로듐 열전대 온도계의 온도측정범위로 옳은 것은?

① -180 ~ 350℃   ② -20 ~ 80℃
③ 0 ~ 1700℃   ④ 300 ~ 2000℃

| 해설 | • 열전대 온도계 측정온도
  ⓐ 철-콘스탄탄 : -20 ~ 800℃
  ⓑ 크로멜-알루멜 : -20 ~ 1200℃
  ⓒ 구리-콘스탄탄 : -200 ~ 350℃
  ⓓ 백금-백금로듐 : 0 ~ 1600℃

41 다음 중 가장 높은 온도는?

① -35℃   ② -45℃
③ 213°K   ④ 450°R

| 해설 | ③ 213°K = 213 - 273 = -60℃
④ 450°R = $\frac{450}{1.8}$ = 250°K
250°K - 273°K = -23℃

42 현열에 대한 가장 적절한 설명은?

① 물질의 상태 변화 없이 온도가 변할 때 필요한 열이다.
② 물질이 온도 변화 없이 상태가 변할 때 필요한 열이다.
③ 물질이 상태, 온도 모두 변할 때 필요한 열이다.
④ 물질이 온도 변화 없이 압력이 변할 때 필요한 열이다.

| 해설 | • 현열 : 물질의 상태 변화없이 온도가 변화하는 데 필요한 열
• 잠열 : 온도의 변화없이 물질의 상태가 바뀌는 데 필요한 열

| 정답 | 38. ② 39. ① 40. ③ 41. ④ 42. ①

43 수소(H_2)에 대한 설명으로 옳은 것은?

① 3중 수소는 방사능을 갖는다.
② 밀도가 크다.
③ 금속재료를 취화시키지 않는다.
④ 열전달율이 아주 작다.

| 해설 | • 수소 특징
ⓐ 밀도가 작고 열전도도가 매우 크다.
ⓑ 고온고압하에서 강재 기타 금속재료를 취화시킨다.
ⓒ 열전달율이 매우 크다.
ⓓ 3중 수소는 방사선을 띤다.

44 샤를의 법칙에서 기체의 압력이 일정할 때 모든 기체의 부피는 온도가 1℃ 상승함에 따라 0℃ 때의 부피보다 어떻게 되는가?

① 22.4배씩 증가한다.
② 22.4배씩 감소한다.
③ 1/273씩 증가한다.
④ 1/273씩 감소한다.

| 해설 | 샤를 법칙은 기체의 온도와 부피관계에서 온도가 1℃ 상승함에 따라 부피가 $\frac{1}{273}$씩 증가한다.

45 다음 화합물 중 탄소의 함유율이 가장 많은 것은?

① CO_2 ② CH_4
③ C_2H_4 ④ CO

| 해설 | • 탄소함유율

ⓐ $CO_2 : \frac{12}{44} \times 100 = 27.3\%$

ⓑ $CH_4 : \frac{12}{16} \times 100 = 75\%$

ⓒ $C_2H_4 : \frac{24}{28} \times 100 = 85.7\%$

ⓓ $CO : \frac{12}{28} \times 100 = 42.9\%$

46 다음에 설명하는 열역학 법칙은?

어떤 물체의 외부에서 일정량의 열을 가하면 물체는 이 열량의 일부분을 소비하여 외부에 대하여 일을 하고 남은 부분은 전부 내부에너지로 내부에 저장되고 그 사이에 소비된 열을 일과 같다.

① 열역학 제0법칙 ② 열역학 제1법칙
③ 열역학 제2법칙 ④ 열역학 제3법칙

| 해설 | • 열역학 제0법칙(열평형의 법칙)
온도가 서로 다른 물체들이 접촉시 고온체는 온도가 내려가고 저온체는 온도가 올라가서 결국 두 물체 온도가 평형을 이룬다. 이를 열역학 0법칙이라고 한다.

• 열역학 제1법칙(에너지 보존의 법칙)
에너지보존법칙으로 일과 열은 서로 교환할 수 있는데 그때 열량과 일량의 관계는 일정하다.

$$W = JQ \quad \therefore \quad Q = \frac{1}{J}WQ = AW$$

W : 일량[kg·m]
Q : 열량[kcal]
J : 열의 일당량(427[kg·m/kcal])
A : 일의 열당량($\frac{1}{427}$[kcal/kg·m])

| 정답 | 43. ① 44. ③ 45. ③ 46. ②

- **열역학 제2법칙(에너지 흐름의 법칙)**
  에너지 변환의 방향성을 표시한 것으로 하나의 경험 법칙이다. 열이 높은 곳에서 낮은 곳으로 이동한 방향을 표시한다. 즉, 열은 스스로 저온의 물체에서 고온의 물체로 이동하는 것은 불가능하다는 것이 열역학 제2법칙이다.
  ⓐ Clausius : 열은 그 자신의 힘만으로는 다른 물체에 아무런 변화를 주지 않고 저온체에서 고온체로 흐를 수 없다.
  ⓑ Kelvin-Plauk : 사이클로 작동하면서 열원으로부터 받은 열량을 전부 열로 변환시키며 다른 곳에서 어떠한 변화도 남기지 않는 사이클을 이루는 기관(효율 100% 기관) 즉, 제2종 영구기관은 불가능하다.
- **열역학 제3법칙**
  어떠한 이상적인 방법으로도 어떤 계를 절대온도 0도에 이르게 할 수 없다.

47 다음 가스 중 가장 무거운 것은?

① 메탄　　② 프로판
③ 암모니아　　④ 헬륨

| 해설 |
- 메탄(CH_4) : $\frac{16}{29}$ = 0.55배
- 프로판(C_3H_8) : $\frac{44}{29}$ = 1.52배
- 암모니아(NH_3) : $\frac{17}{29}$ = 0.59배
- 헬륨(He) : $\frac{4}{29}$ = 0.14배

48 대기압 하에서 0℃ 기체의 부피가 500mL였다. 이 기체의 부피가 2배될 때의 온도는 몇 ℃인가? (단, 압력은 일정하다.)

① −100　　② 32
③ 273　　④ 500

| 해설 | • 샤를의 법칙(P = 일정)

$$\frac{500ml}{0℃+273} = \frac{(500 \times 2배)ml}{T_2}$$

$$\therefore T_2 = \frac{(500 \times 2배) \times (273+0℃)}{500}$$

$$= 546°K$$

$$\therefore 546 - 273 = 273℃$$

49 다음 중 불연성 가스는?

① CO_2　　② C_3H_6
③ C_2H_2　　④ C_2H_4

| 해설 |
- 불연성 가스 : CO_2(이산화탄소)
- 가연성 가스 : C_3H_6(프로필렌), C_2H_2(아세틸렌), C_2H_4(에틸렌)

50 일산화탄소와 염소가 반응하였을 때 주로 생성되는 것은?

① 포스겐　　② 기르보닐
③ 포스핀　　④ 사염화탄소

| 해설 | CO + Cl $\xrightarrow{활성탄}$ $COCl_2$
　　일산화탄소　염소　　포스겐

51 황화수소의 주된 용도는?

① 도료　　　② 냉매
③ 형광물질 원료　　④ 합성고무

| 해설 | • 황화수소(H_2S) 용도
　　ⓐ 환원제로 쓰인다.
　　ⓑ 금속정련, 형광물질 원료(ZnS, Cds) 제조
　　ⓒ 정성분석에 이용된다.
　　ⓓ 공업약품, 의약품 제조원료

52 고압가스 매설배관에 실시하는 전기방식 중 외부 전원법의 장점이 아닌 것은?

① 과방식의 염려가 없다.
② 전압 전류의 조정이 용이하다.
③ 전식에 대해서도 방식이 가능하다.
④ 전극의 소모가 적어서 관리가 용이하다.

| 해설 | • 외부 전원법 단점
　　ⓐ 초기 설치비 투자가 크다.
　　ⓑ 과방식의 우려가 있다.
　　ⓒ 전원이 없는 경우, 전지, 충전기 등을 필요로 한다.

53 1단감압식 저압조정기의 성능에서 조정기 최대 폐쇄압력은?

① 2.5kPa 이하　　② 3.5kPa 이하
③ 4.5kPa 이하　　④ 5.5kPa 이하

| 해설 | • 1단 감압 저압조정기
　　최대폐쇄압력 : 3.5kPa 이하

54 저비점 액체용 펌프 사용상의 주의사항으로 틀린 것은?

① 밸브와 펌프사이에 기화가스를 방출할 수 있는 안전밸브를 설치한다.
② 펌프의 흡입 토출관에는 신축조인트를 장치한다.
③ 펌프는 가급적 저장용기로부터 멀리 설치한다.
④ 운전개시 전에는 펌프를 청정하여 건조한 다음 펌프를 충분히 예냉한다.

| 해설 | 펌프 설치시 저장용기 흡수면 가까이 설치하여 흡입양정을 짧게 한다.

55 정압기의 분해점검 및 고장에 대비하여 예비정압기를 설치하여야 한다. 다음 중 예비정압기를 설치하여야 한다. 다음 중 예비정압기를 설치하지 않아도 되는 경우는?

① 캐비넷형 구조의 정압기실에 설치된 경우
② 바이패스관이 설치되어 있는 경우
③ 단독 사용자에게 가스를 공급하는 경우
④ 공동 사용자에게 가스를 공급하는 경우

| 해설 | 예비정압기 설치는 단독 사용자의 가스 공급 선비에는 설치하지 않아도 된다.

56 공기에 의한 전열은 어느 압력까지 내려가면 급히 압력에 비례하여 적어지는 성질을 이용하는 저온장치에 사용되는 진공단열법은?

① 고진공단열법　　② 분말진공단열법
③ 다층진공단열법　　④ 자연진공단열법

| 해설 | 진공단열법은 열전달매체인 공기를 제거하여 단열하는 방법으로 압력이 10^{-3} torr 정도 낮아지면 공기 전열이 급격히 저하한다.

| 정답 | 51. ③　52. ①　53. ②　54. ③　55. ③　56. ①

57 다음 보기에서 압력이 높은 순서대로 나열된 것은?

[보기]
㉠ 100atm
㉡ 2kg/mm^2
㉢ 15m 수은주

① ㉠ > ㉡ > ㉢   ② ㉡ > ㉢ > ㉠
③ ㉢ > ㉠ > ㉡   ④ ㉡ > ㉠ > ㉢

| 해설 | ㉠ $\dfrac{100atm}{1atm} \times 1.033kg/cm^2$
= 103.3kg/cm^2

㉡ 2kg/mm$^2 \times \dfrac{10mm^2}{1^2cm^2}$ = 200kg/cm^2

㉢ $\dfrac{15mHg}{0.76mHg} \times 1.033kg/cm^2$
= 20.39kg/cm^2

58 산소에 대한 설명으로 옳은 것은?

① 안전밸브는 파열판식을 주로 사용한다.
② 용기는 탄소강으로 된 용접용기이다.
③ 의료용 용기는 녹색으로 도색한다.
④ 압축기 내부 윤활유는 양질의 광유를 사용한다.

| 해설 | • 산소용기는 탄소강으로 이음매없는 용기이다.
• 의료용 용기는 백색, 공업용 용기는 녹색으로 도색한다.
• 산소압축기 윤활유는 물 또는 10% 이하의 묽은 글리세린수를 사용한다.

59 에틸렌(C_2H_4)이 수소와 반응할 때 일으키는 반응은?

① 환원반응   ② 분해반응
③ 제거반응   ④ 첨가반응

| 해설 | 에틸렌과 수소반응은 첨가반응(부가반응)이다.

60 비열에 대한 설명 중 틀린 것은?

① 단위는 kcal/kg℃이다.
② 비열비는 항상 1보다 크다.
③ 정적비열은 정압비열보다 크다.
④ 물의 비열은 얼음의 비열보다 크다.

| 해설 | 비열은 어떤 물질 1kg을 1℃ 올리는데 필요한 열량으로 단위는 kcal/kg℃
• 비열비= $\dfrac{C_p}{C_v}$ >1, 즉, 정압비열(C_p)은 정적비열(C_v) 보다 항상 크다.
• 물의 비열 : 1kcal/kg℃
• 얼음의 비열 : 0.5kcal/kg℃

| 정답 | 57. ④ 58. ① 59. ④ 60. ③

2015년 제4회 가스기능사 필기

2015년 7월 19일 시행

01 액화산소 저장탱크의 저장능력이 1000m³일 때 방류둑의 용량은 얼마 이상으로 설치하여야 하는가?

① 400m³   ② 500m³
③ 600m³   ④ 1000m³

| 해설 | 액화산소의 방류둑 용량은 저장능력의 60%에 상당하는 용량으로 한다.
1000m³×0.6 = 600m³

02 당해 설비 내의 압력이 상용압력을 초과 할 경우 즉시 상용압력 이하로 되돌릴 수 있는 안전장치의 종류에 해당하지 않는 것은?

① 안전밸브   ② 감압밸브
③ 바이패스밸브   ④ 파열판

| 해설 | • 상용압력 이하로 되돌릴 수 있는 안전장치
ⓐ 릴리프 밸브
ⓑ 바이패스 밸브
ⓒ 안전밸브(스프링식, 파열판식, 가용전식, 중추식)

03 일반 도시가스 배관을 지하에 매설하는 경우에는 표지판을 설치해야 하는데 몇 m 간격으로 1개 이상 설치하는가?

① 100m   ② 200m
③ 500m   ④ 1000m

| 해설 | • 2개의 거리 구별 할 것
ⓐ 가스 코드집 참고(kgS FS551 2015) P57 일반도시가스사업 제조소 및 공급소 밖의 배관의 시설·기술·검사·정밀안전진단 기준 2.10.3.3.3 표지판의 설치기준은 다음과 같다.
- 도시가스배관을 시가지 외의 도로·산지·농지 또는 하천부지·철도부지 내에 매설하는 경우에는 표지판을 설치한다. 이때 하천부지·철도 부지를 횡단하여 배관을 매설하는 경우에는 양편에 표지판을 설치한다. 〈개정 12.1.5〉
- 표지판은 배관을 따라 200m 간격으로 1개 이상으로 설치하되, 교통 등의 장애가 없는 장소를 선택해 일반인이 쉽게 볼 수 있도록 설치한다. 〈개정 12.12.28〉
- 표지판의 가로치수는 200mm, 세로치수는 150mm 이상의 직사각형으로 하고, 황색바탕에 검정색 글씨로 2.10.3.3.4(3) 표지판의 치수 및 표기방법 보기와 같이 도시가스 배관임을 알리는 뜻과 연락처 등을 표기한다.
ⓑ 가스 코드집 참고(kgS FP5512015) P45 일반도시가스사업 제조소 및 공급소의 시설·기술·검사 기준 2.5.10.3.3 표지판 설치
- 도시가스배관을 시가지 외의 도로·산지·농지 또는 철도부지에 매설하는 경우에는 표지판을 설치한다.
- 표지판은 배관을 따라 500m 간격으로 하나 이상 설치하되, 교통 등의 장애가 없는 장소를 선택하여 일반인이 쉽게 볼 수 있도록 설치한다.
- 표지판의 가로 치수는 200mm, 세로 치수는 150mm 이상의 직사각형으로 하고, 황색바탕에 검정색 글씨로 (5)의 보기와 같이 도시가스 배관임을 알리는 뜻과 연락처 등을 표기한다.

| 정답 | 01. ③   02. ②   03. ②

04 도시가스 보일러 중 전용 보일러실에 반드시 설치하여야 하는 것은?

① 밀폐식 보일러
② 옥외에 설치하는 가스 보일러
③ 반밀폐형 자연배기식 보일러
④ 전용급기통을 부착시키는 구조로 검사에 합격한 강제 배기식 보일러

| 해설 | 반밀폐식(FE) 보일러는 반드시 전용 보일러실에 설치할 것

05 산소압축기의 내부 윤활제로 적당한 것은?

① 광유   ② 유지류
③ 물   ④ 황산

| 해설 | 산소 압축기 내부 윤활유는 물 또는 10% 이하의 묽은 글리세린수 사용

06 고압가스 용기제조 시설 기준에 대한 설명으로 옳은 것은?

① 용접용기 동판의 최대두께와 최소두께와의 차이는 평균두께의 5% 이하로 한다.
② 초저온 용기는 고압배관용 탄소강관으로 제조한다.
③ 아세틸렌 용기에 충전하는 다공물질은 다공도가 72% 이상 95% 미만으로 한다.
④ 용접용기에는 그 용기의 부속품을 보호하기 위하여 프로텍터 또는 캡을 고정식 또는 체인식으로 부착한다.

| 해설 | • 가스용기 두께 공차는 최대두께와 최소두께와의 차이가 ±20% 이내일 것
• 저온 장치용 재료에는 동 및 동합금, 알루미늄, 오스테나이트계 스텐레스강 등이 사용된다.
• 아세틸렌 용기 내 다공질물은 75% 이상 92% 미만일 것(문제에서는 72~95% 미만으로 제시됨)

07 도시가스 배관 이음부와 전기점멸기, 전기접속기와는 몇 cm 이상의 거리를 유지해야 하는가?

① 10cm   ② 15cm
③ 30cm   ④ 40cm

| 해설 | • kgS FU5512015 도시가스 사용시설(P.38)
- 전기계량기 및 전기개폐기 : 60cm 이상
- 전기점멸기 및 전기접속기 : 15cm 이상 〈개정13.12.18〉
- 절연전선 : 10cm 이상
- 절연조치를 하지 않은 전선 및 단열조치를 하지 않은 굴뚝(배기통을 포함한다. 다만, 밀폐형 강제급배기식 보일러(FF식보일러)의 2중구조의 배기통은 '단열조치가 된 굴뚝' 으로 보아 제외한다) : 15cm 이상

• kgS FS5512015 일반도시가스사업 공급시설 (P.40)
2.5.8.3.1 건축물에 고정 설치
(3) 배관의 이음매와의 유지거리
- 배관의 이음매(용접이음매를 제외한다)와 전기계량기 및 전기개폐기와의 거리는 60cm 이상
- 전기점멸기 및 전기접속기와의 거리는 30cm 이상
- 절연전선과의 거리는 10cm 이상
- 절연조치를 하지 아니한 전선 및 단열조치를 하지 않은 굴뚝(배기통을 포함한다)과의 거리는 15cm 이상의 거리를 유지한다.

| 정답 | 04. ③ 05. ③ 06. ④ 07. ②

08 용기 종류별 부속품의 기호표시로서 틀린 것은?

① AG : 아세틸렌가스를 충전하는 용기의 부속품
② PG : 압축가스를 충전하는 용기의 부속품
③ LG : 액화석유가스를 충전하는 용기의 부속품
④ LT : 초저온용기 및 저온용기의 부속품

| 해설 |
- AG : 아세틸렌 용기 부속품
- PG : 압축가스 용기 부속품
- LG : 액화가스 용기 부속품
- LT : 초저온 용기 및 저온 용기 부속품
- LPG : 액화석유가스 용기 부속품

09 독성가스 제독작업에 필요한 보호구의 보관에 대한 설명으로 틀린 것은?

① 독성가스가 누출할 우려가 있는 장소에 가까우면서 관리하기 쉬운 장소에 보관한다.
② 긴급시 독성가스에 접하고 반출할 수 있는 장소에 보관한다.
③ 정화통 등의 소모품은 정기적 또는 사용 후에 점검하여 교환 및 보충한다.
④ 항상 청결하고 그 기능이 양호한 장소에 보관한다.

| 해설 |
- 보호구의 보관 및 장착훈련
  - 보관장소 : 독성가스가 누설될 우려가 있는 장소에 가까우면서 관리하기가 쉽고 긴급시 독성가스에 접하지 아니하고 반출할 수 있는 장소에 보관한다.
  - 보관방법 : 항상 청결하고 그 기능이 양호한 상태로 보관할 것이며 정화통 등의 소모품은 정기적 또는 사용 후에 점검한다.
  - 장착훈련 : 작업원에 대하여 3월마다 1회 이상 사용훈련을 실시하고 사용방법을 숙지시킨다.

10 일반 공업용 용기 도색의 기준으로 틀린 것은?

① 액화염소 – 갈색
② 액화암모니아 – 백색
③ 아세틸렌 – 황색
④ 수소 – 회색

| 해설 | 공업용 수소 용기의 도색은 주황색

11 압축 또는 액화 그 밖의 방법으로 처리 할 수 있는 가스의 용적이 1일 100m³ 이상인 사업소는 압력계를 몇 개 이상 비치하도록 되어 있는가?

① 1   ② 2
③ 3   ④ 4

| 해설 | 1일 처리하는 가스용적이 100m³ 이상인 사업소는 표준이 되는 압력계를 2개 이상 비치할 것

12 고압가스의 충전용기는 항상 몇 ℃ 이하의 온도를 유지하여야 하는가?

① 15   ② 20
③ 30   ④ 40

| 해설 | 가스 충전용기는 반드시 40℃ 이하의 온도를 유지할 것

| 정답 | 08. ③ 09. ② 10. ④ 11. ② 12. ④

13 암모니아 200kg을 내용적 50L 용기에 충전할 경우 필요한 용기의 개수는? (충전정수 1.86)

① 4개 ② 6개
③ 8개 ④ 12개

| 해설 |
$$G = \frac{V}{C}$$

$$\frac{50L}{1.86} = 26.88kg$$

$$\frac{200kg}{26.88kg} = 7.44본 ≒ 8본으로 할 것$$

14 가스도매사업자 가스공급시설의 시설기준 및 기술기준에 의한 배관의 해저 설치의 기준에 대한 설명으로 틀린 것은?

① 배관은 원칙적으로 다른 배관과 교차하지 않는다.
② 두 개 이상의 배관을 동시에 설치하는 경우에는 배관이 서로 접촉하지 아니하도록 필요한 조치를 한다.
③ 배관이 부양하거나 이동할 우려가 있는 경우에는 이를 방지하기 위한 조치를 한다.
④ 배관은 원칙적으로 다른 배관과 20m 이상의 수평거리를 유지한다.

| 해설 | 가스배관의 해저 설치시 다른 배관과 이격거리는 30m 이상 유지할 것

15 도시가스 제조시설의 플레어스택 기준에 적합하지 않은 것은?

① 스택에서 방출된 가스가 지상에서 폭발한계에 도달하지 아니하도록 할 것
② 연소능력은 긴급이송설비로 이송되는 가스를 안전하게 연소시킬 수 있을 것
③ 스택에서 발생하는 최대열량에 장시간 견딜 수 있는 재료 및 구조로 되어 있을 것
④ 폭발을 방지하기 위한 조처가 되어 있을 것

| 해설 | 플레어스택은 긴급이송설비에 의해 이송되는 가스를 대기 중으로 연소시켜서 방출하는 장치로 그 설치 높이는 바로 밑의 지표면에 미치는 복사열이 4000kcal/m²·h 이하가 되도록 설치한다.

16 초저온 용기에 대한 정의로 옳은 것은?

① 임계온도가 50℃ 이하인 액화가스를 충전하기 위한 용기
② 강판과 동판으로 제조된 용기
③ -50℃ 이하인 액화가스를 충전하기 위한 용기로서 용기 내의 가스온도가 상용의 온도를 초과하지 않도록 한 용기
④ 단열재로 피복하여 용기 내의 가스온도가 상용의 온도를 초과하지 않도록 조치된 용기

| 해설 | • 초저온 용기
임계온도가 -50℃ 이하인 액화가스를 충전하기 위한 용기로서 용기 내의 가스온도가 상용의 온도를 초과하지 않도록 한 용기이다.

17 독성가스 제독제로 물을 사용하는 가스는?

① 염소   ② 포스겐
③ 황화수소   ④ 산화에틸렌

| 해설 | • 염소 : 가성소다 수용액, 탄산소다 수용액, 소석회
• 포스겐 : 가성소다 수용액, 소석회
• 황화수소 : 가성소다 수용액, 탄산소다 수용액
• 산화에틸렌 : 물

18 특정설비 중 압력용기의 재검사 주기는?

① 3년 마다   ② 4년 마다
③ 5년 마다   ④ 10년 마다

| 해설 | 특정설비 중 압력용기의 재검사기간은 4년마다 검사한다.
별표22(개정 2015.4.9 : 용기 및 특정설비의 재검사기간)

19 아세틸렌 제조설비의 방호벽 설치기준으로 틀린 것은?

① 압축기와 충전용 주관밸브 조작밸브 사이
② 압축기와 가스충전용기 보관장소 사이
③ 충전장소와 가스충전용기 보관장소 사이
④ 충전장소와 충전용 주관밸브 조작밸브 사이

| 해설 | • 아세틸렌 제조설비의 방호벽 설치 기준
ⓐ 아세틸렌 압축기와 충전장소 사이
ⓑ 아세틸렌 압축기와 충전용기 보관장소 사이
ⓒ 아세틸렌 충전장소와 충전용 주관밸브 조작장소 사이

20 용기 파열사고의 원인으로 가장 거리가 먼 것은?

① 용기의 내압력 부족
② 용기 내의 규정압력의 초과
③ 용기 내 폭발성 혼합가스에 의한 발화
④ 안전밸브의 작동

| 해설 | • 용기파열 사고 원인
ⓐ 용기의 내압력 부족
ⓑ 용기의 재질 불량
ⓒ 용접상의 결함
ⓓ 용기 내 이상 압력 상승
ⓔ 용기 내 폭발성 혼합가스의 혼입으로 인한 폭발

21 액화가스의 이송펌프에서 발생하는 케비테이션 현상을 방지하기 위한 대책으로서 틀린 것은?

① 흡입배관을 크게 한다.
② 펌프의 회전수를 크게 한다.
③ 펌프의 설치위치를 낮게 한다.
④ 펌프의 흡입구 부근을 냉각한다.

| 해설 | • 액화가스 이송펌프의 케비테이션 방지법
ⓐ 흡입관경을 크게 한다.
ⓑ 펌프의 흡입양정을 작게 하기 위해서 설치 위치를 낮춘다.
ⓒ 펌프의 회전수를 낮춘다.
ⓓ 펌프의 흡입관을 냉각한다.

22 다음 중 대표적인 차압식 유량계는?

① 오리피스미터   ② 로터미터
③ 마노미터   ④ 습식가스미터

| 해설 | • 차압식 유량계
ⓐ 오리피스 유량계
ⓑ 벤투리 유량계

| 정답 | 17. ④ 18. ② 19. ① 20. ④ 21. ② 22. ①

23 공기액화 분리기 내의 CO_2를 제거하기 위해 NaOH 수용액을 사용한다. 1.0kg의 CO_2를 제거하기 위해서는 약 몇 kg의 NaOH를 가해야 하는가?

① 0.9　　② 1.8
③ 3.0　　④ 3.8

| 해설 | · 공기 액화분리기 내 CO_2 제거 시 NaOH 반응식
$2NaOH + CO_2 \rightarrow Na_2CO_3 + H_2O$
　　80kg　:　44kg
　　　x　:　1kg
∴ $x = \frac{80}{44}$ = 1.8kg

24 왕복동 압축기 용량조정 방법 중 단계적으로 조절하는 방법에 해당하지 않는 것은?

① 회전수를 변경하는 방법
② 흡입 주밸브를 폐쇄하는 방법
③ 타임드밸브 제어에 의한 방법
④ 클리어런스밸브에 의해 용접효율을 낮추는 방법

| 해설 | · 왕복동 압축기 용량조정 방법
　ⓐ 회전수를 변경하는 방법
　ⓑ 흡입 주밸브를 폐쇄하는 방법
　ⓒ 타임드밸브 제어에 의한 방법
　ⓓ 바이패스 밸브에 의한 압축가스를 흡입측으로 되돌리는 방법

25 LP가스에 공기를 희석시키는 목적이 아닌 것은?

① 발열량 조절
② 연소효율 증대
③ 누설시 손실 감소
④ 재액화 촉진

| 해설 | · 공기혼합가스(Air dilute gas) 목적
　ⓐ 재액화 방지
　ⓑ 발열량 조절
　ⓒ 누설시 손실감소
　ⓓ 연소 효율의 증대

26 다음 중 정압기의 부속설비가 아닌 것은?

① 불순물 제거 장치
② 이상 압력 상승방지 장치
③ 검사용 맨홀
④ 압력기록장치

| 해설 | 검사용 맨홀은 저장탱크 등에 필요하며 정압기에는 해당없다.

27 금속재료 중 저온 재료로 적당하지 않은 것은?

① 탄소강
② 황동
③ 9% 니켈강
④ 18-8 스테인레스강

| 해설 | · 저온에 적합한 금속재료
　ⓐ 9% 니켈강
　ⓑ 오스테나이드계 스텐레스강(18 8 스텐레스강)
　ⓒ 구리 합금강
　ⓓ 알루미늄 합금강

| 정답 | 23. ② 24. ④ 25. ④ 26. ③ 27. ①

28 다음 중 터보압축기에서 주로 발생할 수 있는 현상은?

① 수격작용(water hammer)
② 베이퍼 록(vapor lock)
③ 서징(surging)
④ 캐비테이션(cavitation)

| 해설 | 터보압축기에서 발생하는 현상으로는 서징 현상이 있다. 서징은 토출측에서 주기적으로 운동, 양정, 토출량이 규칙 바르게 변동하는 현상으로 송출압력과 송출유량 사이에 주기적인 변동이 일어나는 현상을 말한다.

29 파이프 커터로 강관을 절단하여 거스러미(burr)가 생긴다. 이것을 제거하는 공구는?

① 파이프 벤더   ② 파이프 렌치
③ 파이프 바이스 ④ 파이프 리머

| 해설 | 강관 거스러미(burr) 제거에는 리머가 사용된다.

30 고속 회전하는 임펠러의 원심력에 의해 속도에너지를 압력에너지로 바꾸어 압축하는 형식으로 유량이 크고 설치면적이 적게 차지하는 압축기의 종류는?

① 왕복식   ② 터보식
③ 회전식   ④ 흡수식

| 해설 | 터보압축기는 임펠러 회전에 의한 원심력으로 속도에너지를 압력에너지로 변화시켜 압축하는 형식이다. 유량이 많고 연속 송출하는 특징이 있으며 설치면적이 적다.

31 액화석유가스의 안전관리 및 사업에 규정된 용어의 정의에 대한 설명으로 틀린 것은?

① 저장설비라 함은 액화석유가스를 저장하기 위한 설비로서 저장탱크, 마운드형 저장탱크 소형저장탱크 및 용기를 말한다.
② 자동차에 고정된 탱크라 함은 액화석유가스의 수송, 운반을 위하여 자동차에 고정설치 된 탱크를 말한다.
③ 소형저장탱크라 함은 액화석유가스를 저장하기 위하여 지상 또는 지하에 고정 설치된 탱크로서 그 저장능력이 3톤 미만인 탱크를 말한다.
④ 가스설비라 함은 저장설비 외의 설비로서 액화석유가스가 통하는 설비(배관을 포함한다)와 그 부속설비를 말한다.

| 해설 | 가스설비라 함은 가스저장설비 외의 설비로서 가스가 통하는 설비(배관을 포함한다)와 그 부속설비를 말한다.

32 1%에 해당하는 ppm의 값은?

① 10^2 ppm   ② 10^3 ppm
③ 10^4 ppm   ④ 10^5 ppm

| 해설 | • 1%에 해당하는 ppm
ppm(part per million) 즉 백만분의 1을 말한다.
$$\frac{X}{100만} \times 100 = 1\%$$
∴ $X = 10^4$ PPm

33 가스배관의 시공 신뢰성을 높이는 일환으로 실시하는 비파괴검사 방법 중 내부 선원법, 이중벽이중상법 등을 이용하는 방법은?

① 초음파탐상시험　② 자분탐상시험
③ 방사선투과시험　④ 침투탐상시험

| 해설 | 방사선 투과시험은 내부 선원법, 이중벽이중상법 등이 있다.

34 차량에 고정된 저장탱크로 염소를 운반할 때 용기의 내용적(L)은 얼마 이하가 되어야 하는가?

① 10000　② 12000
③ 15000　④ 18000

| 해설 | 독성인 염소가스 운반시 차량에 고정된 탱크의 내용적은 12000L 미만일 것

35 일산화탄소와 공기의 혼합가스는 압력이 높아지면 폭발범위는 어떻게 되는가?

① 변함없다.　② 좁아진다.
③ 넓어진다.　④ 일정치 않다.

| 해설 | 일산화탄소는 압력이 높아지면 폭발범위가 좁아지는 특성이 있다.

36 도시가스 배관을 폭 8m 이상의 도로에서 지하에 매설시 지표면으로부터 배관의 외면까지의 매설깊이의 기준은?

① 0.6m 이상　② 1.0m 이상
③ 1.2m 이상　④ 1.5m 이상

| 해설 | 8m 이상의 도로에서 도시가스배관 매설시 깊이는 1.2m 이상일 것

37 도시가스 시설의 설치공사 또는 변경공사를 하는 때에 이루어지는 주요공정시공감리 대상은?

① 도시가스사업자 외의 가스공급시설 설치자의 배관 설치공사
② 가스도매사업자의 가스공급시설 설치공사
③ 일반도시가스사업자의 정압기 설치공사
④ 일반도시가스사업자의 제조소 설치공사

| 해설 | 도시가스사업자가 아닌 자, 즉 도시가스 사업자 외의 가스공급 시설설치자의 배관 설치공사는 시공감리 대상이다.

38 고압가스 공급자의 안전점검 항목이 아닌 것은?

① 충전용기의 설치위치
② 충전용기의 운반방법 및 상태
③ 충전용기와 화기와의 거리
④ 독성가스의 경우 흡수장치, 제해장치 및 보호구 등에 대한 적합여부

| 해설 | • 공급자의 안전점검기준(제16조제3항 관련)
　가. 충전용기의 설치 위치
　나. 충전용기와 화기와의 거리
　다. 충전용기 및 배관의 설치상태
　라. 충전용기, 충전용기로부터 압력조정기·호스 및 가스용기기에 이르는 각 접속부와 배관 또는 호스의 가스 누출 여부 및 그 가스의 적합 여부
　마. 독성가스의 경우 흡수장치·제해장치 및 보호구 등에 대한 적합 여부
　바. 역화방지장치의 설치여부(용접 또는 용단 작업용으로 액화석유가스를 사용하는 시설에 산소를 공급하는 자에 한정한다)
　사. 시설기준에의 적합 여부(정기점검만을 말한다)

| 정답 | 33. ③　34. ②　35. ②　36. ③　37. ①　38. ②

39 액화석유가스 판매업소의 충전용기 보관실에 강제 통풍장치 설치시 통풍능력의 기준은?

① 바닥면적 $1m^2$당 $0.5m^3$/분 이상
② 바닥면적 $1m^2$당 $1.0m^3$/분 이상
③ 바닥면적 $1m^2$당 $1.5m^3$/분 이상
④ 바닥면적 $1m^2$당 $2.0m^3$/분 이상

| 해설 | LPG 판매소 충전기 보관실 강제통풍장치 설치시 통풍능력은 바닥면적 $1m^2$당 $0.5m^3$/분 이상일 것

40 다음 중 동일 차량에 적재하여 운반할 수 없는 경우는?

① 산소와 질소
② 질소와 탄산가스
③ 탄산가스와 아세틸렌
④ 염소와 아세틸렌

| 해설 | • 동일차량 적재금지
　　　　염소와 아세틸렌·암모니아 또는 수소

41 다음 중 아세틸렌의 발생방식이 아닌 것은?

① 주수식 : 카바이드에 물을 넣는 방법
② 투입식 : 물에 카바이드를 넣는 방법
③ 접촉식 : 물과 카바이드를 소량씩 접촉시키는 방법
④ 가열식 : 카바이드를 가열하는 방법

| 해설 | • 아세틸렌 발생방식
　　　　ⓐ 주수식
　　　　ⓑ 침지식
　　　　ⓒ 투입식

42 이상기체의 등온과정에서 압력이 증가하면 엔탈피(H)는?

① 증가한다.
② 감소한다.
③ 일정하다.
④ 증가하다가 감소한다.

| 해설 | 이상기체 등온 과정에서 압력 상승시 엔탈피는 일정하게 유지된다.

43 1kW의 열량을 환산한 것으로 옳은 것은?

① 536kcal/h　② 632kcal/h
③ 720kcal/h　④ 860kcal/h

| 해설 | 1kW → kcal
1kW = 102kg·m/sec
kcal = 427kg·m
　　 = 102×1kcal/427kg·m×3600sec/h
　　 = 859.95kcal/h

44 섭씨온도와 화씨온도가 같은 것은?

① $-40℃$　② $32℉$
③ $273℃$　④ $45℉$

| 해설 | • 섭씨온도와 화씨온도가 같은 온도
　　　$-40℃ = -40℉$
　　　$(-40℃ \times \frac{9}{5}) + 32 = -40℉$

45 다음 중 1기압(1atm)과 같지 않은 것은?

① 760mmHg　② 0.987bar
③ $10.332mH_2O$　④ 101.3kPa

| 해설 | 1atm = 760mmHg = $10.332mH_2O$
　　　　= 101.3kPa = 1.01315bar

46 어떤 기구가 1atm 30℃에서 10000L의 헬륨으로 채워져 있다. 이 기구가 압력이 0.6atm이고 온도가 −20℃인 고도까지 올라갔을 때 부피는 약 몇 L가 되는가?

① 10000 ② 12000
③ 14000 ④ 16000

| 해설 | 1atm → 0.6atm
30℃ → −20℃
10000L → ?L
보일-샤를의 법칙에서 $\dfrac{P_1 V_1}{T_1} = \dfrac{P_2 V_2}{T_2}$

$\dfrac{1 \times 0000}{30 + 273} = \dfrac{0.6 \times V_2}{-20 + 273}$

∴ V_2 = 13916.39 ≒ 14000L

47 다음 중 ℃의 절대온도 단위는?

① °K ② °R
③ °F ④ ℃

| 해설 | • 절대온도
ⓐ ℃의 절대온도 : °K
ⓑ °F의 절대온도 : °R

48 이상기체를 정적 하에서 가열하면 압력과 온도의 변화는?

① 압력 증가, 온도 일정
② 압력 일정, 온도 일정
③ 압력 증가, 온도 상승
④ 압력 일정, 온도 상승

| 해설 | 이상기체를 정적(부피를 일정하게) 하에서 가열하면 압력과 온도는 상승한다.

49 산소의 물리적인 성질에 대한 설명으로 틀린 것은?

① 산소는 약 −183℃에서 액화한다.
② 액체산소는 담청색으로 비중이 약 1.13이다.
③ 무색, 무취의 기체이며 물에는 약간 녹는다.
④ 강력한 조연성 가스이므로 자신이 연소한다.

| 해설 | • 산소의 물성
ⓐ 조연성이다.
ⓑ 무색, 무취의 기체로 물에 약간 녹는다.
ⓒ 비점은 −183℃이며 액체산소는 담청색을 띤다.

50 도시가스 주원료인 메탄(CH_4)의 비점은 약 얼마인가?

① −50℃ ② −82℃
③ −120℃ ④ −162℃

| 해설 | CH_4 비점은 −162℃

51 가스홀더의 압력을 이용하여 가스를 공급하며 가스 제조공장과 공급지역이 가깝거나 공급 면적이 좁을 때 적당한 가스 공급 방법은?

① 저압공급방식 ② 중앙공급방식
③ 고압공급방식 ④ 초고압공급방식

| 해설 | 가스 공급시 공급지역이 좁고 가까운 거리이며 가스홀더의 압력으로 공급되는 것은 저압 방식이다.

| 정답 | 46. ③ 47. ① 48. ③ 49. ④ 50. ④ 51. ①

52 가스 종류에 따른 용기의 재질로서 부적합한 것은?

① LPG : 탄소강 ② 암모니아 : 동
③ 수소 : 크롬강 ④ 염소 : 탄소강

| 해설 | 암모니아 용기 재료는 탄소강이 사용된다.

53 오르자트법으로 시료가스를 분석할 때의 성분 분석 순서로서 옳은 것은?

① $CO_2 \rightarrow O_2 \rightarrow CO$
② $CO \rightarrow CO_2 \rightarrow O_2$
③ $O_2 \rightarrow CO \rightarrow CO_2$
④ $O_2 \rightarrow CO_2 \rightarrow CO$

| 해설 | • 흡수분석법 분석순서
  ⓐ 오르자트법 : $CO_2 - O_2 - CO$
  ⓑ 게겔법 : $CO_2 - C_2H_2 - C_2H_4 - O_2 - CO$
  ⓒ 헴펠법 : $CO_2 - C_mH_n - O_2 - CO$

54 수소염 이온화식(FID) 가스 검출기에 대한 설명으로 틀린 것은?

① 감도가 우수하다.
② CO_2, NO_2는 검출할 수 없다.
③ 연소하는 동안 시료가 파괴된다.
④ 무기화합물의 가스검지에 적합하다.

| 해설 | • FID(수소불꽃이온화검출기) 특징
  ⓐ 감도가 좋아 미량분석에 쓰인다.
  ⓑ 완전 산화된 CO_2는 검출이 어렵다.
  ⓒ 공기-수소 화염으로 시료를 연소시켜 이온을 검출하는 원리로 무기화합물은 분석에는 적합하지 않다.

55 다음 [보기]와 관련 있는 분석방법은?

㉠ 쌍극자 모멘트의 알짜변화
㉡ 진동 짝지움
㉢ Nernst 백열등
㉣ Fourier 변환분광계

① 질량분석법
② 흡광광도법
③ 적외선 분광분석법
④ 킬레이트 적정법

| 해설 | • 적외선분광분석법
  쌍극자 모멘트의 알짜변화를 일으킬 진동에 의해서 적외선을 이용한 분석법이다.(2원자 분자 가스는 분석이 어렵다)

56 표준상태에서 1000L의 체적을 갖는 가스 상태의 부탄은 약 몇 kg인가?

① 2.6 ② 3.1
③ 5.5 ④ 6.1

| 해설 | • 아보가드로의 법칙
  표준상태에서 모든 기체 1몰은 22.4L의 부피를 갖는다.
  1000L 부탄의 몰수 = $\dfrac{1000L}{22.4L}$
  = 44.64g-mol
  부탄(C_4H_{10})의 분자량 = $\dfrac{58g}{1몰}$
  ∴ 44.64g-mol × 58g/1mol
  = 2589.12g ≒ 2.6kg

| 정답 | 52. ② 53. ① 54. ④ 55. ③ 56. ①

57 다음 중 일반 기체상수(R)의 단위는?

① kg·m/kcal·K ② kg·m/kcal·K
③ kg·m/m³·K   ④ kcal/kg·℃

| 해설 | • 기체상수(R)의 단위
ⓐ L·atm/mol·K
ⓑ L·mmHg/mol·K
ⓒ ft³psi/lb-mol·°R
ⓓ J/mol·K
ⓔ cal/mol·K
ⓕ BTU/lb-mol·°R
ⓖ kg·m/kmol·K

58 열역학 제1법칙에 대한 설명이 아닌 것은?

① 에너지 보존의 법칙이라고 한다.
② 열은 항상 고온에서 저온으로 흐른다.
③ 열과 일은 일정한 관계로 서로 상호 교환한다.
④ 제1종 영구기관이 영구적으로 일하는 것은 불가능하다는 것을 알려 준다.

| 해설 | • 열역학 제1법칙
ⓐ 에너지 보존의 법칙이다.
ⓑ 열과 일은 상호 교환될 수 있다.
ⓒ 에너지 공급 없이 지속되는 제1종 영구기관은 존재하지 않는다.

59 표준상태 가스 1m³를 완전연소시키기 위하여 필요한 최소한의 공기를 이론 공기량이라고 한다. 다음 이론 공기량으로 적합한 것은? (단, 공기 중에 산소는 21% 존재한다.)

① 메탄 : 9.5배   ② 메탄 : 12.5배
③ 프로판 : 15배 ④ 프로판 : 30배

| 해설 | • 가스의 완전 연소식에서 이론 공기량 구하는 법

$$CH_4 + 2O_2 \rightarrow CO_2 + 2H_2O$$
22.4m³ : 2×22.4m³
   1   : x

∴ 이론산소량 $x = 2m^3$

∴ 이론공기량 $= \dfrac{2}{0.21} = 9.52m^3$

$$C_3H_8 + 5O_2 \rightarrow 3CO_2 + 4H_2O$$
22.4m³ : 5×22.4m³
   1   : x

∴ 이론산소량 $x = 52m^3$

∴ 이론공기량 $= \dfrac{5}{0.21} = 23.81m^3$

60 다음 중 액화가 가장 어려운 가스는?

① H_2 ② He
③ N_2 ④ CH_4

| 해설 | 가스의 비점이 낮을수록 액화가 어렵다.
• H_2 : -253℃
• He : -269℃
• N_2 : -196℃
• CH_4 : -162℃

| 정답 | 57. ① 58. ② 59. ① 60. ②

2015년 제5회 가스기능사 필기

2015년 10월 10일 시행

01 인화온도가 약 −30°C이고 발화온도가 매우 낮아 전구 표면이나 증기 파이프 등의 열에 의해 발화할 수 있는 가스는?

① CS_2
② C_2H_2
③ C_2H_4
④ C_3H_8

| 해설 | 이황화탄소는 착화온도가 낮아 전구표면이나, 수증기 파이프 등의 접촉에 의해서도 발화된다.

02 발열량이 9500kcal/m³이고 가스비중이 0.65인(공기1) 가스의 웨버지수는 약 얼마인가?

① 6175
② 9500
③ 11780
④ 14615

| 해설 |
$$WI = \frac{Hg}{\sqrt{d}}$$
$$\therefore \frac{9500}{\sqrt{0.65}} = 11783.299$$

03 고압가스 제조허가의 종류가 아닌 것은?

① 고압가스 특수제조
② 고압가스 일반제조
③ 고압가스 충전
④ 냉동 제조

| 해설 | 고압가스 제조허가 종류에서 고압가스 특수제조는 해당되지 않는다.

04 아세틸렌 용기에 대한 다공물질 충전검사 적합 판정기준은?

① 다공물질은 용기 벽을 따라서 용기 안지름의 1/200 또는 1mm를 초과하는 틈이 없는 것으로 한다.
② 다공물질은 용기 벽을 따라서 용기 안지름의 1/200 또는 3mm를 초과하는 틈이 없는 것으로 한다.
③ 다공물질은 용기 벽을 따라서 용기 안지름의 1/100 또는 5mm를 초과하는 틈이 없는 것으로 한다.
④ 다공물질은 용기 벽을 따라서 용기 안지름의 1/100 또는 10mm를 초과하는 틈이 없는 것으로 한다.

| 해설 | 아세틸렌용기 다공물질 충전검사 합격 판정은 용기 벽을 따라 용기 안지름의 1/200 또는 3mm를 초과하는 틈이 없어야 한다.

05 비등액체팽창증기폭발(BLEVE)이 일어날 가능성이 가장 낮은 곳은?

① LPG 저장탱크
② LNG 저장탱크
③ 액화가스 탱크로리
④ 천연가스 지구정압기

| 해설 | 블레이브(BLEV)는 가연성인 액체상태의 가스를 저장하는 탱크에서 화재 시에 발생하는 현상으로 천연가스 지구 정압기에서는 발생되지 않는다.

| 정답 | 01. ① 02. ③ 03. ① 04. ② 05. ④

06 가스누출자동차단장치의 구성요소에 해당하지 않는 것은?

① 지시부 ② 검지부
③ 차단부 ④ 제어부

| 해설 | 가스누출자동차단 장치는 검지부, 제어부, 차단부로 구성된다.

07 다음 가스의 용기보관실 중 그 가스가 누출된 때에 체류하지 않도록 통풍구를 갖추고, 통풍이 잘되지 않는 곳에는 강제환기시설을 설치하여야 하는 곳은?

① 질소 저장소 ② 탄산가스 저장소
③ 헬륨 저장소 ④ 부탄 저장소

| 해설 | 공기보다 무겁고 가연성인 부탄가스는 누출시에 체류하지 않도록 통풍구를 갖추고 통풍이 잘되지 않는 곳은 강제통풍장치를 설치하여야 한다.

08 고압가스안전관리법의 적용을 받는 고압가스의 종류 및 범위로서 틀린 것은?

① 상용의 온도에서 압력이 1MPa 이상이 되는 압축가스
② 섭씨 35도의 온도에서 압력이 0MPa을 초과하는 아세틸렌가스
③ 상용의 온도에서 압력이 0.2MPa 이상이 되는 액화가스
④ 섭씨 35도의 온도에서 압력이 0Pa을 초과하는 액화가스 중 액화시안화수소

| 해설 | 아세틸렌 가스는 35℃ 조건이 아니라 상용의 온도에서 0MPa을 초과하는 것은 고압가스 안전관리법의 적용을 받는다.

09 LP가스 저장탱크 지하에 설치하는 기준에 대한 설명으로 틀린 것은?

① 저장탱크실 상부 윗면으로부터 저장탱크 상부까지의 깊이는 1m 이상으로 한다.
② 저장탱크 주위 빈 공간에는 세립분을 함유하지 않는 것으로서 손으로 만졌을 때 물이 손에서 흘러내리지 않는 상태의 모래를 채운다.
③ 저장탱크를 2개 이상 인접하여 설치하는 경우에는 상호간에 1m 이상의 거리를 유지한다.
④ 저장탱크실은 천장, 벽 및 바닥의 두께가 각각 30cm 이상의 방수조치를 한 철근콘크리트구조로 한다.

| 해설 | LP가스 지하저장탱크 설치시 탱크 상부에서 지면까지의 거리는 60cm 이상이어야 하고 콘크리트 실의 두께는 30cm 이상의 벽체이어야 하므로 탱크와 실간의 간격은 30cm 정도이다.

10 다음 중 사용신고를 하여야 하는 특정고압 가스에 해당하지 않는 것은?

① 게르만 ② 삼불화질소
③ 사불화규소 ④ 오불화붕소

| 해설 | • 특정고압가스 사용신고
압축모노실란, 압축디보레인, 액화알진, 포스핀, 세렌화수소, 게르만, 디실란, 오불화비소, 오불화인, 삼불화인, 삼불화질소, 삼불화붕소, 사불화유황, 사불화규소, 액화염소, 액화암모니아 등

| 정답 | 06. ① 07. ④ 08. ② 09. ① 10. ④

11 플레어스택에 대한 설명으로 틀린 것은?

① 플레어스택에서 발생하는 복사열이 다른 제조시설에 나쁜 영향을 미치지 아니하도록 안전한 높이 및 위치에 설치한다.
② 플레어스택에서 발생하는 최대열량에 장시간 견딜 수 있는 재료 및 구조로 되어 있는 것으로 한다.
③ 파이롯트버너를 항상 점화하여 두는 등 플레어스택에 관련된 폭발을 방지하기 위한 조치가 되어 있는 것으로 한다.
④ 특수반응설비 또는 이와 유사한 고압가스설비마다 설치한다.

| 해설 | 플레어스택은 긴급이송설비에 의해 이송되는 가스를 연소시켜 대기로 안전하게 방출하는 설비로서 모든 가스설비에 설치하지 않는다.

12 초저온용기의 단열성능시험에서 침입열량산식은 다음과 같이 구해진다. 여기서 "q"가 의미하는 것은?

$$Q = \frac{W \cdot q}{H \cdot \Delta t \cdot V}$$

① 침입열량
② 측정시간
③ 기화된 가스량
④ 시험용 가스의 기화잠열

| 해설 | • 초저온용기 단열성능시험에서 침입열량의 측정산식

$$Q = \frac{W \cdot q}{H \cdot \Delta t \cdot v}$$

Q : 침입열량(kcal/h·℃·l)
W : 측정 중 기화 가스량(kg)
H : 측정시간(hr)
Δt : 시험용 저온액화가스의 비점과 외기와의 온도차(℃)
v : 용기 내용적(l)
q : 시험용 액화가스의 기화잠열(kcal/kg)

13 고압가스용 저장탱크 및 압력용기 제조시설에 대하여 실시하는 내압검사에서 압력용기 등의 재질이 주철인 경우 내압시험압력의 기준은?

① 설계압력의 1.2배의 압력
② 설계압력의 1.5배의 압력
③ 설계압력의 2배의 압력
④ 설계압력의 3배의 압력

| 해설 | 가스 저장탱크, 압력용기 등의 재질이 주철인 경우 내압시험압력의 기준은 설계압력의 2배의 압력으로 실시한다.

14 가스도매사업시설에서 배관 지하매설의 설치 기준으로 옳은 것은?

① 산과 들 이외의 지역에서 배관의 매설깊이는 1.5m 이상
② 산과 들에서의 배관의 매설깊이는 1m 이상
③ 배관은 그 외면으로부터 수평거리로 건축물까지 1.2m 이상 거리 유지
④ 배관은 그 외면으로부터 지하의 다른 시설물과 1.2m 이상 거리 유지

| 해설 | 가스도매사업 시설에서 지하 매설시 산과 들에서의 매설 심도는 1m 이상일 것

15 일반도시가스의 배관을 철도부지 밑에 매설할 경우 배관의 외면과 지표면과의 거리는 몇 m 이상으로 하여야 하는가?

① 1.0m
② 1.2m
③ 1.3m
④ 1.5m

| 해설 | 일반 도시가스 배관을 철도부지 밑에 매설시 깊이는 1.2m 이상일 것

16 도시가스 배관의 매설심도를 확보할 수 없거나 타시설물과 이격거리를 유지하지 못하는 경우 등에는 보호관을 설치한다. 압력이 중압배관일 경우 보호관의 두께 기준은?

① 3mm   ② 4mm
③ 5mm   ④ 6mm

| 해설 | 도시가스 중압배관의 지하 설치시 매설심도의 유지가 어려운 경우에 사용되는 보호관의 두께는 4mm 이상일 것

17 자연발화의 열의 발생 속도에 대한 설명으로 틀린 것은?

① 발열량이 큰 쪽이 일어나기 쉽다.
② 표면적이 적을수록 일어나기 쉽다.
③ 초기 온도가 높은 쪽이 일어나기 쉽다.
④ 촉매 물질이 존재하면 반응 속도가 빨라진다.

| 해설 | 표면적이 클수록 쉽다.

18 가연성가스의 지상저장 탱크의 경우 외부에 바르는 도료의 색깔을 무엇인가?

① 청색   ② 녹색
③ 은백색   ④ 검정색

| 해설 | 가연성 가스 옥외저장탱크 도색은 은백색일 것

19 산화에틸렌 충전용기에는 질소 또는 탄산가스를 충전하는데 그 내부가스 압력의 기준으로 옳은 것은?

① 상온에서 0.2MPa 이상
② 35℃에서 0.2MPa 이상
③ 40℃에서 0.4MPa 이상
④ 45℃에서 0.4MPa 이상

| 해설 | 산화에틸렌 충전용기에 봉입하는 질소 또는 탄산가스는 45℃에서 0.4MPa 이상일 것

20 다음 중 보일러 중독사고의 주원인이 되는 가스는?

① 이산화탄소   ② 일산화탄소
③ 질소   ④ 염소

| 해설 | 보일러 중독사고는 미연소된 일산화탄소(CO)가 원인이다.

21 연소에 필요한 공기를 전부 2차 공기로 취하며 불꽃 길이가 같고 온도가 가장 낮은 연소방식은?

① 분젠식   ② 세미분젠식
③ 적화식   ④ 전 1차 공기식

| 해설 | 2차 공기로 연소하는 방식은 적화식으로 온도 상승에 제한적이다.

22 압축천연가스 자동차 충전소에 설치하는 압축가스설비의 설계압력이 25MPa인 경우 이 설비에 설치하는 압력계의 지시눈금은?

① 최소 25.0MPa까지 지시할 수 있는 것
② 최소 27.5MPa까지 지시할 수 있는 것
③ 최소 37.5MPa까지 지시할 수 있는 것
④ 최소 50.0MPa까지 지시할 수 있는 것

| 해설 | 압축천연가스 자동차 충전소 가스설비 설계 압력이 25MPa일 때 압력계 최소 눈금범위는 1.5 ~ 2배 범위이다.
25MPa × (1.5 ~ 2배) = 37.5 ~ 50MPa
∴ 최소압력이 37.5MPa이 된다.

23 저온, 고압의 액화석유가스 저장 탱크가 있다. 이 탱크를 퍼지하여 수리 점검 작업할 때에 대한 설명으로 옳지 않은 것은?

① 공기로 재치환하여 산소 농도가 최소 18%인지 확인한다.
② 질소가스로 충분히 퍼지하여 가연성 가스의 농도가 폭발하한계의 1/4 이하가 될 때까지 치환을 계속한다.
③ 단시간에 고온으로 가열하면 탱크가 손상될 우려가 있으므로 국부가열이 되지 않게 한다.
④ 가스는 공기보다 가벼우므로 상부 맨홀을 열어 자연적으로 퍼지가 되도록 한다.

| 해설 | 액화석유가스는 C_3에서 C_4의 저급탄화수소로 구성된 포화탄화수소로 공기보다 무겁다.

24 공개액화분리장치에는 다음 중 어떤 가스 때문에 가연성 물질을 단열재로 사용할 수 없는가?

① 질소   ② 수소
③ 산소   ④ 아르곤

| 해설 | 공기액화분리장치의 단열재는 산소 때문에 가연성이 아닌 것에 한한다.

25 도시가스사용시설의 정압기실에 설치된 가스누출경보기의 점검주기는?

① 1일 1회 이상   ② 1주일 1회 이상
③ 2주일 1회 이상   ④ 1개월 1회 이상

| 해설 | 도시가스 정압기실 누출경보기는 1주일에 1회 이상 점검할 것

26 도시가스 공급 시설이 아닌 것은?

① 압축기   ② 홀더
③ 정압기   ④ 용기

| 해설 | 도시가스 공급시설은 압축기, 정압기, 홀더 등이 해당된다.

27 저압식 공기액화 분리장치의 정류탑 하부의 압력은 어느 정도인가?

① 1기압   ② 5기압
③ 10기압   ④ 20기압

| 해설 | 저압식 공기액화 분리기 정류탑 하부의 송입 압력은 5기압 정도이다.

| 정답 | 22. ③ 23. ④ 24. ③ 25. ② 26. ④ 27. ②

28 액주식 압력계에 대한 설명으로 틀린 것은?

① 경사관식은 정도가 좋다.
② 단관식은 차압계로도 사용된다.
③ 링 밸런스식은 저압가스의 압력측정에 적당하다.
④ U자관은 메니스커스의 영향을 받지 않는다.

| 해설 | 액주식 압력계(마노미터)는 U자관은 메니스커스의 영향을 받게 된다.
• 메니스커스(Meniscus)
모세관 중의 액체표면은 기상에 대해 곡면이 된다. 이것을 메니스커스라고 한다. 액체가 고체면을 적실 때에는 ∪이 되고 적시지 않을 때에는 ∩이 된다.

29 액화산소, LNG 등에 일반적으로 사용될 수 있는 재질이 아닌 것은?

① Al 및 Al 합금
② Cu 및 Cu 합금
③ 고장력 주철강
④ 18-8 스테인리스강

| 해설 | 액화산소(비점 : -183℃) LNG(비점 -162℃) 등의 초저온에 사용되는 재질로서 고장력 주철 관은 적합하지 않다.

30 암모니아 용기의 재료로 주로 사용되는 것은?

① 동
② 알루미늄합금
③ 동합금
④ 탄소강

| 해설 | 암모니아 용기재질은 탄소강이 사용된다.

31 LPG 자동차에 고정된 용기충전시설에서 저장탱크의 물분무장치는 최대 수량을 몇 분 이상 연속해서 방사할 수 있는 수원에 접속되어 있도록 하여야 하는가?

① 20분
② 30분
③ 40분
④ 60분

| 해설 | LPG 용기 충전시설에서 저장탱크의 물분무장치의 수원은 30분 이상 연속 방사할 수 있을 것

32 용기의 설계단계 검사 항목이 아닌 것은?

① 단열성능
② 내압성능
③ 작동성능
④ 용접부의 기계적 성능

| 해설 | • 용기 설계 단계 검사
단열성능시험, 내압성능시험, 용접부의 기계적 성능시험 등

33 액화석유가스가 공기 중에 얼마의 비율로 혼합되었을 때 그 사실을 알 수 있도록 냄새가 나는 물질을 섞어 용기에 충전하여야 하는가?

① $\frac{1}{1,000}$
② $\frac{1}{10,000}$
③ $\frac{1}{100,000}$
④ $\frac{1}{1,000,000}$

| 해설 | 부취제 농도는 $\frac{1}{1,000}$

| 정답 | 28. ④ 29. ③ 30. ④ 31. ② 32. ③ 33. ①

34 도시가스사용시설에서 도시가스 배관의 표시 등에 대한 기준으로 틀린 것은?

① 지하에 매설하는 배관은 그 외부에 사용 가스명, 최고사용압력, 가스의 흐름방향을 표기한다.
② 지상배관은 부식방지 도장 후 황색으로 도색한다.
③ 지하매설배관은 최고사용압력이 저압인 배관은 황색으로 한다.
④ 지하매설배관은 최고사용압력이 중압 이상인 배관은 적색으로 한다.

| 해설 | 도시가스 배관 표시 등에 관한 기준은 입상관일 때에 사용가스명, 최고사용압력, 가스흐름 방향을 표시한다.

35 특정고압가스 사용시설에서 용기의 안전조치 방법으로 틀린 것은?

① 고압가스의 충전용기는 항상 40℃ 이하를 유지하도록 한다.
② 고압가스의 충전용기 밸브는 서서히 개폐한다.
③ 고압가스의 충전용기 밸브 또는 배관을 가열할 때에는 열습포나 40℃ 이하의 더운 물을 사용한다.
④ 고압가스의 충전용기를 사용한 후에는 밸브를 열어 둔다.

| 해설 | 가스용기를 사용한 후에는 반드시 밸브를 잠가 둘 것

36 액화가스를 충전하는 차량에 고정된 탱크는 그 내부에 액면요동을 방지하기 위하여 액면요동 방지조치를 하여야 한다. 다음 중 액면요동방지 조치로 올바른 것은?

① 방파판   ② 액면계
③ 온도계   ④ 스톱밸브

| 해설 | 액화가스 운반차량인 탱크로리 내에는 액면의 요동을 방지하기 위해서 방파판을 설치한다.

37 암모니아 충전용기로서 내용적이 1000L 이하인 것은 부식여유 두께의 수치가 (㉠)mm이고, 염소 충전용기로서 내용적이 1000L 초과하는 것은 부식여유 두께의 수치가 (㉡)mm이다. A와 B에 알맞은 부식 여유치는?

① ㉠ 1, ㉡ 3   ② ㉠ 2, ㉡ 3
③ ㉠ 1, ㉡ 5   ④ ㉠ 2, ㉡ 5

| 해설 | • 용기의 부식여유 수치
ⓐ 암모니아 - 1000ℓ 이하일 때 1mm
　　　　　 - 1000ℓ 이상일 때 2mm
ⓑ 염소 - 1000ℓ 이하일 때 3mm
　　　　- 1000ℓ 이상일 때 5mm

38 아르곤(Ar) 가스 충전용기의 도색은 어떤 색상으로 하여야 하는가?

① 백색   ② 녹색
③ 갈색   ④ 회색

| 해설 | Ar(아르곤) 용기 도색은 회색

39 인체용 에어졸 제품의 용기에 기재하여야 할 사항으로 틀린 것은?

① 불 속에 버리지 말 것
② 가능한 한 인체에서 10cm 이상 떨어져서 사용할 것
③ 온도가 40℃ 이상되는 장소에 보관하지 말 것
④ 특정부위에 계속하여 장시간 사용하지 말 것

| 해설 | 인체용 에어졸은 가능한 한 인체에서 20cm 이상 떨어져서 사용할 것

40 지하에 매몰하는 도시가스 배관의 재료로 사용할 수 없는 것은?

① 가스용 폴리에틸렌관
② 압력 배관용 탄소강관
③ 압축식 폴리에틸렌 피복강관
④ 분말용착식 폴리에틸렌 피복강관

| 해설 | 지하 매설용 가스관 재료로 압력 배관용 탄소강관은 적합하지 않다.

41 황화수소에 대한 설명으로 틀린 것은?

① 무색이다.
② 유독하다.
③ 냄새가 없다.
④ 인화성이 아주 강하다.

| 해설 | 황화수소(H_2S)는 계란 썩는 냄새의 강한 쥐기가 있는 유독한 가스이다.

42 표준상태에서 산소의 밀도(g/L)는?

① 0.7
② 1.43
③ 2.72
④ 2.88

| 해설 | · 표준상태에서 산소 밀도(g/L)

$\dfrac{32g}{22.4\ell} = 1.43 g/\ell$

43 다음 중 가장 낮은 압력은?

① 1atm
② $1kg/cm^2$
③ $10.33nH_2O$
④ 1MPa

| 해설 | $1atm = 1.033 kg/cm^2 = 10.33 nH_2O$
= 101.3kPa(0.1MPa)

44 시안화수소를 충전한 용기는 충전 후 얼마를 정치해야 하는가?

① 4시간
② 8시간
③ 16시간
④ 24시간

| 해설 | 시안화수소(HCN)은 충전 후 24시간 정치할 것

45 메탄(CH_4)의 공기 중 폭발범위 값에 가장 가까운 것은?

① 5 ~ 15.4%
② 3.2 ~ 12.5%
③ 2.4 ~ 9.5%
④ 1.9 ~ 8.4%

| 해설 | · CH_4 : 5 ~ 15%

| 정답 | 39. ② 40. ② 41. ③ 42. ② 43. ② 44. ④ 45. ①

46 다음 가스 중 비중이 가장 적은 것은?

① CO ② C_3H_8
③ Cl_2 ④ NH_3

| 해설 | • 각 가스의 비중(공기 = 1)

ⓐ CO : $\frac{28}{29}$ = 0.96

ⓑ C_3H_8 : $\frac{44}{29}$ = 1.52

ⓒ Cl_2 : $\frac{71}{29}$ = 2.45

ⓓ NH_3 : $\frac{17}{29}$ = 0.59

47 포스겐의 화학식은?

① $COCl_2$ ② $COCl_3$
③ PH_2 ④ PH_3

| 해설 | • 포스겐 : $COCl_2$

48 표준상태에서 부탄가스의 비중은 약 얼마인가? (단, 부탄의 분자량은 58이다.)

① 1.6 ② 1.8
③ 2.0 ④ 2.2

| 해설 | 부탄(C_4H_{10})의 비중 = $\frac{58}{29}$ = 2

49 다음 중 헨리의 법칙에 잘 적용되지 않는 가스는?

① 염화수소 ② 수소
③ 산소 ④ 이산화탄소

| 해설 | • 헨리의 법칙
일정한 온도에서 질소와 산소와 같이 물에 많이 녹지 않는 기체의 용해도는 그 기체의 압력에 정비례한다. 이것을 헨리의 법칙이라 한다. 그러나 암모니아나 염화수소 같이 물에 극히 많이 녹는 기체는 해당되지 않는다.

50 아세틸렌(C_2H_2)에 대한 설명 중 틀린 것은?

① 공기보다 무거워 낮은 곳에 체류한다.
② 카바이트(CaC_2)에 물을 넣어 제조한다.
③ 공기 중 폭발범위는 약 2.5 ~ 81%이다.
④ 흡혈화합물이므로 압축하면 폭발을 일으킬 수 있다.

| 해설 | 아세틸렌(C_2H_2)은 공기보다 가볍다.
$\frac{26}{29}$ = 0.897

51 이동식 부탄연소기의 용기 연결방법에 따른 분류가 아닌 것은?

① 용기이탈식 ② 분리식
③ 카세트식 ④ 직결식

| 해설 | • 이동식 부탄 연소기 연결 방법
분리식, 직결식, 카세트식

| 정답 | 46. ④ 47. ① 48. ③ 49. ① 50. ① 51. ①

52 저온장치에서 열의 침입 원인으로 가장 거리가 먼 것은?

① 내면으로부터의 열전도
② 연결 배관 등에 의한 열전도
③ 지지 요크 등에 의한 열전도
④ 단열재를 넣은 공간에 남은 가스의 분자 열전도

| 해설 | • 저온장치 열침입 원인
ⓐ 연결 배관 등에 의한 열전도
ⓑ 지지요크 등에 의한 열전도
ⓒ 단열재를 넣은 공간에 남은 가스 분자의 열전도
ⓓ 밸브·안전밸브 등에 의한 열전도
ⓔ 외면으로부터의 열복사

53 고압가스 제조설비에서 정전기의 발생 또는 대전 방지에 대한 설명으로 옳은 것은?

① 가연성가스 제조설비의 탑류, 벤트스택 등은 단독으로 접지한다.
② 제조장치 등에 본딩용 접속선은 단면적이 $5.5mm^2$ 미만의 단선을 사용한다.
③ 대전 방지를 위하여 기계 및 장치에 절연 재료를 사용한다.
④ 접지 저항치 총합이 100Ω 이하의 경우에는 정전기 제거 조치가 필요하다.

| 해설 | 가연성 가스 제조설비의 정전기 제거 장치에서 제조설비의 탑류, 벤트스택 등은 단독으로 접지장치를 설치한다.

54 저장탱크 내부의 압력이 외부의 압력보다 낮아져 그 탱크가 파괴되는 것을 방지하기 위한 설비와 관계없는 것은?

① 압력계
② 진공안전밸브
③ 압력경보설비
④ 벤트스택

| 해설 | 가스 저장탱크 내부 압력이 외부의 압력보다 낮아져서 탱크가 파괴되는 것을 방지하는 장치로서 벤트스택은 해당되지 않는다. 벤트스택은 가연성 및 독성가스를 폐기할 때 방출되는 가스를 중화 조치 또는 희석시켜 배출하는 설비이다.

55 LP가스 저압배관 공사를 완료하여 기밀시험을 하기 위해 공기압을 $1000mmH_2O$로 하였다. 이 때 관지름 25mm, 길이 30m로 할 경우 배관의 전체 부피는 약 몇 L인가?

① 5.7L
② 12.7L
③ 14.7L
④ 23.7L

| 해설 | 배관부피 $= \frac{\pi}{4}(0.025)^2 \times 30 \times 1000kg/m^2$
$= 14.7$
∵ $1000mmH_2O = 1000kg/m^2$
$1atm = 10.33 \times 1000mmH_2O = 10330kg/m^2$

56 이상기체의 정압비열(C_p)과 정적비열(C_v)에 대한 설명 중 틀린 것은? (단, k는 비열비이고, R은 이상기체 상수이다.)

① 정적비열과 R의 합은 정압비열이다.

② 비열비(k)는 $\dfrac{C_p}{C_v}$ 로 표현된다.

③ 정적비열은 $\dfrac{R}{k-1}$ 로 표현된다.

④ 정압비열은 $\dfrac{k-1}{k}$ 으로 표현된다.

| 해설 |
- 비열비(k) = $\dfrac{C_p}{C_v} > 1$
- $C_p - C_v = A \cdot R$
- $\therefore C_p = \dfrac{k}{k-1} A \cdot R$
- $C_v = \dfrac{1}{k-1} A.R$

C_p : 정압비열(kcal/kg℃)
C_v : 정적비열(kcal/kg℃)
k : 비열비
A : 일의 열당량($\dfrac{1}{427}$ kcal/kg·m)
R : 가스정수($\dfrac{848}{M}$ kcal·m/kg·k)
M : 기체분자량

57 부탄가스의 주된 용도가 아닌 것은?

① 산화에틸렌 제조 ② 자동차 연료
③ 라이터 연료   ④ 에어졸 제조

| 해설 | 산화에틸렌 제조는 에틸렌을 은(Ag)을 촉매로 산화시켜 제조하는 에틸렌 접촉기상 산화법으로 제조한다.

$C_2H_4 + \dfrac{1}{2}O_2 \xrightarrow{Ag} C_2H_4O$

58 LNG의 주성분은?

① 메탄   ② 에탄
③ 프로판   ④ 부탄

| 해설 | LNG 주성분 CH_4(메탄)

59 부양기구의 수소 대체용으로 사용되는 가스는?

① 아르곤   ② 헬륨
③ 질소   ④ 공기

| 해설 | 부양기구에 사용되는 가스는 공기보다 가벼운 He(헬륨) 사용

60 착화원이 있을 때 가연성 액체나 고체의 표면에 연소하한계 농도의 가연성 혼합기가 형성되는 최저온도는?

① 인화온도   ② 임계온도
③ 발화온도   ④ 포화온도

| 해설 |
- 인화점 : 점화원이 있는 상태에서 온도상승으로 점화되는 최저온도
- 착화온도(발화온도) : 점화원 없이 온도상승으로 점화되는 최저온도

| 정답 | 56. ④ 57. ① 58. ① 59. ② 60. ①

2016년 제1회 가스기능사 필기

2016년 1월 24일 시행

01 도시가스배관에 설치하는 희생양극법에 의한 전위측정용 터미널은 몇 m 이내의 간격으로 하여야 하는가?

① 200m ② 300m
③ 500m ④ 600m

| 해설 | 희생양극법 전위측정용 터미널은 300m의 간격으로 설치한다.
외부전원법은 500m이다.

02 저장탱크에 의한 액화석유가스 저장소에서 지상에 노출된 배관을 차량 등으로부터 보호하기 위하여 설치하는 방호철판의 두께는 얼마 이상으로 하여야 하는가?

① 2mm ② 3mm
③ 4mm ④ 5mm

| 해설 | LP가스 지상 노출배관의 방호철판 두께는 4mm 이상으로 하고 방호파이프로 설치하는 경우는 호칭지름 50A 이상으로 한다.

03 특정고압가스 사용시설에서 취급하는 용기의 안전조치 사항으로 틀린 것은?

① 고압가스 충전용기는 항상 40℃ 이하를 유지한다.
② 고압가스 충전용기의 밸브는 서서히 개폐하고 밸브 또는 배관을 가열하는 때에는 열습포나 40℃ 이하의 더운 물을 이용한다.
③ 고압가스 충전용기를 사용한 후에는 폭발을 방지하기 위하여 밸브를 열어 둔다.
④ 용기보관실에 충전용기를 보관하는 경우에는 넘어짐 등으로 충격 및 밸브 등의 손상을 방지하는 조치를 한다.

| 해설 | 가스 충전용기를 사용 후에는 빈 용기의 밸브는 반드시 잠가두어야 한다.

| 정답 | 01. ② 02. ③ 03. ③

04 액화석유가스 자동차에 고정된 용기충전시설에 설치하는 긴급차단장치에 접속하는 배관에 대하여 어떠한 조치를 하도록 되어 있는가?

① 워터햄머가 발생하지 않도록 조치
② 긴급차단에 따른 정전기 등이 발생하지 않도록 하는 조치
③ 체크밸브를 설치하여 과량 공급이 되지 않도록 조치
④ 바이패스 배관을 설치하여 차단성능을 향상시키는 조치

| 해설 | LP가스 충전시설의 긴급차단장치의 접속배관에는 수격작용(워터햄머)이 발생하지 않도록 조치하여야 한다.

05 도시가스 배관 굴착작업시 배관의 보호를 위하여 배관 주위 얼마 이내에는 인력으로 굴착하여야 하는가?

① 0.3m ② 0.6m
③ 1m   ④ 1.5m

| 해설 | 지하 매설 배관의 주위 1m 이내일 때는 인력으로 터파기를 하여야 한다.

06 자연환기설비 설치시 LP가스의 용기 보관실 바닥 면적이 3m²이라면 통풍구의 크기는 몇 cm² 이상으로 하도록 되어 있는가? (단, 철망 등이 부착되어 있지 않은 것으로 간주한다.)

① 500 ② 700
③ 900 ④ 1100

| 해설 | LPG 용기보관실의 자연환기 통풍구의 크기는 바닥면적 1m² 당 300cm²의 크기 비율로 할 것
$$3m^2 \times \left(\frac{300cm^2}{1m^2당}\right) = 900cm^2$$

07 고속도로 휴게소에서 액화석유가스 저장 능력이 얼마를 초과하는 경우에 소형 저장탱크를 설치하여야 하는가?

① 300kg ② 500kg
③ 1000kg ④ 3000kg

| 해설 | 고속도로 휴게소의 LPG 저장능력이 500kg 이상 초과하면 소형저장탱크를 설치할 것

08 특정고압가스 사용시설의 시설기준 및 기술기준으로 틀린 것은?

① 가연성가스의 사용설비에는 정전기 제거 설비를 설치한다.
② 지하에 매설하는 배관에는 전기부식 방지 조치를 한다.
③ 독성가스의 저장설비에는 가스가 누출된 때 이를 흡수 또는 중화할 수 있는 장치를 설치한다.
④ 산소를 사용하는 밸브에는 밸브가 잘 동작 할 수 있는 석유류 및 유지를 주유하여 사용한다.

| 해설 | 산소는 강력한 산화성이 있으므로 산소 밸브에는 유지류 및 석유류가 접촉되지 않도록 한다.

09 고압가스 용기를 취급 또는 보관할 때의 기준으로 옳은 것은?

① 충전용기와 잔가스 용기는 각각 구분하여 용기 보관장소에 놓는다.
② 용기는 항상 60℃ 이하의 온도를 유지한다.
③ 충전용기는 통풍이 잘 되고 직사광선을 받을 수 있는 따스한 곳에 둔다.
④ 용기 보관장소의 주위 5m 이내에는 화기 인화성 물질을 두지 아니한다.

| 해설 | • 용기 보관시 취급 주의 사항
ⓐ 충전용기와 잔가스 용기는 각각 구분하여 보관할 것
ⓑ 가스용기는 40℃ 이하의 온도를 유지할 것
ⓒ 충전용기는 통풍이 잘 되고 직사광선을 받지 않도록 할 것
ⓓ 용기 보관장소 주위 2m 이내에는 화기 및 인화성 물질을 두지 않을 것

10 허용농도가 100만 분의 200 이하인 독성가스 용기 중 내용적이 얼마 미만인 충전용기를 운반하는 차량의 적재함에 대하여 밀폐된 구조로 하여야 하는가?

① 500L   ② 1000L
③ 2000L ④ 3000L

| 해설 | 허용농도 200ppm 이하의 독성가스 용기의 내용적 1000L 미만인 충전용기의 운반차량의 적재함은 밀폐된 구조로 할 것

11 상용압력이 10MPa인 고압설비의 안전밸브 작동압력은 얼마인가?

① 10MPa   ② 12MPa
③ 15MPa   ④ 20MPa

| 해설 | • 고압가스 설비의 안전밸브 작동압력

$$10\text{MPa} \times 1.5\text{배} \times \left(\frac{8}{10}\right) = 12\text{MPa}$$

12 방폭전기 기기 구조별 표시방법 중 "e"의 표시는?

① 안전증방폭구조   ② 내압방폭구조
③ 유입방폭구조   ④ 압력방폭구조

| 해설 | • 방폭전기기기 구조별 표시
ⓐ e : 안전증 방폭구조
ⓑ d : 내압 방폭구조
ⓒ o : 유입 방폭구조
ⓓ p : 압력 방폭구조
ⓔ s : 특수 방폭구조
ⓕ ia 또는 ib : 본질안전 방폭구조

13 다음 중 가연성이면서 독성가스는?

① $CHCLF_2$ ② HCL
③ C_2H_2 ④ HCN

| 해설 | • $CHClF_2$(프레온-22) : 불연성
• HCl(염화수소) : 독성
• C_2H_2(아세틸렌) : 가연성
• HCN(시안화수소) : 독성, 가연성

| 정답 | 09. ① 10. ② 11. ② 12. ① 13. ④

14 고압가스안전관리법의 적용범위에서 제외되는 고압가스가 아닌 것은?

① 35℃의 온도에서 게이지 압력이 4.9MPa 이하인 유니트형 공기압축장치 안의 압축공기
② 15℃의 온도에서 압력이 0Pa을 초과하는 아세틸렌가스
③ 내연기관의 시동, 타이어의 공기 충전 리벳팅, 착암 또는 토목공사에 사용되는 압축장치 안의 고압가스
④ 냉동능력이 3톤 미만인 냉동설비 안의 고압가스

| 해설 | 고압가스 안전관리법의 적용범위에서 제외되는 것은 등화용 아세틸렌이다.
15℃의 온도에서 압력이 0Pa을 초과하는 아세틸렌가스는 법의 적용을 받는다.

15 액화석유가스 집단공급 시설에서 가스설비의 상용압력이 1MPa일 때 이 설비의 내압시험압력은 몇 MPa로 하는가?

① 1 ② 1.25
③ 1.5 ④ 2.0

| 해설 | LP가스 공급설비의 내압시험압력은 상용압력×1.5배이다.
1MPa×1.5배 = 1.5MPa

16 독성가스 충전용기를 차량에 적재할 때의 기준에 대한 설명으로 틀린 것은?

① 운반차량에 세워서 운반한다.
② 차량의 적재함을 초과하여 적재하지 아니한다.
③ 차량의 최대적재량을 초과하여 적재하지 아니한다.
④ 충전용기는 2단 이상으로 겹쳐 쌓아 용기가 서로 이격되지 않도록 한다.

| 해설 | 독성가스를 차량에 적재하여 운반시 용기는 세워서 운반하고 2단으로 겹쳐 쌓아서 운반하지는 않는다.

17 고압가스 특정제조시설에서 선임하여야 하는 안전관리원의 선임 인원 기준은?

① 1명 이상 ② 2명 이상
③ 3명 이상 ④ 5명 이상

| 해설 | 고압가스 특정제조시설에서 안전관리원 선임인원은 2명 이상이고 안전관리 책임자는 1명이다.

18 LPG 충전자가 설치하는 용기의 안전점검기준에서 내용적 얼마 이하의 용기에 대하여 "실내보관 금지" 표시 여부를 확인하여야 하는가?

① 15L ② 20L
③ 30L ④ 50L

| 해설 | LPG 용기의 실내보관 금지표시는 15L 이하의 용기이다.

19 액화석유가스 사용시설의 연소기 설치방법으로 옳지 않은 것은?

① 밀폐형 연소기는 급기구, 배기통과 벽과의 사이에 배기가스가 실내로 들어 올 수 없게 한다.
② 반밀폐형 연소기는 급기구의 배기통을 설치한다.
③ 개방형 연소기를 설치한 실에는 환풍기 또는 환기구를 설치한다.
④ 배기통이 가연성 물질로 된 벽을 통과시에는 금속 등 불연성 재료로 단열조치를 한다.

| 해설 | LPG 사용시설 연소기 설치시 배기통이 가연성 물질의 벽이나 천장 등을 통과시에는 금속외의 불연성재료로 단열조치를 한다.

20 아세틸렌가스 또는 압력이 9.8MPa 이상인 압축가스를 용기에 충전하는 경우 방호벽을 설치하지 않아도 되는 곳은?

① 압축기와 충전장소 사이
② 압축가스 충전장소와 그 가스충전용기 보관장소 사이
③ 압축기와 그 가스충전용기 보관장소 사이
④ 압축가스 운반차량과 충전용기 사이

| 해설 | • 방호벽 설치위치
ⓐ 아세틸렌압축기 또는 100kg/cm² 이상인 압축기와 충전장소 사이
ⓑ 충전용기보관소 사이
ⓒ 충전장소와 용기 보관장소 사이
ⓓ 충진장소와 충전용 주관밸브 사이

21 차량에 고정된 고압가스탱크를 운행할 경우에 휴대하여야 할 서류가 아닌 것은?

① 차량 등록증
② 탱크 테이블(용량 환산표)
③ 고압가스 이동 계획서
④ 탱크 제조 시방서

| 해설 | • 고압가스 탱크 운반차량에 휴대하여야 할 서류
ⓐ 고압가스 이동계획서
ⓑ 고압가스 관련 자격증(양성교육 및 정기교육 이수증)
ⓒ 운전면허증
ⓓ 탱크 테이블(용량 환산표)
ⓔ 차량운행일지
ⓕ 차량등록증
ⓖ 그밖에 필요한 서류

22 고압가스 제조설비에서 기밀시험용으로 사용할 수 없는 것은?

① 산소
② 질소
③ 공기
④ 탄산가스

| 해설 | 가스시설 기밀시험용 가스는 질소, 탄산가스, 공기 등으로 한다.
산소는 폭발우려가 있으므로 사용을 금지한다.

23 고압가스의 용어에 대한 설명으로 틀린 것은?

① 액화가스란 가압, 냉각 등의 방법에 의하여 액체상태로 되어 있는 것으로서 대기압에서의 끓는점이 섭씨 40도 이하 또는 상용의 온도 이하인 것을 말한다.
② 독성가스란 공기 중에 일정량이 존재하는 경우 인체에 유해한 독성을 가진 가스로서 허용농도가 100만 분의 2000 이하인 가스를 말한다.
③ 초저온저장탱크라 함은 섭씨 영하 50도 이하인 액화가스를 저장하기 위한 저장탱크로서 단열재로 씌우거나 냉동설비로 냉각하는 등의 방법으로 저장탱크내의 가스온도가 상용의 온도를 초과하지 아니하도록 한 것을 말한다.
④ 가연성가스라 함은 공기 중에서 연소하는 가스로서 폭발한계의 하한이 10% 이하인 것과 폭발한계의 상한과 하한의 차가 20% 이상인 것을 말한다.

| 해설 | 독성가스는 인체에 유해한 독성을 가진 가스로서 허용농도가 100만 분의 200 이하(200ppm)인 가스를 말한다.

24 도시가스에 대한 설명 중 틀린 것은?

① 국내에서 공급하는 대부분의 도시가스는 메탄을 주성분으로 하는 천연가스이다.
② 도시가스는 주로 배관을 통하여 수요가에게 공급한다.
③ 도시가스 원료로 LPG를 사용할 수 있다.
④ 도시가스는 공기와 혼합만되면 폭발한다.

| 해설 | • 도시가스 공기혼합의 공급 목적
　　　ⓐ 액화 방지
　　　ⓑ 발열량 조절
　　　ⓒ 누설시 손실감소
　　　ⓓ 연소효율의 증대

25 액화석유가스의 용기보관소 시설기준으로 틀린 것은?

① 용기보관실은 사무실과 구분하여 동일부지에 설치한다.
② 저장설비는 용기 집합식으로 한다.
③ 용기보관실은 불연재료를 사용한다.
④ 용기보관실 창의 유리는 망입유리 또는 안전유리로 한다.

| 해설 | • LPG용기 보관소 시설기준 및 기술기준
　　　ⓐ 용기보관실은 사무실과 구분하여 동일 부지 내에 구분하여 설치하되 용기보관실의 면적은 19m² 사무실은 9m² 이상으로 할 것
　　　ⓑ 용기보관실의 벽은 방호벽 기준에 적합하고 불연재료 또는 난연성재료를 사용한 가벼운 지붕을 설치할 것
　　　ⓒ 용기보관실 창의 유리는 망입유리 또는 안전유리로 한다.
　　　ⓓ 용기는 2단으로 쌓지 않도록 한다. 단 내용적 30L 미만의 용접용기는 2단으로 쌓을 수 있다.

26 일반도시가스 공급시설에 설치하는 정압기의 분해점검 주기는?

① 1년에 1회 이상
② 2년에 1회 이상
③ 3년에 1회 이상
④ 1주일에 1회 이상

| 해설 | 일반도시가스 공급시설의 정압기 분해점검은 2년에 1회 이상 실시한다.

| 정답 | 23. ②　24. ④　25. ②　26. ②

27 액화석유가스 자동차에 고정된 용기충전시설에 게시한 "화기엄금"이라 표시한 게시판의 색상은?

① 황색바탕에 흑색글씨
② 흑색바탕에 황색글씨
③ 백색바탕에 적색글씨
④ 적색바탕에 백색글씨

| 해설 | LPG 자동차 충전시설의 화기엄금 표시 게시판 색상은 백색바탕에 적색 글씨로 한다.

28 가스제조시설에 설치하는 방호벽의 규격으로 옳은 것은?

① 박강판벽으로 두께 3.2mm 이상 높이 3m 이상
② 후강판벽으로 두께 10mm 이상 높이 3m 이상
③ 철근콘크리트벽으로 두께 12cm 이상 높이 2m 이상
④ 철근콘크리트 블록 벽으로 두께 20cm 이상 높이 2m 이상

| 해설 | • 방호벽 기준
ⓐ 박강판 벽으로 두께 3.2mm 이상 높이 2m 이상
ⓑ 후강판 벽으로 두께 6mm 이상 높이 2m 이상
ⓒ 철근콘크리트 벽으로 두께 12cm 이상 높이 2m 이상
ⓓ 철근콘크리트 블록벽으로 두께 15cm 이상 높이 2m 이상

29 도시가스배관에는 도시가스를 사용하는 배관임을 명확하게 식별할 수 있도록 표시를 한다. 다음 중 그 표시방법에 대한 설명으로 옳은 것은?

① 지상에 설치하는 배관 외부에는 사용 가스명, 최고사용 압력 및 가스의 흐름방향을 표시한다.
② 매설배관의 표면색상은 최고사용압력이 저압인 경우에는 녹색으로 도색한다.
③ 매설배관의 표면색상은 최고사용압력이 중압인 경우에는 황색으로 도색한다.
④ 지상배관의 표면색상은 백색으로 도색한다. 다만 흑색으로 2중띠를 표시한 경우 백색으로 하지 않아도 된다.

| 해설 | • 도시가스 배관 표시방법
ⓐ 지상배관 외부에는 사용가스명, 최고사용 압력, 가스흐름방향 등을 표시한다.
ⓑ 매설 배관 중고압 : 적색, 저압 : 황색
ⓒ 지상배관은 지상 1m 높이에 황색으로 2중띠를 표시하여 가스배관임을 표시하고 도색은 자유롭게 한다.

30 다음 가스중 독성(LC_{50})이 가장 강한 것은?

① 암모니아 ② 디메틸아민
③ 브롬화메탄 ④ 아크릴로니트릴

| 해설 | LC_{50}은 치사농도를 나타내는 지수로서 노출된 동물의 50%가 사망하는 농도이다.
• 암모니아 : LC_{50} : 7338
• 디메틸아민 : LC_{50} : 11100
• 브롬화메탄 : LC_{50} : 850
• 아크릴로니트릴 : LC_{50} : 666

31 암모니아를 사용하는 고온 고압가스장치의 재료로 가장 적당한 것은?

① 동
② PVC 코팅강
③ 알루미늄합금
④ 18-8스테인리스강

| 해설 | 고온고압의 암모니아가스 장치재료로는 18-8 스텐레스강이 적합하다.

32 다단왕복동압축기의 중간단의 토출 온도가 상승하는 주된 원인이 아닌 것은?

① 압축비 감소
② 토출밸브 불량에 의한 역류
③ 흡입밸브 불량에 의한 고온가스 흡입
④ 전단쿨러 불량에 의한 고온가스 흡입

| 해설 | • 중간단의 토출가스온도의 상승원인
  ⓐ 전단의 냉각기 불량으로 인한 고온가스 흡입
  ⓑ 토출밸브 불량에 의한 압축가스의 역류
  ⓒ 흡입밸브 불량에 의한 고온가스의 흡입
  ⓓ 압축비 상승으로 인한 온도 상승

33 오스테나이트계 스테인리스강에 대한 설명으로 틀린 것은?

① Fe, Cr, Ni 합금이다.
② 내식성이 우수하다.
③ 강한 자성을 갖는다.
④ 18-8 스테인리스강이 대표적이다.

| 해설 | 오스테나이트계 스텐레스강은 18-8 스텐레스강의 대표적으로 니켈과 크롬의 합금강이며 자성을 띠지 않는다.

34 LP가스 사용시의 주의사항으로 틀린 것은?

① 용기밸브, 콕 등은 신속하게 열 것
② 연소기구 주위에 가연물을 두지말 것
③ 가스 누출 유무를 냄새 등으로 확인할 것
④ 고무호스의 노화, 갈라짐 등은 항상 점검할 것

| 해설 | • LPG 사용시 주의사항
  ⓐ 연소기 주위에 가연물을 두지말 것
  ⓑ 호스의 노화, 갈라짐 등을 항상 점검을 할 것
  ⓒ 가스 누출 유무를 취기로 확인할 것
  ⓓ 용기 밸브 콕 등은 서서히 열 것

35 오리피스 유량계의 특징에 대한 설명으로 옳은 것은?

① 내구성이 좋다.
② 저압, 저유량에 적당하다.
③ 유체의 압력손실이 크다.
④ 협소한 장소에는 설치가 어렵다.

| 해설 | • 오리피스 유량계 특징
  ⓐ 구조가 간단하여 제작이나 장착이 용이하다.
  ⓑ 좁은 장소에 설치가 가능하다.
  ⓒ 유량계수의 신뢰도가 크나 유체의 압력손실이 크다.
  ⓓ 베르누이 정리를 이용한 차압식 유량계이다.
  ⓔ 침전물의 생성 우려가 있다.

| 정답 | 31. ④ 32. ① 33. ③ 34. ① 35. ③

36 원심펌프 양정과 회전속도의 관계는? (N_1 : 처음 회전수 N_2 : 변화된 회전수)

① $\dfrac{N_2}{N_1}$ ② $\left(\dfrac{N_2}{N_1}\right)^2$

③ $\left(\dfrac{N_2}{N_1}\right)^3$ ④ $\left(\dfrac{N_2}{N_1}\right)^5$

| 해설 | • 펌프의 회전수 변경시

ⓐ 유량 = $\left(\dfrac{변경\ 회전수}{처음\ 회전수}\right)^1$

ⓑ 양정 = $\left(\dfrac{변경\ 회전수}{처음\ 회전수}\right)^2$

ⓒ 동력 = $\left(\dfrac{변경\ 회전수}{처음\ 회전수}\right)^3$

37 가스보일러의 본체에 표시된 가스소비량이 100,000kal/h이고 버너에 표시된 가스소비량이 120,000kal/h일 때 도시가스 소비량 산정은 얼마를 기준으로 하는가?

① 100,000kal/h   ② 105,000kal/h
③ 110,000kal/h   ④ 120,000kal/h

| 해설 | 가스소비량 산정에서 버너는 보일러 본체에 부착되어진 것으로서 보일러 본체의 소비량으로 산정한다.

38 다음 다공도를 측정할 때 사용되는 식은? (V : 다공물질의 용적 E : 아세톤 침윤 잔용적)

① 다공도 = $\dfrac{V}{V-E}$

② 다공도 = $\dfrac{(V-E)\times 100}{V}$

③ 다공도 = $(V+E)\times V$

④ 다공도 = $\dfrac{(V+E)\times V}{100}$

| 해설 | 다공도(%) = $\dfrac{다공물질의\ 용적 - 아세톤침윤\ 잔용적}{다공물질의\ 용적} \times 100$

39 공기액화분리장치의 부산물로 얻어지는 아르곤가스는 불활성가스이다. 아르곤의 원자가는?

① 0   ② 1
③ 3   ④ 8

| 해설 | 아르곤은 주기율표상 0족 기체로 원자가는 0이다.

40 공기액화분리장치의 내부를 세척하고자 할 때 세정액으로 가장 적당한 것은?

① 염산(HCL)
② 가성소다(NaOH)
③ 사염화탄소(CCL_4)
④ 탄산나트륨(Na_2CO_3)

| 해설 | 공기 액화 분리장치의 유지류 세정제로는 CCL_4(사염화탄소)가 사용된다

| 정답 | 36. ② 37. ① 38. ② 39. ① 40. ③

41 조정압력이 2.8kPa인 액화석유가스 압력조정기의 안전장치 작동표준압력은?

① 5.0kPa ② 6.0kPa
③ 7.0kPa ④ 8.0kPa

| 해설 | • 압력조정기의 안전장치 작동압력
　　　ⓐ 작동표준압력 : 7kpa
　　　ⓑ 작동개시압력 : 5.6 ~ 8.4kpa
　　　ⓒ 작동정지압력 : 5.04 ~ 8.4kpa

42 수은을 이용한 U자관 압력계에서 액주 높이(h) 600mm 대기압(P_1)은 1kg/cm²일 때 P_2는 약 몇 kg/cm²인가?

① 0.22 ② 0.92
③ 1.82 ④ 9.16

| 해설 | $P_2 = \left\{ \dfrac{600mmHg}{760mmHg} \times 1.033 kg/cm^2 \right\}$
　　　$+ 1kg/cm^2 = 1.82kg/cm^2$

43 로터미터는 어떤 형식의 유량계인가?

① 차압식 ② 터빈식
③ 회전식 ④ 면적식

| 해설 | 로터미터는 면적식 유량계에 속한다.

44 가스 유량 2.03kg/h, 관의 내경 1.61cm, 길이 20m의 직관에서의 압력손실은 약 몇 mm 수주인가? (단, 온도 15°C에서 비중 1.58, 밀도 2.04kg/m³, 유량계수 0.436이다.)

① 11.4 ② 14.0
③ 15.2 ④ 17.5

| 해설 | • 유량
$$\dfrac{2.03 kg/h}{2.04 kg/m^3} = 0.995 m^3/h$$
• 압력손실
$$H = \left(\dfrac{Q^2 \cdot S \cdot L}{K^2 \cdot D^5} \right) = \dfrac{(0.995)^2 \times 1.58 \times 20}{(0.4362)^2 \times (1.61)^5}$$
$$= 15.21$$

45 LP가스의 자동교체식 조정기 설치시 장점에 대한 설명 중 틀린 것은?

① 도관의 압력손실을 작게 해야 한다.
② 용기 숫자가 수동식 보다 적어도 된다.
③ 용기교환주기의 폭을 넓힐 수 있다.
④ 잔액이 거의 없어질 때까지 소비가 가능하다.

| 해설 | • 자동교체식 조정기 설치시 이점
　　　ⓐ 용기의 교환주기의 폭을 넓힐 수 있다.
　　　ⓑ 잔액이 거의 없어질 때까지 소비된다.
　　　ⓒ 전체용기 수량이 수동교체식의 경우 보다 작아도 된다.
　　　ⓓ 자동절체식 분리형을 사용할 경우 1단 감압식에 비해 압력손실을 크게 해도 된다.

| 정답 | 41. ③ 42. ③ 43. ④ 44. ③ 45. ①

46 다음 중 1MPa과 같은 것은?

① $10N/cm^2$
② $100N/cm^2$
③ $1000N/cm^2$
④ $10000N/cm^2$

| 해설 | $1Pa = N/cm^2$
$1MPa = 1000,000pa = 10000,000N/m^2$
$= 100N/cm^2$
∴ $1MPa = 100N/cm^2$

47 대기압 하에서 다음 각 물질별 온도를 바르게 나타낸 것은?

① 물의 동결점 : $-273K$
② 질소 비등점 : $-183℃$
③ 물의 동결점 : $32F$
④ 산소 비등점 : $-196℃$

| 해설 | • 질소비점 : $-196℃$
• 산소비점 : $-183℃$
• 물의 동결점 : $32℉$ 또는 $273K$

48 진공도 200mmHg는 절대압력으로 약 몇 kg/cm abs인가?

① 0.76
② 0.80
② 0.94
④ 1.03

| 해설 | $\left(1 - \dfrac{200}{760}\right) \times 1.0332 kg/cm^2 = 0.76 kg/cm^2$

49 랭킨온도가 420R 일 경우 섭씨온도로 환산한 값으로 옳은 것은?

① $-30℃$
② $-40℃$
③ $-50℃$
④ $-60℃$

| 해설 | $420R - 460 = -40℉$
$\dfrac{5}{9} \times (-40℉) - 32 = -39.99℃$

50 임계온도에 대한 설명으로 옳은 것은?

① 기체를 액화할 수 있는 절대온도
② 기체를 액화할 수 있는 평균온도
③ 기체를 액화할 수 있는 최저의 온도
④ 기체를 액화할 수 있는 최고의 온도

| 해설 | • 임계온도 : 기체를 액화시킬 수 있는 최고의 온도
• 임계압력 : 기체를 액화시킬 수 있는 최저의 압력

51 LNG의 특징에 대한 설명 중 틀린 것은?

① 냉열을 이용할 수 있다.
② 천연에서 산출한 천연가스를 약 $-162℃$까지 냉각하여 액화시킨 것이다.
③ LNG는 도시가스 발전용 이외의 일반 공업용으로도 사용된다.
④ LNG로부터 기화한 가스는 부탄이 주성분이다.

| 해설 | LNG 주성분은 메탄(CH_4)이다.

52 포화온도에 대하여 가장 잘 나타낸 것은?

① 액체가 증발하기 시작할 때의 온도
② 액체가 증발현상 없이 기체로 변하기 시작 할 때의 온도
③ 액체가 증발하여 어떤 용기 안이 증기로 꽉차 있을 때의 온도
④ 액체와 증기가 공존할 때 그 압력에 상당한 일정한 값의 온도

| 해설 | • 포화온도
액체와 증기가 공존할 때 그 압력에 상당하는 일정 값의 온도를 말한다.

| 정답 | 46. ② 47. ③ 48. ① 49. ② 50. ④ 51. ④ 52. ④

53 도시가스의 제조공정이 아닌 것은?

① 열분해공정　② 접촉분해공정
③ 수소화분해공정　④ 상압증류공정

| 해설 | • 도시가스 제조 공정
　　　　ⓐ 열분해 공정
　　　　ⓑ 접촉분해(수증기 개질) 공정
　　　　ⓒ 부분연소 공정
　　　　ⓓ 수소화분해 공정
　　　　ⓔ 대체천연가스 공정(합성천연가스 공정)

54 다음 각 가스의 특성에 대한 설명으로 틀린 것은?

① 수소는 고온, 고압에서 탄소강과 반응하여 수소취성을 일으킨다.
② 산소는 공기액화분리장치를 통해 제조하며 질소와 분리시 비등점차를 이용한다.
③ 일산화탄소는 담황색의 무취 기체로 허용농도는 TLV-TWA기준으로 50ppm이다.
④ 암모니아는 붉은 리트머스를 푸르게 변화시키는 성질을 이용하여 검출할 수 있다.

| 해설 | 일산화탄소는 무색, 무취의 기체로 가연성이며 독성가스로 50ppm이다.
철, 니켈, 코발트와 반응해서 금속카아보닐을 생성한다.

55 다음 중 압력단위로 사용하지 않는 것은?

① kg/cm^2　② Pa
③ mmH_2O　④ kg/m^3

| 해설 | • 압력의 단위
　　　　$1atm = 1.033 kg/cm^2 = 101.3 \times 10^3 Pa$
　　　　　　　$= 10.33 \times 10^3 mmH_2O$

56 다음 중 엔트로피의 단위는?

① $kcal/h$　② $kcal/kg$
③ $kcal/kg \cdot m$　④ $kcal/kg \cdot K$

| 해설 | • 엔트로피 : $kcal/kg \cdot K$
　　　　• 엔탈피 : $kcal/kg$

57 다음 중 압축가스에 속하는 것은?

① 산소　② 염소
③ 탄산가스　④ 암모니아

| 해설 | • 산소는 비점이 -183℃로 매우 낮기 때문에 일반적으로 이음매없는 용기에 기체상태로 압축해서 고압의 압축가스로 취급되어진다.
　　　　• 액체 산소는 초저온 용기에 충전하여 액화가스로 취급되어진다.
　　　　• 염소, 탄산가스, 암모니아는 액화가스로 취급된다.

58 불꽃의 끝이 적황색으로 연소하는 현상을 의미하는 것은?

① 리프트　② 옐로우팁
③ 캐비테이션　④ 워터햄머

| 해설 | • 옐루우 팁(황염)
　　　　연료의 산화반응시 완전연소 되지 않은 상태에서 화염의 선단이 적황색을 띠게 된다.

59 20℃의 물 50kg을 90℃로 올리기 위해 LPG를 사용하였다면 이 때 필요한 LPG의 양은 몇 kg인가? (LPG 발열량은 10000kal/kg이고 열효율은 50%이다.)

① 0.5   ② 0.6
③ 0.7   ④ 0.8

| 해설 | $\dfrac{50kg \times 1kal/kg℃ \times (90-20℃)}{10000kal/kg \times 0.5 \times 연료량}$

연료량 = 0.7kg

60 암모니아에 대한 설명 중 틀린 것은?

① 물에 잘 녹는다.
② 무색, 무취의 가스이다.
③ 비료의 제조에 이용된다.
④ 암모니아가 분해하면 질소와 수소가 된다.

| 해설 | • 암모니아 특성
ⓐ 무색의 자극성 취기를 띠는 가스이다.
ⓑ 물에 잘 녹는다.
ⓒ 독성이며 가연성이다.
ⓓ 증발잠열이 커서 냉매로 쓰인다.(증발잠열 313kal/L)
ⓔ 비료 및 의약품 제조 등에 쓰인다.

2016년 제2회 가스기능사 필기

2016년 4월 2일 시행

01 다음 중 전기설비 방폭구조 종류가 아닌 것은?

① 접지방폭구조   ② 유입방폭구조
③ 압력방폭구조   ④ 안전증방폭구조

| 해설 | • 방폭구조의 종류
ⓐ 유입 방폭구조
ⓑ 압력 방폭구조
ⓒ 안전증 방폭구조
ⓓ 내압 방폭구조
ⓔ 특수 방폭구조
ⓕ 본질안전 방폭구조

02 다음 중 특정고압가스에 해당되지 않는 것은?

① 이산화탄소   ② 수소
③ 산소   ④ 천연가스

| 해설 | • 특정고압가스
수소, 산소, 천연가스, 아세틸렌, 액화암모니아, 액화염소, 포스핀, 셀렌화수소, 게르만, 디실란, 오불화비소, 오불화인, 삼불화인, 삼불화질소, 삼불화붕소, 사불화유황 사불화규소, 압축모노실란, 압축디보레인, 액화알진
• 특수고압가스
디보레인, 알진, 실란, 포스핀, 셀렌화수소, 게르만, 디실란

03 내부 용적이 25000L인 액화산소의 저장탱크의 저장능력은 얼마인가? (비중 1.14)

① 21930kg   ② 24780kg
③ 25650kg   ④ 28500kg

| 해설 | • 액화산소 저장능력 계산식
$W = 0.9 \times d \times v$
$= 0.9 \times 1.14 \times 25000$
$= 25,650Kg$

04 배관의 설치 방법으로 산소 또는 천연메탄을 수송하기 위한 배관과 이에 접속하는 압축기와의 사이에 반드시 설치하여야 하는 것은?

① 방파판   ② 솔레노이드
③ 수취기   ④ 안전밸브

| 해설 | 산소, 천연메탄 수송배관과 압축기 사이의 배관에는 드레인세퍼레이터(수취기)를 설치한다.

| 정답 | 01. ①   02. ①   03. ③   04. ③

05 공정에 존재하는 위험요소와 비록 위험하지는 않더라도 공정의 효율을 떨어뜨릴 수 있는 운전상의 문제를 파악하기 위한 안전성 평가 기법은?

① 안전성 검토(Safety Review) 기법
② 예비위험성 평가(Preliminary Hazard Analysis) 기법
③ 사고예상 질문(What If Analysis) 기법
④ 위험과 운전분석(HAZOP) 기법

| 해설 | • 안정성 평가기법
- 안전성 검토(Safety Review) : 2~3명의 기술자가 준비한 공정에 관한 여러 가지 정보 또는 공정을 직접 돌아보며 토론을 통하여 공정 중에 숨어있는 위험성을 찾아내는 기법으로 HAZOP에 비하여 덜 형식적인 기법이다.
이 기술은 주로 운전 중인 공장에 적용되며 파일럿 플랜트나 연구실, 저장설비, 지원설비 등에도 적용될 수 있다.
- 예비 위험성 분석(PHA, Preliminary Hazard Analysis) : 시스템의 위험분석을 하기 전에 예비적인 작업으로, 공정의 위험부분을 열거하고 그 사고 빈도와 심각성에 대해 토의하여 결정하는 기법을 말한다.
- 위험 및 운전성 검토(HAZOP, Hazard and Operability) : Hazard and Operability의 약자로 공정의 위험을 정성적으로 평가하는 기법이다. 주로 Task Force 팀으로 구성되어, HAZOP Manager, 공정, 기계, 계장, 설계, 운전담당자, 간사 등에 의해 주로 실시되고, 기본설계, 상세설계, 운전 중, Decommissioning시에도 사용되며, 방법은 플랜트를 노드(node, 탑조류)별로 구분하고 키워드 항목별로 키워드의 고저에 따라 safety guard 및 위험등급별로 HAZOP Sheet에 기록하여 각 노드별 위험등급을 여러 등급으로 나누는 방법으로 한다.

06 다음 특정설비 중 재검사 대상인 것은?

① 역화방지창치
② 차량에 고정된 탱크
③ 독성가스 배관용 밸브
④ 자동차용 가스 자동 주입기

| 해설 | • 특정설비
저장탱크, 차량에 고정된 탱크, 안전밸브, 긴급차단장치, 기화장치, 자동차용 가스자동주입기, 역화방지장치, 압력용기, 독성가스 배관용 밸브
• 특정설비 재검사 대상
- 차량에 고정된 탱크
- 저장탱크
- 안전밸브 및 긴급차단장치
- 기화장치
- 압력용기

07 독성가스외의 고압가스 충전 용기를 차량에 적재하여 운반할 때 부착하는 경계표지에 대한 내용으로 옳은 것은?

① 적색글씨로 "위험 고압가스"라고 표시
② 황색글씨로 "위험 고압가스"라고 표시
③ 적색글씨로 "주의 고압가스"라고 표시
④ 황색글씨로 "주의 고압가스"라고 표시

| 해설 | • 고압가스 충전용기 운반차량 경계표지
• 황색바탕에 적색글씨로 위험 고압가스 표시

| 정답 | 05. ④ 06. ② 07. ①

08 LP 가스설비를 수리할 때 내부의 LP가스를 질소 또는 물로 치환하고, 치환에 사용된 가스나 액체를 공기로 재치환하여야 하는데, 이 때 공기에 의한 재치환 결과가 산소농도 측정기로 측정하여 산소 농도가 얼마의 범위 내에 있을 때까지 공기로 재치환하여야 하는가?

① 4 ~ 6% ② 7 ~ 11%
③ 12 ~ 16% ④ 18 ~ 22%

| 해설 | LP가스 설비내 공기 치환시 산소농도는 18 ~ 22% 이하일 것

09 고압가스 특정제조시설 중 도로 밑에 매설하는 배관의 기준에 대한 설명으로 틀린 것은?

① 시가지의 도로 밑에 배관을 설치하는 경우에는 보호판을 배관의 정상부로부터 30cm 이상 떨어진 그 배관의 직상부에 설치한다.
② 배관은 그 외면으로부터 도로의 경계와 수평거리로 1m 이상을 유지한다.
③ 배관은 원칙적으로 자동차 등의 하중의 영향이 적은 곳에 매설한다.
④ 배관은 그 외면으로부터 도로 밑의 다른 시설물과 60cm 이상의 거리를 유지한다.

| 해설 | 매설배관과 타시설물과의 이격거리는 0.3m 이상일 것

10 공기보다 비중이 가벼운 도시가스의 공급시설로서 공급시설이 지하에 설치된 경우의 통풍구조의 기준으로 틀린 것은?

① 통풍구조는 환기구를 2방향 이상 분산하여 설치한다.
② 배기구는 천장면으로 부터 30cm 이내에 설치한다.
③ 흡입구 및 배기구의 관경은 500mm 이상으로 하되, 통풍이 양호하도록 한다.
④ 배기가스 방출구는 지면에서 3m 이상의 높이에 설치하되, 화기가 없는 안전한 장소에 설치한다.

| 해설 | 지하에 설치된 도시가스 공급설비의 흡입구 및 배기구의 관경은 100mm 이상일 것

11 다음 중 폭발한계의 범위가 가장 좁은 것은?

① 프로판 ② 암모니아
③ 수소 ④ 아세틸렌

| 해설 | • 각 가스의 폭발 범위
ⓐ 프로판 : 2.1 ~ 9.5%
ⓑ 암모니아 : 15 ~ 28%
ⓒ 수소 : 4 ~ 75%
ⓓ 아세틸렌 : 2.5 ~ 81%

12 도시가스 사용시설에서 정한 액화가스란 상용의 온도 또는 섭씨 35도의 온도에서 압력이 얼마 이상이 되는 것을 말하는가?

① 0.1MPa ② 0.2MPa
③ 0.5MPa ④ 1MPa

| 해설 | 도시가스 사용시설의 액화가스란 압력이 0.2MPa 이상(상용의 온도 또는 35℃의 온도에서)

| 정답 | 08. ④ 09. ④ 10. ③ 11. ① 12. ②

13 염소가스 저장탱크의 과충전 방지장치는 가스 충전량이 저장탱크 내용적의 몇 %를 초과할 때 가스충전이 되지 않도록 동작하는가?

① 60% ② 80%
③ 90% ④ 95%

해설 | 액화가스 과충전방지 장치는 충전시 내용적이 90% 이상 초과되지 않도록 작동한다.

14 도시가스사고의 사고 유형이 아닌 것은?

① 시설 부식 ② 시설 부적합
③ 보호포 설치 ④ 연결부 이완

해설 | 도시가스 매설배관에서 보호포 설치는 사고 발생유형과는 관계가 없다.

15 가연성가스 저온저장탱크 내부의 압력이 외부의 압력보다 낮아져 저장탱크가 파괴되는 것을 방지하기 위한 조치로서 갖추어야 할 설비가 아닌 것은?

① 압력계 ② 압력 경보설비
③ 정전기 제거설비 ④ 진공 안전밸브

해설 | 초저온 또는 저온저장탱크에서 외부 압력보다 낮아져서 탱크가 파괴되는 것을 방지하는 장치는 진공안전밸브이며 압력경보설비나 압력계 또한 포함된다. 정전기 제거설비는 해당이 없다.

16 일반 도시가스 배관 중 중압 이하의 배관과 고압배관을 매설하는 경우 서로간의 거리를 몇 m 이상을 유지해야 하는가?

① 1 ② 2
③ 3 ④ 5

해설 | 중압배관과 고압배관 매설시 이격거리는 2m 이상일 것

17 초저온 용기의 단열 성능시험용 저온 액화가스가 아닌 것은?

① 액화아르곤 ② 액화산소
③ 액화공기 ④ 액화질소

해설 | • 초저온 용기 단열성능시험가스
ⓐ 액화 질소(-196℃)
ⓑ 액화 산소(-183℃)
ⓒ 액화 알곤(-186℃)

18 고압가스 판매소의 시설기준에 대한 설명으로 틀린 것은?

① 충전용기의 보관실은 불연재료를 사용한다.
② 가연성가스·산소 및 독성가스의 저장실은 각각 구분하여 설치한다.
③ 용기보관실 및 사무실은 부지를 구분하여 설치한다.
④ 산소, 독성가스 또는 가연성가스를 보관하는 용기보관실의 면적은 각 고압가스별로 $10m^2$ 이상으로 한다.

해설 | 가스판매소 시설기준에서 용기보관실과 사무실은 부지를 구분해서 설치하지 않는다.

정답 | 13. ③ 14. ③ 15. ③ 16. ② 17. ③ 18. ③

19 운전 중 인 액화석유가스 충전설비의 작동상황에 대하여 주기적으로 점검하여야 한다. 점검주기는?

① 1일에 1회 이상   ② 1주일에 1회 이상
③ 3월에 1회 이상   ④ 6월에 1회 이상

| 해설 | LPG 충전설비 작동상황은 점검은 1일 1회 이상 한다.

20 재검사용기 및 특정설비의 파기방법으로 틀린 것은?

① 잔 가스를 전부 제거한 후 절단한다.
② 절단 등의 방법으로 파기하여 원형으로 가공할 수 없도록 한다.
③ 파기 시에는 검사 장소에서 검사원 입회 하에 사용자가 실시할 수 있다.
④ 파기 물품은 검사 신청인이 인수시한 내에 인수하지 아니한 때도 검사인이 임의로 매각 처분하면 안된다.

| 해설 | 파기된 용기 및 특정설비 물품은 인수시한 내에 인수치 않으면 검사기관으로 하여금 임의로 매각처분하게 한다.

21 도시가스배관이 굴착으로 20m 이상이 노출되어 누출가스가 체류하기 쉬운 장소일 때 가스누출경보기는 몇 m 마다 설치해야 하는가?

① 5   ② 10
③ 20   ④ 30

| 해설 | 도시가스 매설배관 노출시 누출경보기는 20m 마다 설치할 것

22 시안화수소의 중합폭발을 방지하기 위하여 주로 사용할 수 있는 안정제는?

① 탄산가스   ② 황산
③ 질소   ④ 일산화탄소

| 해설 | • 시안화수소 안정제
황산, 아황산

23 고압가스 용접용기 동체의 내경은 약 몇 mm인가?

• 동체두께 : 2mm
• 최고충전압력 : 2.5MPa
• 인장강도 : 480N/mm^2
• 부식여유 : 0
• 용접효율 : 1

① 194mm   ② 294mm
③ 660mm   ④ 760mm

| 해설 | • 용접용기 동체 내경

동판 $t = (\frac{P \cdot D}{200Sn - 1.2P}) + C$

$D = 200Sn - 1.2P \times \frac{t}{P}$

$(C = 0)$

$D = \{200 \times \frac{480}{9.8 \times 4} kg/mm^2\}$
$\quad - \{1.2 \times 2.5 \times 10 kg/cm^2\}$
$\quad \times \frac{2}{(2.5 \times 10 kg/cm^2)}$

$= 193.5m$

$S = 안전율 = \frac{인장강도}{4}$

| 정답 | 19. ① 20. ④ 21. ③ 22. ② 23. ①

24 고압가스관련법에서 사용되는 용어의 정의에 대한 설명 중 틀린 것은?

① 가연성가스라 함은 공기 중에서 연소하는 가스로서 폭발한계의 하한이 10% 이하인 것과 폭발한계의 상한과 하한의 차가 20% 이상인 것을 말한다.
② 독성가스라 함은 인체에 유해한 독성을 가진 가스로서 허용농도가 100만 분의 100 이하인 것을 말한다.
③ 액화가스라 함은 가압·냉각 등의 방법에 의하여 액체 상태로 되어 있는 것으로서 대기압에서의 비점이 섭씨 40도 이하 또는 상용의 온도 이하인 것을 말한다.
④ 초저온저장탱크라 함은 섭씨 영하 50도 이하의 저장탱크로서 단열재로 피복하거나 냉동설비로 냉각하는 등의 방법으로 저장탱크 내의 가스온도가 상용의 온도를 초과하지 아니하도록 한 것을 말한다.

| 해설 | 독성가스라 함은 허용농도 100만 분의 200 이하인 것을 말한다.

25 다음 고압가스 압축작업 중 작업을 즉시 중단해야 하는 경우인 것은?

① 산소 중의 아세틸렌, 에틸렌 및 수소의 용량합계가 전체 용량의 2% 이상인 것
② 아세틸렌 중의 산소용량이 전체 용량의 1% 이하의 것
③ 산소 중의 가연성가스(아세틸렌, 에틸렌 및 수소를 제외한다)의 용량이 전체 용량의 2% 이하의 것
④ 시안화수소 중의 산소용량이 전체 용량의 2% 이상의 것

| 해설 | • 고압가스 혼합 압축금지
ⓐ 가연성가스 중의 산소 농도가 4% 이상 시
ⓑ 산소 중의 가연성가스 농도가 4% 이상 시
ⓒ 수소, 에틸렌, 아세틸렌 중의 산소농도가 2% 이상 시
ⓓ 산소 중의 수소, 에틸렌, 아세틸렌 의 농도가 2% 이상 시

26 다음 중 가스사고를 분류하는 일반적인 방법이 아닌 것은?

① 원인에 따른 분류
② 사용처에 따른 분류
③ 사고형태에 따른 분류
④ 사용자의 연령에 따른 분류

| 해설 | 사고분류 방법에서 사용자 연령에 따른 분류는 하지 않는다.

27 고압가스 저장시설에 설치하는 방류둑에는 계단, 사다리 또는 토사를 높이 쌓아올림 등에 의한 출입구를 둘레 몇 m 마다 1개 이상을 두어야 하는가?

① 30 ② 50
③ 75 ④ 100

| 해설 | 방류둑 둘레 길이는 50m 마다 계단 또는 사다리를 설치한다.

28 LPG 용기 및 저장탱크에 주로 사용되는 안전밸브의 형식은?

① 가용전식   ② 파열판식
③ 중추식   ④ 스프링식

| 해설 | LPG용기나 저장탱크에 사용되는 안전밸브는 스프링식이 사용된다.

| 정답 | 24. ② 25. ① 26. ④ 27. ② 28. ④

29 가스 충전용기 운반 시 동일 차량에 적재할 수 없는 것은?

① 염소와 아세틸렌
② 질소와 아세틸렌
③ 프로판과 아세틸렌
④ 염소와 산소

| 해설 | 염소와 아세틸렌, 암모니아 또는 수소는 동일차량에 적재 금지 할 것

30 다음 괄호 안에 들어갈 수 있는 경우로 옳지 않은 것은?

> 액화천연가스의 저장설비와 처리설비는 그 외면으로부터 사업소 경계까지 일정규모 이상의 안전거리를 유지하여야 한다. 이 때 사업소 경계가 ( )의 경우에는 이들의 반대편 끝을 경계로 보고 있다.

① 산   ② 호수
③ 하천   ④ 바다

| 해설 | 액화천연가스의 저장설비와 처리설비는 그 외면으로부터 사업소경계까지 일정 규모 이상의 안전거리를 유지하여야 한다.
이때 사업소 경계가 (산)의 경우에는 이들 반대편 끝을 경계로 보고 있다.

31 비중이 0.5인 LPG를 제조하는 공장에서 1일 10만L를 생산하여 24시간 정치 후 모두 산업현장으로 보낸다. 이 회사에서 생산하는 LPG를 저장하려면 저장용량이 5톤은 저장탱크 몇 개를 설치해야 하는가?

① 2   ② 5
③ 7   ④ 10

| 해설 | 0.5kg/L × 100,000L = 50,000kg

용기 본수는 $\dfrac{50,000kg}{(5 \times 1000kg)}$ = 10개

32 고압용기나 탱크 및 라인(line) 등의 퍼지(perge)용으로 주로 쓰이는 기체는?

① 산소   ② 수소
③ 산화질소   ④ 질소

| 해설 | 가스배관 및 탱크의 퍼지가스는 질소를 사용한다.

33 고압가스 제조소의 작업원은 얼마의 기간 이내에 1회 이상 보호구의 사용훈련을 받아 사용방법을 숙지하여야 하는가?

① 1개월   ② 3개월
③ 6개월   ④ 12개월

| 해설 | 가스제조소의 안전장치 및 보호구 장착 사용훈련은 3개월에 1회 이상 실시한다.

| 정답 | 29. ① 30. ① 31. ④ 32. ④ 33. ②

34 LPG 기화장치의 작동원리에 따른 구분으로 저온의 액화가스를 조정기를 통하여 감압한 후 열교환기에서 강제기화시켜 공급하는 방식은?

① 해수가열 방식 ② 가온감압 방식
③ 감압가열 방식 ④ 중간 매체 방식

| 해설 | LPG 기화기에서 감압시켜서 기화하는 방식을 감압가열 방식이다.

35 도시가스사업법령에서는 도시가스를 압력에 따라 고압, 중압 및 저압으로 구분하고 있다. 중압의 범위로 옳은 것은? (액화가스가 기화되고 다른 물질과 혼합되지 않은 경우로 가정)

① 0.1MPa 이상 1MPa 미만
② 0.2MPa 이상 1MPa 미만
③ 0.1MPa 이상 0.2MPa 미만
④ 0.01MPa 이상 0.2MPa 미만

| 해설 | • 도시가스 압력 범위
ⓐ 고압 : 1MPa 이상의 압력
ⓑ 중압 : 0.1MPa 이상 1MPa 미만의 압력
ⓒ 저압 : 0.1MPa 미만의 압력

36 가연성가스 누출검지 경보장치의 경보농도는 얼마인가?

① 폭발하한계 이하
② LC50 기준농도 이하
③ 폭발하한계 1/4 이하
④ TLV-TWA 기준농도 이하

| 해설 | 가연성 가스의 검지농도는 폭발하한계의 1/4 농도에서 작동 되도록 한다.

37 내용적 47L인 LP가스 용기의 최대 충전량은 몇 kg인가? (단, LP가스 정수는 2.35)

① 20   ② 42
③ 50   ④ 110

| 해설 | $G = \dfrac{V}{C} = \dfrac{47}{2.35} = 20\text{kg}$

38 부식성유체나 고점도 유체 및 소량의 유체 측정에 가장 적합한 유량계는?

① 차압식 유량계   ② 면적식 유량계
③ 용적식 유량계   ④ 유속식 유량계

| 해설 | 면적식 유량계는 부식성 유체나 고점도 유체 측정에 유리하다.

39 LP가스 이송설비 중 압축기에 의한 이송 방식에 대한 설명으로 틀린 것은?

① 베이퍼록 현상이 없다.
② 잔가스 회수가 용이하다.
③ 펌프에 비해 이송시간이 짧다.
④ 저온에서 부탄가스가 재액화되지 않는다.

| 해설 | • LPG 이송압축기 장단점
ⓐ 잔가스 회수가 가능하다.
ⓑ 이·충전 작업시간이 짧다.
ⓒ 베이퍼록의 현상이 없다.
ⓓ 윤활유 혼입으로 드레인의 원인이 된다.
ⓔ 부탄 이송시 저온에서 재액화의 문제점이 있다.

| 정답 | 34. ③ 35. ① 36. ③ 37. ① 38. ② 39. ④

40 공기, 질소, 산소 및 헬륨 등과 같이 임계온도가 낮은 기체를 액화하는 액화사이클의 종류가 아닌 것은?

① 구데 공기 액화사이클
② 린데 공기 액화사이클
③ 필립스 공기 액화사이클
④ 가케이드 공기 액화사이클

| 해설 | • 공기 액화 사이클
　　　　ⓐ 린데 공기 액화 사이클
　　　　ⓑ 필립스 공기 액화 사이클
　　　　ⓒ 클루우드 공기 액화 사이클
　　　　ⓓ 카피자 공기액화 사이클
　　　　ⓔ 가스케이드 공기 액화 사이클(다원 액화 사이클)

41 다기능 가스안전계량기에 대한 설명으로 틀린 것은?

① 사용자가 쉽게 조작할 수 있는 테스트차단기능이 있는 것으로 한다.
② 통상의 사용 상태에서 빗물, 먼지 등이 침입할 수 없는 구조로 한다.
③ 차단밸브가 작동한 후에는 복원조작을 하지 아니하는 한 열리지 않는 구조로 한다.
④ 복원을 위한 버튼이나 레버 등은 조작을 쉽게 실시할 수 있는 위치에 있는 것으로 한다.

| 해설 | • 다기능 가스안전계량기 구조 특징
　　　　ⓐ 통상의 사용 상태에서 빗물, 먼지 등이 침입할 수 없는 구조 일 것
　　　　ⓑ 차단밸브가 작동한 후에는 복원조작을 하지 않는 한 열리지 않는 구조일 것
　　　　ⓒ 복원을 위한 버튼 또는 레버 등은 가스계량기의 정면에서 용이하게 확인할 수 있고 또한 복원조작을 용이하게 실시할 수 있는 위치에 있을 것
　　　　ⓓ 사용자가 용이하게 조작 할 수 없는 테스트 차단기능(제어부로 부터의 신호에 의해 차단하는 것에 한함)이 있을 것
　　　　ⓔ 가스에 접하는 부분 및 가스에 닿는 부분이 있는 부분의 충전부는 방폭성능을 가지는 구조일 것

42 계측기기의 구비조건으로 틀린 것은?

① 설비비 및 유지비가 적게 들 것
② 원거리 지시 및 기록이 가능할 것
③ 구조가 간단하고 정도(精度)가 낮을 것
④ 설치장소 및 주위조건에 대한 내구성이 클 것

| 해설 | 계측기는 구조는 간단하고 정도(정밀도)는 높아야 한다.

43 압축기에서 두압이란?

① 흡입압력이다.
② 증발기내의 압력이다.
③ 피스톤 상부의 압력이다.
④ 크랭크케이스 내의 압력이다.

| 해설 | 압축기에서 두압은 실린더 내 피스톤 상부의 압력을 말한다.

44 반밀폐식 보일러의 급·배기설비에 대한 설명으로 틀린 것은?

① 배기통의 끝은 옥외로 뽑아낸다.
② 배기통의 굴곡수는 5개 이하로 한다.
③ 배기통의 가로 길이는 5m 이하로서 될 수 있는 한 짧게 한다.
④ 배기통의 입상높이는 원칙적으로 10m 이하로 한다.

| 해설 | 보일러 급·배기설비에서 배기통의 굴곡수는 4개소 이하로 한다.

45 흡입압력이 대기압과 같으며 최종압력이 $15\text{kgf/cm}^2 \cdot g$인 4단공기압축기의 압축비는 약 얼마인가? (단, 대기압은 1kgf/cm^2로 한다.)

① 2   ② 4
③ 8   ④ 16

| 해설 | 압축비 = $\sqrt[4]{\dfrac{15+1}{1}} = 2$

46 순수한 것은 안정하나 소량의 수분이나 알칼리성 물질을 함유하면 중합이 촉진되고 독성이 매우 강한 가스는?

① 염소   ② 포스겐
③ 황화수소 ④ 시안화수소

| 해설 | 시안화수소는 독성이며 가연성 가스로 수분이나 알칼리성 물질과 중합반응을 한다.

47 다음 중 비점이 가장 높은 가스는?

① 수소   ② 산소
③ 아세틸렌 ④ 프로판

| 해설 | • 각 가스의 비점
ⓐ 수소 : −252℃
ⓑ 산소 : −183℃
ⓒ 아세틸렌 : −83.8℃
ⓓ 프로판 : −42.1℃

48 단위질량인 물질의 온도를 단위온도차 만큼 올리는데 필요한 열량을 무엇이라고 하는가?

① 일률   ② 비열
③ 비중   ④ 엔트로피

| 해설 | 어떤 물질 1Kg을 1℃ 올리는데 필요한 열량을 비열이라고 한다.
단위는 kal/kg℃이다.

49 LNG의 성질에 대한 설명 중 틀린 것은?

① LNG가 액화되면 체적이 약 1/600로 줄어든다.
② 무독, 무공해의 청정가스로 발열량이 약 9500kcal/m^3 정도이다.
③ 메탄을 주성분으로 하며 에탄, 프로판 등이 포함되어 있다.
④ LNG는 기체상태에서는 공기보다 가벼우나 액체 상태에서는 물보다 무겁다.

| 해설 | LNG는 메탄이 주성분으로 기체는 공기보다 가볍고 액체는 물보다 가볍다.

| 정답 | 44. ② 45. ① 46. ④ 47. ④ 48. ② 49. ④

50 압력에 대한 설명 중 틀린 것은?

① 게이지압력은 절대압력에 대기압을 더한 압력이다.
② 압력이란 단위 면적당 작용하는 힘의 세기를 말한다.
③ 1.0332kg/cm²의 대기압을 표준대기압이라고 한다.
④ 대기압은 수은주를 76cm 만큼의 높이로 밀어 올릴 수 있는 힘이다.

| 해설 | 게이지 압력은 대기압을 0으로 하여 게이지가 측정한 압력

게이지 압력 = 절대압력 - 대기압력

51 프로판 완전연소시 주로 생성되는 물질은?

① CO_2, H_2
② CO_2, H_2O
③ C_2H_4, H_2O
④ C_4H_{10}, CO

| 해설 | • 프로판 완전 연소 반응식
$C_3H_8 + 5O_2 \rightarrow \underline{3CO_2 + 4H_2O}$
연소 생성물

52 요소비료 제조 시 주로 사용되는 가스는?

① 염화수소
② 질소
③ 일산화탄소
④ 암모니아

| 해설 | • 요소비료 : $(NH_2)_2CO$
암모니아와 이산화탄소를 반응시켜 요소를 생성한다.
$2NH_3 + CO_2 \rightarrow NH_4COONH_2$
$NH_4COONH_2 \rightarrow (NH_2)_2CO + H_2O$

53 수분이 존재할 때 일반 강재를 부식시키는 가스는?

① 황화수소
② 수소
③ 일산화탄소
④ 질소

| 해설 | 황화수소(H_2S)는 습기를 함유한 상태에서는 금과 백금외의 모든 금속과 작용해서 황화물을 생성한다.

54 폭발위험에 대한 설명 중 틀린 것은?

① 폭발범위의 하한값이 낮을수록 폭발위험은 커진다.
② 폭발범위의 상한값과 하한값의 차가 작을수록 폭발위험은 커진다.
③ 프로판보다 부탄의 폭발범위 하한값이 낮다.
④ 프로판보다 부탄의 폭발범위 상한값이 낮다.

| 해설 | 폭발범위의 상한과 하한의 차가 클수록 폭발위험도는 커진다.

55 액체가 기체로 변하기 위해 필요한 열은?

① 융해열
② 응축열
③ 승화열
④ 기화열

| 해설 | 액체가 기체로 상태 변화할 때 필요한 열은 기화열이다.

| 정답 | 50. ① 51. ② 52. ④ 53. ① 54. ② 55. ④

56 부탄 1Nm³을 완전연소 시키는데 필요한 이론 공기량은 약 몇 Nm³인가? (공기 중 산소농도 21v%)

① 5
② 6.5
③ 23.8
④ 31

해설 • 부탄의 산화 연소 반응식
$$C_4H_{10} + 6.5O_2 \rightarrow 4CO_2 + 5H_2O$$
22.4m³ : 22.4×6.5m³
1m³ : Xm³
∴ $X = \dfrac{6.5 \times 22.4 \times 1}{22.4} = 6.5m^2$

이론공기량 $= \dfrac{6.5}{0.21} = 30.95m^3$

57 온도 410°F을 절대온도로 나타내면?

① 273K
② 483K
③ 512K
④ 612K

해설 410°F → K
$$\left[\dfrac{5}{9} \times (410-32)\right] + 273 = 483K$$

[다른 풀이법]
$$\dfrac{(410°F + 460R)}{1.8} = 483.3K$$

58 도시가스에 사용되는 부취제 중 DMS의 냄새는?

① 석탄가스 냄새
② 마늘 냄새
③ 양파 썩는 냄새
④ 암모니아 냄새

해설 • 부취제 취기
ⓐ DMS : 마늘 냄새
ⓑ THT : 석탄가스 냄새
ⓒ TBM : 양파 썩는 냄새

59 다음에서 설명하는 기체와 관련된 법칙은?

> 기체의 종류에 관계없이 모든 기체 1몰은 표준상태(0℃, 1기압)에서 22.4L의 부피를 차지한다.

① 보일의 법칙
② 헨리의 법칙
③ 아보가드로의 법칙
④ 아르키메데스의 법칙

해설 • 아보가드로의 법칙
모든 기체 1몰은 표준상태에서 22.4L의 부피를 갖는다.

60 내용적 47L인 용기에 C_3H_8 15kg이 충전되어 있을 때 용기 내 안전공간은 약 몇 %인가? (단, C_3H_8의 액 밀도는 0.5kg/L이다.)

① 20
② 25.2
③ 36.2
④ 40.1

해설 $\dfrac{15kg}{0.5kg/L} = 30L$

액체 30L가 차지하는 부피
$\left(\dfrac{30L}{47L}\right) \times 100 = 63.38\%$

100% − 63.38% = 36.17%가 안전 공간임

2016년 제4회 가스기능사 필기

2016년 7월 10일 시행

01 가스보일러의 안전사항에 대한 설명으로 틀린 것은?

① 가동 중 연소상태, 화염유무를 수시로 확인한다.
② 가동 중지 후 노내 잔류가스를 충분히 배출한다.
③ 수면계 수위는 적정한가 자주 확인한다.
④ 점화전 연료가스를 노내에 충분히 공급하여 착화를 원활하게 한다.

| 해설 | 가스보일러에 점화 전 연료가스가 공급되면 점화 시 폭발 위험성이 대단히 높다.

02 고압가스 충전용기를 운반할 때 운반책임자를 동승시키지 않아도 되는 경우는?

① 가연성 압축가스 – 300m³
② 조연성 액화가스 – 5000kg
③ 독성 압축가스(허용농도가 100만분의 200 초과, 100만분의 5000 이하) – 100m³
④ 독성 액화가스(허용농도가 100만분의 200 초과, 100만분의 5000 이하) – 1000kg

| 해설 | • 가스운반 시 운반책임자 동승

구 분	압축가스	액화가스
조연성 가스	600m³ 이상	6000Kg 이상
가연성 가스	300m³ 이상	3000Kg 이상
독성가스	100m³ 이상	1000Kg 이상

03 액화독성가스의 운반질량이 1000kg 미만 이동시 휴대해야할 소석회는 몇 kg 이상이어야 하는가?

① 20kg
② 30kg
③ 40kg
④ 50kg

| 해설 | • 1000kg 미만의 액화 독성가스(염소, 염화수소, 포스겐, 아황산가스 등) 운반 시 소석회는 20kg 이상일 것
• 1000kg 이상인 경우는 40kg 이상일 것

04 LP GAS 사용 시 주의사항에 대한 설명으로 틀린 것은?

① 중간 밸브 개폐는 서서히 한다.
② 사용 시 조정기 압력은 적당히 조절한다.
③ 완전연소되도록 공기조절기를 조절한다.
④ 연소기는 급배기가 충분히 행해지는 장소에 설치하여 사용하도록 한다.

| 해설 | LP가스 조정기는 사용압력을 임의 조정하지 못하도록 조정기 분해가 금지되어 있다.

| 정답 | 01. ④ 02. ② 03. ① 04. ②

05 독성가스 용기를 운반할 때에는 보호구를 갖추어야 한다. 비치하여야 하는 기준은?

① 종류별로 1개 이상
② 종류별로 2개 이상
③ 종류별로 3개 이상
④ 그 차량의 승무원 수에 상당한 수량

| 해설 | 독성가스 운반 시 보호구는 승차 인원에 상당하는 수량으로 확보 하여야 한다.

06 다음 각 가스의 품질검사 합격 기준으로 옳은 것은?

① 수소 : 99.0% 이상
② 산소 : 98.5% 이상
③ 아세틸렌 : 98.0% 이상
④ 모든 가스 : 99.5% 이상

| 해설 | • 가스 품질검사 순도
ⓐ 수소 : 98.5% 이상
ⓑ 산소 : 99.5% 이상
ⓒ 아세틸렌 : 98% 이상

07 도시가스 사용시설에서 배관의 이음부와 절연전선과의 이격거리는 몇 cm 이상으로 하여야 하는가?

① 10 ② 15
③ 30 ④ 60

| 해설 | 도시가스 배관 이음부와 절연전선은 10cm 이상 이격할 것

08 흡수식 냉동설비의 냉동능력 정의로 옳은 것은?

① 발생기를 가열하는 1시간의 입열량 3,320kcal를 1일의 냉동능력 1톤으로 본다.
② 발생기를 가열하는 1시간의 입열량 6,640kcal를 1일의 냉동능력 1톤으로 본다.
③ 발생기를 가열하는 24시간 입열량 3,320kcal를 1일의 냉동능력 1톤으로 본다.
④ 발생기를 가열하는 24시간 입열량 6,640kcal를 1일의 냉동능력 1톤으로 본다.

| 해설 | 흡수식 냉동기의 냉동능력은 발생기를 가열하는 1시간의 입열량 6,640Kcal를 1일 냉동능력 1톤으로 본다.

09 도시가스 도매사업의 가스공급시설 기준에 대한 설명으로 옳은 것은?

① 고압의 가스공급시설은 안전구획 안에 설치하고 그 안전구역의 면적은 1만m^2 미만으로 한다.
② 안전구역 안의 고압인 가스공급시설은 그 외면으로부터 다른 안전구역 안에 있는 고압인 가스공급시설의 외면까지 20m 이상의 거리를 유지한다.
③ 액화천연가스 저장탱크는 그 외면으로부터 처리능력이 20만m^3 이상인 압축기까지 30m 이상의 거리를 유지한다.
④ 두 개 이상의 제조소가 인접하여 있는 경우의 가스공급시설은 그 외면으로부터 그 제조소와 다른 제조소의 경계까지 10m 이상의 거리를 유지한다.

| 정답 | 05. ④ 06. ③ 07. ① 08. ② 09. ③

| 해설 | • 가스도매사업의 제조소 및 공급시설의 기준
ⓐ 고압의 가스공급시설은 안전구획 안에 설치하고 그 안전구역의 면적은 2만m^2 미만일 것
ⓑ 안전구역 안의 고압인 가스공급시설은 그 외면으로부터 다른 안전구역 안에 있는 고압인 가스공급시설의 외면까지는 30m 이상의 거리를 유지할 것
ⓒ 두 개 이상의 제조소가 인접하여 있는 경우의 가스공급시설은 그 외면으로부터 그 제조소와 다른 제조소의 경계까지 20m 이상의 거리를 유지할 것

10 다음 [보기]의 독성가스 중 독성(LC_{50})이 가장 강한 것과 가장 약한 것을 바르게 나열한 것은?

[보기]

㉠ 염화수소   ㉡ 암모니아
㉢ 황화수소   ㉣ 일산화탄소

① ㉠, ㉡   ② ㉢, ㉡
③ ㉠, ㉣   ④ ㉢, ㉣

| 해설 | • 독성가스의 LC_{50}
LC_{50}은 치사농도를 나타내는 지수로서 노출된 동물의 50%가 사망하는 농도이다.
ⓐ 염화수소 LC_{50} : 3120
ⓑ 암모니아 LC_{50} : 7338
ⓒ 황화수소 LC_{50} : 444
ⓓ 일산화탄소 LC_{50} : 3760

11 가스 공급시설의 임시사용 기준 항목이 아닌 것은?

① 공급의 이익 여부
② 도시가스의 공급이 가능한지의 여부
③ 가스공급시설을 사용할 때 안전을 해칠 우려가 있는지 여부
④ 도시가스의 수급상태를 고려할 때 해당 지역에 도시가스의 공급이 필요한지의 여부

| 해설 | • 가스 공급시설의 임시사용 기준 항목
ⓐ 공급 시 안전에 대한 우려
ⓑ 공급가능 여부
ⓒ 수급지역 공급이 필요한지의 여부

12 20kg LPG용기의 내용적은 몇 L인가?

① 8.51   ② 20
③ 42.3   ④ 47

| 해설 | $20Kg = \dfrac{V}{2.35}$
$V = 20 \times 2.35 = 47L$

| 정답 | 10. ② 11. ① 12. ④

13 고압가스배관의 설치기준 중 하천과 병행하여 매설하는 경우로서 적합하지 않은 것은?

① 배관은 견고하고 내구력을 갖는 방호구조물 안에 설치한다.
② 매설심도는 배관의 외면으로부터 1.5m 이상 유지한다.
③ 설치지역은 하상(河床, 하천의 바닥)이 아닌 곳으로 한다.
④ 배관손상으로 인한 가스누출 등 위급한 상황이 발생한 때에 그 배관에 유입되는 가스를 신속히 차단할 수 있는 장치를 설치한다.

| 해설 | 가스배관을 하천과 병행 매설 시 심도는 배관 외면으로부터 2.5m 이상 유지할 것

14 가연성 가스의 발화점이 낮아지는 경우가 아닌 것은?

① 압력이 높을수록
② 산소 농도가 높을수록
③ 탄화수소의 탄소수가 많을수록
④ 화학적으로 발열량이 낮을수록

| 해설 | • 가연성 가스의 발화점이 낮아지는 경우
　　　　ⓐ 압력이 높을수록
　　　　ⓑ 발열량이 높을수록
　　　　ⓒ 산소 농도가 높을수록
　　　　ⓓ 화학적 활성도가 클수록
　　　　ⓔ 산소와 친화력이 클수록

15 고압가스 특정제조시설에서 배관을 해저에 설치하는 경우의 기준으로 틀린 것은?

① 배관은 해저면 밑에 매설한다.
② 배관은 원칙적으로 다른 배관과 교차하지 아니하여야 한다.
③ 배관은 원칙적으로 다른 배관과 수평거리로 30m 이상을 유지하여야 한다.
④ 배관의 입상부에는 방호시설물을 설치하지 아니한다.

| 해설 | • 해저에 배관 설치 시
　　　　ⓐ 배관 입상부에는 보호시설물을 설치할 것
　　　　ⓑ 배관은 매설할 것
　　　　ⓒ 배관은 원칙적으로 다른 배관과 교차하지 아니할 것
　　　　ⓓ 배관은 다른 배관과 수평거리로 30m 이상을 유지할 것

16 가연성가스의 폭발등급 및 이에 대응하는 본질안전방폭구조의 폭발등급 분류시 사용하는 최소점화전류비는 어느 가스의 최소 점화전류를 기준으로 하는가?

① 메탄　　　② 프로판
③ 수소　　　④ 아세틸렌

| 해설 | 가스폭발등급 분류 시 사용하는 최소점화 전류비는 메탄을 기준으로 한다.

17 공기액화 분리장치의 폭발원인이 아닌 것은?

① 액체공기 중의 아르곤의 혼입
② 공기 취입구로부터 아세틸렌 혼입
③ 공기 중의 질소화합물(NO, NO_2)의 혼입
④ 압축기용 윤활유 분해에 따른 탄화수소 생성

| 해설 | 공기액화분리장치의 폭발원인으로 해당되지 않는 것은 액체공기 중 아르곤의 혼입은 해당되지 않는다.
아르곤(Ar)은 주기율표상 0족에 속하는 안정된 구조를 가지며 공기 중에는 약 1% 정도 함유되어 있고 잘 반응하지 않는 특성으로 용접 시 보호용 가스와 전구용 봉입가스로 사용되며 발광 시 적색을 띠게 된다.

18 고압가스 특정제조시설에서 플레어스택의 설치기준으로 틀린 것은?

① 파이롯트버너를 항상 점화하여 두는 등 플레어스택에 관련된 폭발을 방지하기 위한 조치가 되어 있는 것으로 한다.
② 긴급이송설비로 이송되는 가스를 대기로 방출할 수 있는 것으로 한다.
③ 플레어스택에서 발생하는 복사열이 다른 제조시설에 나쁜 영향을 미치지 아니하도록 안전한 높이 및 위치에 설치한다.
④ 플레어스택에서 발생하는 최대열량에 장시간 견딜 수 있는 재료 및 구조로 되어 있는 것으로 한다.

| 해설 | 플레어스택은 폐기하여야 할 가연성 가스의 대기 방출 시 연소시켜서 안전하게 방출하는 장치이다.

19 수소의 성질에 대한 설명 중 옳지 않은 것은?

① 열전도도가 적다.
② 열에 대하여 안정하다.
③ 고온에서 철과 반응한다.
④ 확산속도가 빠른 무취의 기체이다.

| 해설 | • 수소의 특성
ⓐ 열전도가 대단히 크고 열에 대해서 안정하다.
ⓑ 기체 비중이 작고 확산속도가 빠르다.

20 고압가스 특정제조시설 중 비가연성 가스의 저장탱크는 몇 m^3 이상일 경우에 지진영향에 대해 안전한 구조로 설계하여야 하는가?

① 300   ② 500
③ 1000   ④ 2000

| 해설 | 특정제조시설에서 불연성가스의 내진설계는 저장능력 $1000m^3$ 이상일 경우 해당 된다.

21 고압가스를 취급하는 자가 용기 안전 점검 시 하지 않아도 되는 것은?

① 도색 표시 확인
② 재검사 기간 확인
③ 프로텍터의 변형 여부 확인
④ 밸브의 개폐조작이 쉬운 핸들 부착 여부 확인

| 해설 | 가스용기 점검 시 프로텍터의 변형여부 확인이 아니고 부착여부를 확인한다.

| 정답 | 17. ①   18. ②   19. ①   20. ③   21. ④

22 용기종류별 부속품 기호로 틀린 것은?

① AG : 아세틸렌가스를 충전하는 용기의 부속품
② LPG : 액화석유가스를 충전하는 용기의 부속품
③ TL : 초저온용기 및 저온용기의 부속품
④ PG : 압축가스를 충전하는 용기의 부속품

| 해설 | • 용기 종류별 부속품 기호
ⓐ AG : 아세틸렌 용기 부속품
ⓑ LPG : 액화석유가스 용기 부속품
ⓒ PG : 압축가스 용기 부속품
ⓓ LT : 저온 및 초저온용기 부속품
ⓔ LG : 액화가스 용기 부속품

23 0°C에서 10L의 밀폐된 용기 속에 32g의 산소가 들어있다. 온도를 150°C로 가열하면 압력은 약 얼마가 되는가?

① 0.11atm   ② 3.47atm
③ 34.7atm   ④ 111atm

| 해설 |
$$PV = \frac{W}{M}RT$$

$$P = \frac{(\frac{32}{32}) \times 0.082 \times (150 + 273)}{10L}$$

= 3.468atm

24 폭발범위에 대한 설명으로 옳은 것은?

① 공기 중의 폭발범위는 산소 중의 폭발범위보다 넓다.
② 공기 중 아세틸렌가스의 폭발범위는 약 4~71%이다.
③ 한계산소 농도치 이하에서는 폭발성 혼합가스가 생성된다.
④ 고온 고압일 때 폭발범위는 대부분 넓어진다.

| 해설 | 폭발범위는 산소농도가 높거나 고온 고압 조건에서는 대부분 넓어진다.

25 폭발범위의 상한값이 가장 낮은 가스는?

① 암모니아   ② 프로판
③ 메탄   ④ 일산화탄소

| 해설 | • 폭발범위
ⓐ 암모니아 : 15~28%
ⓑ 프로판 : 2.1~9.5%
ⓒ 메탄 : 5~15%
ⓓ 일산화탄소 : 12.5~74%

26 압축기 최종단에 설치된 고압가스 냉동제조시설의 안전밸브는 얼마나 작동 압력을 조정하여야 하는가?

① 3개월에 1회 이상
② 6개월에 1회 이상
③ 1년에 1회 이상
④ 2년에 1회 이상

| 해설 | 냉동장치의 압축기 최종단에 설치된 안전밸브의 작동압력 조정은 1년에 1회 이상 하여야 한다.

| 정답 | 22. ③   23. ②   24. ④   25. ②   26. ③

27 도시가스 매설배관의 주위에 파일박기 작업 시 손상방지를 위하여 유지하여야 할 최소 거리는?

① 30cm ② 50cm
③ 1m   ④ 2m

| 해설 | 매설된 도시가스 배관 주위의 파일박기 작업 시 배관과 최소 유지거리는 30cm 이상이어야 한다.

28 염소에 다음 가스를 혼합하였을 때 가장 위험할 수 있는 가스는?

① 일산화탄소 ② 수소
③ 이산화탄소 ④ 산소

| 해설 | 염소와 수소의 반응 시 염소폭명기를 형성한다.
• 염소폭명기
$$H_2 + Cl_2 \xrightarrow{촉매 : 직사일광} 2HCL$$

29 액화석유가스판매시설에 설치되는 용기보관실에 대한 시설기준으로 틀린 것은?

① 용기보관실에는 가스가 누출될 경우 이를 신 속히 검지하여 효과적으로 대응할 수 있도록 하기 위하여 반드시 일체형 가스누출경보기를 설치하다.
② 용기보관실에 설치되는 전기설비는 누출된 가스의 점화원이 되는 것을 방지하기 위하여 반드시 방폭구조로 한다.
③ 용기보관실에는 누출된 가스가 머물지 않도록 하기 위하여 그 용기보관실의 구조에 따라 환기구를 갖추고 환기가 잘되지 아니하는 곳에는 강제통풍시설을 설치한다.
④ 용기보관실에는 용기가 넘어지는 것을 방지하기 위하여 적절한 조치를 마련한다.

| 해설 | LP가스 판매시설의 용기보관실 시설기준에서 가스누출검지기는 일체형이 아닌 분리형을 설치하여야 한다.

30 압축도시가스 이동식 충전차량 충전시설에서 가스누출검지경보장치의 설치위치가 아닌 것은?

① 펌프 주변
② 압축설비 주변
③ 압축가스설비 주변
④ 개별 충전설비본체 외부

| 해설 | • C.N.G 충전시설의 가스누출검지경보장치의 설치 위치
검지경보장치는 다음 장소에 설치한다.
ⓐ 압축설비 주변
ⓑ 압축가스설비 주변
ⓒ 개별 충전설비 본체 내부
ⓓ 밀폐형 피트 내부에 설치된 배관접속(용접접속을 제외한다.)부 주위
ⓔ 펌프 주변
• 검지경보장치는 설치 개수
ⓐ 압축설비 주변 또는 충전설비 내부에는 1개 이상
ⓑ 압축가스설비 주변에는 2개
ⓒ 배관 접속부마다 10m 이내에 1개
ⓓ 펌프 주변에는 1개 이상

31 고압가스 배관재료로 사용되는 동관의 특징에 대한 설명으로 틀린 것은?

① 가공성이 좋다. ② 열전도율이 적다.
③ 시공이 용이하다. ④ 내식성이 크다.

| 해설 | 동관은 가공성 및 시공성이 좋다.
가볍고 내식성이 크며 열전도율도 좋다(난방코일에 유리함).

| 정답 | 27. ① 28. ② 29. ① 30. ④ 31. ②

32 수소를 취급하는 고온·고압 장치용 재료로서 사용할 수 있는 것은?

① 탄소강, 니켈강
② 탄소강, 망간강
③ 탄소강, 18-8 스테인리스강
④ 18-8 스테인리스강, 크롬-바나듐강

| 해설 | 고온고압의 수소가스 장치용 재료로는 18-8스텐인리스강이나 크롬-바나듐강이 좋다.

33 정압기를 평가 및 선정할 경우 고려해야 할 특성이 아닌 것은?

① 정특성
② 동특성
③ 유량특성
④ 압력특성

| 해설 | • 정압기 특성
ⓐ 동특성
ⓑ 정특성
ⓒ 유량특성

34 피토관을 사용하기에 적당한 유속은?

① 0.001m/s 이상
② 0.1m/s 이상
③ 1m/s 이상
④ 5m/s 이상

| 해설 | 피토관의 적정 유속 범위는 5m/s 이상이다.

35 나사압축기에서 숫로터의 직경 150mm, 로터 길이 100mm, 회전수가 350rpm이라고 할 때 이론적 토출량은 약 몇 m³/min인가? (단, 로터 형상에 의한 계수[Cv]는 0.476)

① 0.11
② 0.21
③ 0.37
④ 0.47

| 해설 | • 나사압축기 토출량

$$0.476 \times \frac{\pi}{4}(0.15)^2 \times 0.1 \times 350$$
$$= 0.374 m^3/min$$

36 자동절체식 일체형 저압조정기의 조정압력은?

① 2.30 ~ 3.30kPa
② 2.55 ~ 3.30kPa
③ 57 ~ 83kPa
④ 5 ~ 30kPa 이내에서 제조자가 설정한 기준압력의 ±20%

| 해설 | 자동절체식 일체형 저압조정기 조정압력범위는 2.55 ~ 3.3Kpa이다.

37 다음 중 단별 최대 압축비를 가질 수 있는 압축기는?

① 원심식
② 왕복식
③ 축류식
④ 회전식

| 해설 | 왕복식 압축기는 1단으로 최대 압축비를 낼 수 있다.

| 정답 | 32. ④ 33. ④ 34. ④ 35. ③ 36. ② 37. ②

38 압력변화에 의한 탄성변위를 이용한 탄성압력계에 해당되지 않는 것은?

① 플로트식 압력계
② 부르동관식 압력계
③ 벨로즈식 압력계
④ 다이어프램식 압력계

| 해설 | 탄성변위를 이용하여 압력을 측정하는 대표적 압력계는 브르돈관식이 있고 그밖에 벨로우즈식, 다이어프램식 등이 있다.

39 아세틸렌의 정성시험에 사용되는 시약은?

① 질산은
② 구리암모니아
③ 염산
④ 피로카롤

| 해설 | 아세틸렌 정성시험에 사용되는 시약은 질산은($AgNO_3$)시약이다.

40 가스누출을 감지하고 차단하는 가스누출자동차단기의 구성요소가 아닌 것은?

① 제어부
② 중앙통제부
③ 검지부
④ 차단부

| 해설 | 가스누출자동차단기는 검지부, 제어부, 차단부로 구성된다.

41 액면측정 장치가 아닌 것은?

① 임펠러식 액면계
② 유리관식 액면계
③ 부자식 액면계
④ 퍼지식 액면계

| 해설 | 액면측정장치는 유리관식, 플루트식(부자식), 퍼지식(로타리식, 슬립튜브식 : 가스분출방식) 등이 있다.

42 터보압축기의 구성이 아닌 것은?

① 임펠러
② 피스톤
③ 디퓨저
④ 증속기어장치

| 해설 | • 터보압축기 구성
임펠러, 디퓨져, 가이드베인, 증속기어장치

43 액화석유가스 소형저장탱크가 외경 1000mm, 길이 2000mm, 충전상수 0.03125, 온도보정계수 2.15일 때의 자연 기화능력(kg/h)은 얼마인가?

① 11.2
② 13.2
③ 15.2
④ 17.2

| 해설 | • LPG 소형 저장탱크의 자연기화능력 계산

$$PVC = \frac{D \cdot L \cdot K \cdot T (\text{Kcal/h})}{12,000 (\text{Kcal/kg})}$$

PVC : 저장탱크의 프로판 자연기화량(kg/h)
D : 외경(mm)
L : 길이(mm)
K : 충전량에 대한 상수
T : 외부 온도에 대한 보정계수
자연기화량
$= \frac{1000 \cdot 2000 \cdot 0.03125 \cdot 2.15 (\text{Kcal/h})}{12,000 (\text{Kcal/kg})}$
$= 12.1979 \text{kg/h}$

44 수소(H_2)가스 분석방법으로 가장 적당한것은?

① 파라듐관 연소법
② 헴펠법
③ 황산바륨 침전법
④ 흡광광도법

| 해설 | 수소분석법으로 연소분석법 중 분별연소법에서 파라듐관법 및 산화구리법이 있다.

| 정답 | 38. ① 39. ① 40. ② 41. ① 42. ② 43. ① 44. ①

45 원심식 압축기 중 터보형의 날개출구각도에 해당하는 것은?

① 90°보다 작다.　② 90°이다.
③ 90°보다 크다.　④ 평행이다.

| 해설 | • 원심식 압축기 날개 출구 각도
　　　ⓐ 터보형 : 임펠러 출구각이 90도 보다 작을 때
　　　ⓑ 레이디얼형 : 임펠러 출구각이 90도 일 때
　　　ⓒ 다익형 : 임펠러 출구각이 90도 보다 클 때

46 25℃의 물 10kg을 대기압하에서 비등 시켜 모두 기화시키는데 약 몇 kcal의 열이 필요 한가? (단, 물의 증발잠열은 540kcal/kg이다.)

① 750　② 5400
③ 6150　④ 7100

| 해설 | • 25℃ 물 10Kg을 기화시킬 때의 열량
　　　ⓐ 10×1×(100 − 25) = 750Kcal
　　　ⓑ 10×540 = 5400Kcal
　　　ⓐ + ⓑ = 6150Kcal

47 프레온(Freon)의 성질에 대한 설명으로 틀린 것은?

① 불연성이다.
② 무색, 무취이다.
③ 증발잠열이 적다.
④ 가압에 의해 액화되기 쉽다.

| 해설 | 프레온은 증발잠열이 커서 냉동기의 냉매가스로 쓰인다.

48 LP가스의 제법으로서 가장 거리가 먼 것은?

① 원유를 정제하여 부산물로 생산
② 석유정제공정에서 부산물로 생산
③ 석탄을 건류하여 부산물로 생산
④ 나프타 분해공정에서 부산물로 생산

| 해설 | 석탄 건류가스는 S.N.G 즉 합성천연가스나 대체천연가스를 제조한다.

49 C_3H_8 비중이 1.5라고 할 때 20m 높이 옥상까지의 압력손실은 약 몇 mmH_2O인가?

① 12.9　② 16.9
③ 19.4　④ 21.4

| 해설 | H = 1.293(1.5 − 1) × 20 = 12.93mmH_2O

50 압력에 대한 설명으로 틀린 것은?

① 수주 280cm는 0.28kg/cm^{2}와 같다.
② 1kg/mm^{2}은 수은주 760mm와 같다.
③ 160kg/mm^{2}은 16000kg/cm^{2}에 해당한다.
④ 1atm이란 1cm^{2}당 1.033kg의 무게와 같다.

| 해설 | 760mmHg = 1.0332Kg/cm^2(= 1atm)

| 정답 | 45. ① 46. ③ 47. ③ 48. ③ 49. ① 50. ②

51 다음에서 설명하는 법칙은?

> 같은 온도(T)와 압력(P)에서 같은 부피(V)의 기체는 같은 분자수를 가진다.

① Dalton의 법칙
② Henry의 법칙
③ Avogadro의 법칙
④ Hess의 법칙

| 해설 | 아보가드로(Avogadro)의 법칙은 같은 온도 압력하에서 같은 부피의 기체는 같은 분자수를 가진다.
즉 모든 기체 1몰은 표준상태(0℃ 1기압)에서 22.4L의 부피를 가지며 6.02×10^{23}개의 분자수(아보가드로의 수)를 가진다.

52 실제기체가 이상기체의 상태식을 만족시키는 경우는?

① 압력과 온도가 높을 때
② 압력과 온도가 낮을 때
③ 압력이 높고 온도가 낮을 때
④ 압력이 낮고 온도가 높을 때

| 해설 | 실제기체가 이상기체에 가까운 특성을 갖게 되려면 압력은 낮고 온도가 높아야 이상기체 상태식에 적합한 특성을 띠게 된다.

53 다음 중 가연성 가스가 아닌 것은?

① 일산화탄소 ② 질소
③ 에탄   ④ 에틸렌

| 해설 | • 일산화탄소 : 가연성
• 에탄 : 가연성
• 에틸렌 : 가연성
• 질소 : 불연성

54 다음 중 가장 낮은 온도는?

① -40°F   ② 430°R
③ -50℃   ④ 240K

| 해설 | • -40°F = -40℃
• 430°R = -34.4℃
• 240K = -33℃

55 아세틸렌가스 폭발의 종류로서 가장 거리가 먼 것은?

① 중합폭발 ② 산화폭발
③ 분해폭발 ④ 화합폭발

| 해설 | • 아세틸렌가스 폭발 종류
ⓐ 산화폭발
ⓑ 분해폭발
ⓒ 화합폭발

56 다음 중 유리병에 보관해서는 안 되는 가스는?

① O_2 ② Cl_2
③ HF   ④ Xe

| 해설 | 불화수소(HF)는 유리를 녹이는 성질이 있어서 유리병에 보관해서는 안 된다.

| 정답 | 51. ③ 52. ④ 53. ② 54. ③ 55. ① 56. ③

57 나프타의 성상과 가스화에 미치는 영향 중 PONA값의 각 의미에 대하여 잘못 나타낸 것은?

① P : 파라핀계 탄화수소
② O : 올레핀계 탄화수소
③ N : 나프텐계 탄화수소
④ A : 지방족 탄화수소

| 해설 | • P : 파라핀계 탄화수소
• O : 올레핀계 탄화수소
• N : 나프텐계 탄화수소
• A : 방향족계 탄화수소

58 도시가스 제조 시 사용되는 부취제 중 T.H.T의 냄새는?

① 마늘 냄새   ② 양파 썩는 냄새
③ 석탄가스 냄새   ④ 암모니아 냄새

| 해설 | • 부취제
ⓐ THT : 석탄가스 냄새
ⓑ DMS : 마늘 냄새
ⓒ TBM : 양파 썩는 냄새

59 황화수소에 대한 설명으로 틀린 것은?

① 무색의 기체로서 유독하다.
② 공기 중에서 연소가 잘 된다.
③ 산화하면 주로 황산이 생성된다.
④ 형광물질 원료의 제조 시 사용된다.

| 해설 | 황화수소(H_2S)는 산화하면 유독한 아황산가스를 생성한다.
• 황화수소 산화반응식
$2H_2S + 3O_2 \rightarrow 2H_2O + 2SO_2$

60 가스의 연소와 관련하여 공기 중에서 점화원 없이 연소하기 시작하는 최저 온도를 무엇이라 하는가?

① 인화점   ② 발화점
③ 끓는점   ④ 융해점

| 해설 | 점화원 없이 온도 상승으로 연소하는 온도를 착화점 또는 발화점이라고 한다.
[참고] • 인화점 : 점화원이 있는 상태에서 온도 상승으로 연소하는 온도를 인화점이라고 한다.

| 정답 | 57. ④   58. ③   59. ③   60. ②

모의고사 1회
모의고사 2회
모의고사 3회

PART

03

모의고사

제 01 회 가스기능사 필기 모의고사

01 고압가스 용접용기 제조 시 용기동판의 최대 두께와 최소 두께의 차이는 평균 두께의 몇 % 이하로 하여야 하는가?

① 10% ② 20%
③ 30% ④ 40%

02 정압기지의 방호벽을 철근콘크리트 구조로 설치할 경우 방호벽 기초의 기준에 대한 설명 중 틀린 것은?

① 일체로 된 철근콘크리트 기초로 한다.
② 높이 350mm 이상, 되메우기 깊이는 300mm이상으로 한다.
③ 두께 200mm 이상, 간격 3,200mm 이하의 보조벽을 본체와 직각으로 설치한다.
④ 기초의 두께는 방호벽 최하부 두께의 120% 이상으로 한다.

03 충전용기 보관실의 온도는 항상 몇 ℃ 이하를 유지하여야 하는가?

① 40℃ ② 45℃
③ 50℃ ④ 55℃

04 용기의 파열사고 원인으로 가장 거리가 먼 것은?

① 용기의 내압력 부족
② 용기의 내압 상승
③ 용기 내에서 폭발성 혼합가스에 의한 발화
④ 안전밸브의 작동

05 도시가스 배관의 철도궤도 중심과 이격거리 기준으로 옳은 것은?

① 1m 이상 ② 2m 이상
③ 4m 이상 ④ 5m 이상

06 다음 중 냄새로 누출여부를 쉽게 알 수 있는 가스는?

① 질소, 이산화탄소
② 일산화탄소, 아르곤
③ 염소, 암모니아
④ 에탄, 부탄

07 독성가스 배관을 지하에 매설할 경우 배관은 그 가스가 혼입될 우려가 있는 수도시설과 몇 m 이상의 거리를 유지하여야 하는가?

① 50m ② 100m
③ 200m ④ 300m

08 다음 중 같은 성질을 가진 가스로만 나열된 것은?

① 에탄, 에틸렌 ② 암모니아, 산소
③ 오존, 아황산가스 ④ 헬륨, 염소

09 액화석유가스 충전소에서 저장탱크를 지하에 설치하는 경우에는 철근콘크리트로 저장탱크실을 만들고 그 실내에 설치하여야 한다. 이 때 저장탱크 주위의 빈 공간에는 무엇을 채워야 하는가?

① 물 ② 마른 모래
③ 자갈 ④ 콜타르

10 도시가스 사용시설의 배관은 움직이지 아니하도록 고정부착하는 조치를 하도록 규정하고 있는데 다음 중 배관의 호칭지름에 따른 고정간격의 기준으로 옳은 것은?

① 배관의 호칭지름 20mm인 경우 2m마다 고정
② 배관의 호칭지름 32mm인 경우 3m마다 고정
③ 배관의 호칭지름 40mm인 경우 4m마다 고정
④ 배관의 호칭지름 65mm인 경우 5m마다 고정

11 탱크를 지상에 설치하고자 할 때 방류둑을 설치하지 않아도 되는 저장탱크는?

① 저장능력 1000톤 이상의 질소탱크
② 저장능력 1000톤 이상의 부탄탱크
③ 저장능력 1000톤 이상의 산소탱크
④ 저장능력 5톤 이상의 염소탱크

12 고압가스 운반 등의 기준으로 틀린 것은?

① 고압가스를 운반하는 때에는 재해방지를 위하여 필요한 주의사항을 기재한 서면을 운전자에게 교부하고 운전 중 휴대하게 한다.
② 차량의 고장, 교통사정 또는 운전자의 휴식 등 부득이한 경우를 제외하고는 장시간 정차하여서는 안 된다.
③ 고속도로 운행 중 점심식사를 하기 위해 운반책임자와 운전자가 동시에 차량을 이탈할 때에는 시건장치를 하여야 한다.
④ 지정한 도로, 시간, 속도에 따라 운반하여야 한다.

13 고압가스 제조설비의 계장회로에는 제조하는 고압가스의 종류·온도 및 압력과 제조설비의 상황에 따라 안전확보를 위한 주요 부분에 설비가 잘못 조작되거나 정상적인 제조를 할 수 없는 경우에 자동으로 원재료의 공급을 차단시키는 등 제조설비 안의 제조를 제어할 수 있는 장치를 설치하는데 이를 무엇이라 하는가?

① 인터록제어장치 ② 긴급차단장치
③ 긴급이송설비 ④ 벤트스택

14 아세틸렌을 용기에 충전할 때에는 미리 용기에 다공 물질을 고루 채운 후 침윤 및 충전을 하여야 한다. 이때 다공도는 얼마로 하여야 하는가?

① 75% 이상 92% 미만
② 70% 이상 95% 미만
③ 62% 이상 75% 미만
④ 92% 이상

15 다음 중 독성이면서 가연성의 가스는?

① SO_2 ② $COCl_2$
③ HCN ④ C_2H_6

16 고압가스 일반제조소에서 저장탱크 설치 시 물분무장치는 동시에 방사할 수 있는 최대수량을 몇 분 이상 연속하여 방사할 수 있는 수원에 접속되어 있어야 하는가?

① 30분 ② 45분
③ 60분 ④ 90분

17 자연환기설비 설치시 LP가스의 용기 보관실 바닥 면적이 $3m^2$이라면 통풍구의 크기는 몇 cm^2 이상으로 하도록 되어 있는가? (단, 철망 등이 부착되어 있지 않은 것으로 간주한다.)

① 500 ② 700
③ 900 ④ 1100

18 제조소의 긴급용 벤트스택 방출구의 위치는 작업원이 항시 통행하는 장소로부터 얼마나 이격되어야 하는가?

① 5m 이상 ② 10m 이상
③ 15m 이상 ④ 30m 이상

19 독성가스 배관은 안전한 구조를 갖도록 하기 위해 2중관 구조로 하여야 한다. 다음 가스 중 2중관으로 하지 않아도 되는 가스는?

① 암모니아 ② 염화메탄
③ 시안화수소 ④ 에틸렌

20 시안화수소 가스는 위험성이 매우 높아 용기에 충전 보관할 때에는 안정제를 첨가하여야 한다. 적합한 안정제는?

① 염산 ② 이산화탄소
③ 황산 ④ 질소

21 가연성 가스로 인한 화재의 종류는?

① A급 화재 ② B급 화재
③ C급 화재 ④ D급 화재

22 다음 중 독성(TLV-TWA)이 가장 강한 가스는?

① 암모니아 ② 황화수소
③ 일산화탄소 ④ 아황산가스

23 일반도시가스사업의 가스공급시설에서 중압 이하의 배관과 고압배관을 매설하는 경우 서로 몇 m 이상의 거리를 유지하여 설치하여야 하는가?

① 1 ② 2
③ 3 ④ 5

24 고압가스용기의 안전점검 기준에 해당되지 않는 것은?

① 용기의 부식, 도색 및 표시 확인
② 용기의 캡이 씌워져 있거나 프로텍터의 부착여부 확인
③ 재검사 기간의 도래 여부를 확인
④ 용기의 누출을 성냥불로 확인

25 일반도시가스사업자가 선임하여야 하는 안전점검원 선임의 기준이 되는 배관길이 산정 시 포함되는 배관은?

① 사용자공급관
② 내관
③ 가스사용자 소유 토지내의 본관
④ 공공 도로내의 공급관

26 자동차 용기 충전시설에 게시한 "화기엄금"이라 표시한 게시판의 색상은?

① 황색바탕에 흑색문자
② 백색바탕에 적색문자
③ 흑색바탕에 황색문자
④ 적색바탕에 백색문자

27 고압가스(산소, 아세틸렌, 수소)의 품질검사 주기의 기준은?

① 1월 1회 이상 ② 1주 1회 이상
③ 3일 1회 이상 ④ 1일 1회 이상

28 가스 공급시설의 임시사용 기준 항목이 아닌 것은?

① 도시가스 공급이 가능한지의 여부
② 도시가스의 수급상태를 고려할 때 해당지역에 도시가스의 공급이 필요한지의 여부
③ 공급의 이익 여부
④ 가스공급시설을 사용할 때 안전을 해칠 우려가 있는지의 여부

29 내용적이 1천 L를 초과하는 염소용기의 부식 여유 두께의 기준은?

① 2mm 이상 ② 3mm 이상
③ 4mm 이상 ④ 5mm 이상

30 저장능력이 1ton 인 액화염소 용기의 내용적(L)은? (염소의 정수 0.8)

① 400 ② 600
③ 800 ④ 1000

31 2000rpm으로 회전하는 펌프를 3500rpm으로 변환하였을 경우 펌프의 유량과 양정은 각각 몇 배가 되는가?

① 유량 : 2.65, 양정 : 4.12
② 유량 : 3.06, 양정 : 1.75
③ 유량 : 3.06, 양정 : 5.36
④ 유량 : 1.75, 양정 : 3.06

32 다음 가스분석법 중 흡수분석법에 해당하지 않는 것은?

① 헴펠법
② 구우데법
③ 오르잣법
④ 게겔법

33 서로 다른 두 종류의 금속을 연결하여 폐회로를 만든 후, 양접점에 온도차를 두면 금속 내에 열기전력이 발생하는 원리를 이용한 온도계는?

① 광전관식 온도계
② 바이메탈 온도계
③ 서미스터 온도계
④ 열전대 온도계

34 도시가스의 총발열량이 10,400kcal/m³, 공기에 대한 비중이 0.55 일 때 웨베지수는 얼마인가?

① 11023
② 12023
③ 13023
④ 14023

35 가연성가스 검출기 중 탄광에서 발생하는 CH_4의 농도를 측정하는데 주로 사용되는 것은?

① 간섭계형
② 안전등형
③ 열선형
④ 반도체형

36 가스분석 시 이산화탄소 흡수제로 주로 사용되는 것은?

① NaCl
② KCl
③ KOH
④ $Ca(OH)_2$

37 땅 속의 애노드에 강제 전압을 가하여 피 방식 금속제를 캐소드로 하는 전기방식법은?

① 희생양극법
② 외부전원법
③ 선택배류법
④ 강제배류법

38 파일럿 정압기 중 구동압력이 증가하면 개도 증가하는 방식으로서 정특성, 동특성이 양호하고 비교적 컴팩트한 구조의 로딩형정압기는?

① Fisher 식
② axial flow 식
③ Reynolds 식
④ KRF 식

39 가스 폭발 사고의 근본적인 원인으로 가장 거리가 먼 것은?

① 내용물의 누출 및 확산
② 화학반응열 또는 잠열의 축적
③ 누출경보장치의 미비
④ 착화원 또는 고온물의 생성

40 다음 [그림]은 무슨 공기 액화장치인가?

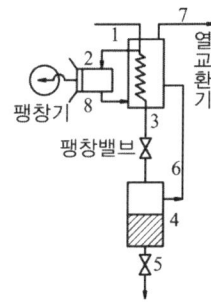

① 클라우드식 액화장치
② 린데식 액화장치
③ 캐피자식 액화장치
④ 필립스식 액화장치

41 정압기의 선정 시 유의사항으로 가장 거리가 먼 것은?

① 정압기의 내압성능 및 사용 최대차압
② 정압기의 용량
③ 정압기의 크기
④ 1차 압력과 2차 압력범위

42 화학적 부식이나 전기적 부식의 염려가 없고 0.4MPa 이하의 매몰배관으로 주로 사용하는 배관의 종류는?

① 배관용 탄소강관
② 폴리에틸렌피복강관
③ 스테인리스강관
④ 폴리에틸렌관

43 액주식 압력계가 아닌 것은?

① U자관식
② 경사관식
③ 벨로우즈식
④ 단관식

44 이동식부탄연소기의 용기연결방법에 따른 분류가 아닌 것은?

① 카세트식
② 직결식
③ 분리식
④ 일체식

45 가스용품제조허가를 받아야 하는 품목이 아닌 것은?

① PE 배관
② 매몰형 정압기
③ 로딩암
④ 연료전지

46 자동절체식 조정기의 경우 사용 쪽 용기 안의 압력이 얼마 이상일 때 표시 용량의 범위에서 예비 쪽 용기에서 가스가 공급되지 않아야 하는가?

① 0.05MPa
② 0.1MPa
③ 0.15MPa
④ 0.2MPa

47 에틸렌 제조의 원료로 사용되지 않는 것은?

① 나프타
② 에탄올
③ 프로판
④ 염화메탄

48 질소에 대한 설명으로 틀린 것은?

① 질소는 다른 원소와 반응하지 않아 기기의 기밀시험용 가스로 사용된다.
② 촉매 등을 사용하여 상온 (35℃)에서 수소와 반응시키면 암모니아를 생성한다.
③ 주로 액체 공기를 비점 차이로 분류하여 산소와 같이 얻는다.
④ 비점이 대단히 낮아 극저온의 냉매로 이용된다.

49 다음 중 비중이 가장 작은 가스는?

① 수소   ② 질소
③ 부탄   ④ 프로판

50 암모니아 가스의 특성에 대한 설명으로 옳은 것은?

① 물에 잘 녹지 않는다.
② 무색의 기체이다.
③ 상온에서 아주 불안정하다.
④ 물에 녹으면 산성이 된다.

51 밀폐된 공간 안에서 LP가스가 연소되고 있을 때의 현상으로 틀린 것은?

① 시간이 지나감에 따라 일산화탄소가 증가된다.
② 시간이 지나감에 따라 이산화탄소가 증가된다.
③ 시간이 지나감에 따라 산소농도가 감소된다.
④ 시간이 지나감에 따라 아황산가스가 증가된다.

52 공기 중에서 폭발하한이 가장 낮은 탄화수소는?

① CH_4 ② C_4H_{10}
③ C_3H_8 ④ C_2H_6

53 60K를 랭킨온도로 환산하면 약 몇 °R인가?

① 109   ② 117
③ 126   ④ 135

54 다음 중 액화가 가장 어려운 가스는?

① H_2 ② He
③ N_2 ④ CH_4

55 다음 중 아세틸렌의 발생방식이 아닌 것은?

① 주수식 : 카바이드에 물을 넣는 방법
② 투입식 : 물에 카바이드를 넣는 방법
③ 접촉식 : 물과 카바이드를 소량씩 접촉시키는 방법
④ 가열식 : 카바이드를 가열하는 방법

56 성능계수(ϵ)가 무한정한 냉동기의 제작은 불가능하다 라고 표현되는 법칙은?

① 열역학 제0법칙   ② 열역학 제1법칙
③ 열역학 제2법칙   ④ 열역학 제3법칙

57 가연성가스 정의에 대한 설명으로 맞는 것은?

① 폭발한계의 하한이 10% 이하인 것과 폭발한계의 상한과 하한의 차가 20% 이상인 것을 말한다.
② 폭발한계의 하한이 20% 이하인 것과 폭발한계의 상한과 하한의 차가 10% 이상인 것을 말한다.
③ 폭발한계의 상한이 10% 이하인 것과 폭발한계의 상한과 하한의 차가 20% 이하인 것을 말한다.
④ 폭발한계의 상한이 10% 이상인 것과 폭발한계의 상한과 하한의 차가 10% 이하인 것을 말한다.

58 탄소 12g을 완전연소시킬 경우 발생되는 이산화탄소는 약 몇 L인가?

① 11.2   ② 12
③ 22.4   ④ 32

59 산소의 성질에 대한 설명 중 옳지 않은 것은?

① 자신은 폭발위험은 없으나 연소를 돕는 조연제이다.
② 액체산소는 무색, 무취이다.
③ 화학적으로 활성이 강하며, 많은 원소와 반응하여 산화물을 만든다.
④ 상자성을 가지고 있다.

60 다음 중 압력이 가장 높은 것은?

① $10lb/in^2$ ② 750mmHg
③ 1atm   ④ $1kg/cm^2$

가스기능사 필기 모의고사

01 가스배관의 주위를 굴착하고자 할 때에는 가스배관의 좌우 얼마 이내의 부분은 인력으로 굴착해야 하는가?

① 30cm 이내 ② 50cm 이내
③ 1m 이내   ④ 1.5m 이내

02 가스누출자동차단장치 및 가스누출자동차단기의 설치기준에 대한 설명으로 틀린 것은?

① 가스공급이 불시에 자동 차단됨으로서 재해 및 손실이 클 우려가 있는 시설에는 가스누출경보차단장치를 설치하지 않을 수 있다.
② 가스누출자동차단기를 설치하여도 설치 목적을 달성할 수 없는 시설에는 가스누출자동차단기를 설치하지 않을 수 있다.
③ 월사용예정량이 1,000m³ 미만으로서 연소기에 소화안전장치가 부착되어 있는 경우에는 가스누출경보차단장치를 설치하지 않을 수 있다.
④ 지하에 있는 가정용 가스사용시설은 가스누출경보차단 장치의 설치대상에서 제외된다.

03 사고를 일으키는 장치의 이상이나 운전자 실수의 조합을 연역적으로 분석하는 정량적 위험성평가 기법은?

① 사건수 분석(ETA) 기법
② 결함수 분석(FTA) 기법
③ 위험과 운전분석(HAZOP) 기법
④ 이상위험도 분석(FMECA) 기법

04 고압가스 운반, 취급에 관한 안전사항 중 염소와 동일 차량에 적재하여 운반이 가능한 가스는?

① 아세틸렌   ② 암모니아
③ 질소   ④ 수소

05 고압가스 충전용기의 적재 기준으로 틀린 것은?

① 차량의 최대적재량을 초과하여 적재하지 아니한다.
② 충전 용기를 차량에 적재하는 때에는 뉘여서 적재한다.
③ 차량의 적재함을 초과하여 적재하지 아니한다.
④ 밸브가 돌출한 충전 용기는 밸브의 손상을 방지하는 조치를 한다.

06 저장 능력 300m³ 이상인 2개의 가스 홀더 A, B 간에 유지해야 할 거리는? (단, A와 B의 최대 지름은 각각 8m, 4m이다.)

① 1m ② 2m
③ 3m ④ 4m

07 다음 가스 중 독성이 가장 강한 것은?

① 염소 ② 불소
③ 시안화수소 ④ 암모니아

08 용기 동판의 최대 두께와 최소 두께와의 차이는 평균 두께의 몇 %이하로 하여야 하는가?

① 5% ② 10%
③ 20% ④ 30%

09 도시가스의 유해성분 측정에 있어 암모니아는 도시가스 1m³ 당 몇 g을 초과해서는 안 되는가?

① 0.02 ② 0.2
③ 0.5 ④ 1.0

10 지하에 매설된 도시가스 배관의 전기방식 기준으로 틀린 것은?

① 전기방식전류가 흐르는 상태에서 토양 중에 있는 배관 등의 방식전위 상한값은 포화황산 등 기준전극으로 −0.85V 이하일 것
② 전기방식전류가 흐르는 상태에서 자연전위와의 전위변화가 최소한 −300mV 이하일 것
③ 배관에 대한 전위측정은 가능한 배관 가까운 위치에서 실시할 것
④ 전기방식시설의 관대지전위 등을 2년에 1회 이상 점검할 것

11 압력용기의 내압부분에 대한 비파괴 시험으로 실시되는 초음파탐상시험 대상은?

① 두께가 35mm인 탄소강
② 두께가 5mm인 9% 니켈강
③ 두께가 15mm인 2.5% 니켈강
④ 두께가 30mm인 저합금강

12 천연가스의 발열량이 10,400kal/Sm³이다. SI단위인 MJ/Sm³으로 나타내면?

① 2.48 ② 43.68
③ 2,476 ④ 43,680

13 인체용 에어졸 제품의 용기에 기재하여야 할 사항으로 틀린 것은?

① 특정부위에 계속하여 장시간 사용하지 말 것
② 가능한 한 인체에서 10cm 이상 떨어져서 사용할 것
③ 온도가 40℃ 이상 되는 장소에 보관하지 말 것
④ 불 속에 버리지 말 것

14 프로판 15vol%와 부탄 85vol%로 혼합된 가스의 공기 중 폭발한 값은 약 몇 % 인가? (단, 프로판의 폭발한 값은 2.1% 이고, 부탄은 1.8% 이다.)

① 1.84
② 1.86
③ 1.94
④ 1.98

15 도시가스 배관을 지하에 설치 시공 시 다른 배관이나 타시설물과의 이격거리 기준은?

① 30cm 이상
② 50cm 이상
③ 1m 이상
④ 1.2m 이상

16 충전 용기를 차량에 적재하여 운반시 차량의 앞뒤 보기 쉬운 곳에 표시하는 경계표시의 글씨 색깔 및 내용으로 적합한 것은?

① 노랑 글씨 – 위험고압가스
② 붉은 글씨 – 위험고압가스
③ 노랑 글씨 – 주의고압가스
④ 붉은 글씨 – 주의고압가스

17 가스보일러의 설치기준 중 자연배기식 보일러의 배기통 설치방법으로 옳지 않은 것은?

① 배기통의 굴곡수는 6개 이하로 한다.
② 배기통의 끝은 옥외로 뽑아낸다.
③ 배기통의 입상높이는 원칙적으로 10m 이하로 한다.
④ 배기통의 가로 길이는 5m 이하로 한다.

18 지상에 설치하는 액화석유가스의 저장탱크 안전밸브에 가스 방출관을 설치하고자 한다. 저장탱크의 정상부가 8m일 경우 방출관의 방출구 높이는 지상에서 얼마 이상의 높이에 설치하여야 하는가?

① 5m
② 8m
③ 10m
④ 12m

19 냉동기 제조시설에서 내압성능을 확인하기 위한 시험압력의 기준은?

① 설계압력 이상
② 설계압력의 1.25배 이상
③ 실제압력의 1.5배 이상
④ 설계압력의 2배 이상

20 가스용 폴리에틸렌관의 굴곡허용반경은 외경의 몇 배 이상으로 하여야 하는가?

① 10
② 20
③ 30
④ 50

21 특정고압가스용 실린더캐비닛 제조설비가 아닌 것은?

① 가공설비　　② 세척설비
③ 판넬설비　　④ 용접설비

22 가스 설비를 수리할 때 산소의 농도가 약 몇 % 이하가 되면 산소 결핍 현상을 초래하게 되는가?

① 8%　　② 12%
③ 16%　　④ 20%

23 도시가스 사용시설 중 가스계량기의 설치기준으로 틀린 것은?

① 가스계량기는 화기(자체 화기는 제외)와 2m 이상의 우회 거리를 유지하여야 한다.
② 가스계량기($30m^3/h$ 미만)의 설치 높이는 바닥으로부터 1.6m 이상, 2m 이내이어야 한다.
③ 가스계량기를 격납상자 내에 설치하는 경우에는 설치 높이의 제한을 받지 아니한다.
④ 가스계량기는 절연조치를 하지 아니한 전선과 30cm 이상의 거리를 유지하여야 한다.

24 아세틸렌 가스 압축시 희석제로서 적당하지 않은 것은?

① 질소　　② 메탄
③ 일산화탄소　　④ 산소

25 가스가 누출된 경우 제2의 누출을 방지하기 위하여 방류둑을 설치한다. 방류둑을 설치하지 않아도 되는 저장탱크는?

① 저장능력 1000톤의 액화질소탱크
② 저장능력 10톤의 액화암모니아탱크
③ 저장능력 1000톤의 액화산소탱크
④ 저장능력 5톤의 액화염소탱크

26 방류둑에는 계단, 사다리 또는 토사를 높이 쌓아올림 등에 의한 출입구를 둘레 몇 m 마다 1개 이상을 두어야 하는가?

① 30　　② 50
③ 75　　④ 100

27 부취제의 구비조건으로 적합하지 않은 것은?

① 연료가스 연소시 완전연소될 것
② 일상생활의 냄새와 확연히 구분될 것
③ 토양에 쉽게 흡수될 것
④ 물에 녹지 않을 것

28 다음 중 가연성이면서 유독한 가스는?

① NH_3　　② H_2
③ CH_4　　④ N_2

29 다음 중 지식경제부령이 정하는 특정설비가 아닌 것은?

① 저장탱크
② 저장탱크의 안전밸브
③ 조정기
④ 기화기

30 시안화수소 충전 시 한 용기에서 60일을 초과할 수 있는 경우는?

① 순도가 90% 이상으로서 착색이 된 경우
② 순도가 90% 이상으로서 착색되지 아니한 경우
③ 순도가 98% 이상으로서 착색이 된 경우
④ 순도가 98% 이상으로서 착색되지 아니한 경우

31 고압가스 배관재료로 사용되는 동관의 특징에 대한 설명으로 틀린 것은?

① 가공성이 좋다.
② 열전도율이 적다.
③ 시공이 용이하다.
④ 내식성이 크다.

32 원통형의 관을 흐르는 물의 중심부의 유속을 피토관으로 측정하였더니 수주의 높이가 10m이었다. 이때 유속은 약 몇 m/s인가?

① 10
② 14
③ 20
④ 26

33 다음 중 흡수 분석법의 종류가 아닌 것은?

① 헴펠법
② 활성알루미나겔법
③ 오르자트법
④ 게겔법

34 LPG 기화장치의 작동원리에 따른 구분으로 저온의 액화가스를 조정기를 통하여 감압한 후 열교환기에 공급해 강제 기화시켜 공급하는 방식은?

① 해수가열 방식
② 가온감압 방식
③ 감압가열 방식
④ 중간 매체 방식

35 액화천연가스(LNG) 저장탱크 중 액화천연가스의 최고 액면을 지표면과 동등 또는 그 이하가 되도록 설치하는 형태의 저장탱크는?

① 지상식 저장탱크 (Aboveground Storage Tank)
② 지중식 저장탱크 (Inground Storage Tank)
③ 지하식 저장탱크 (Underground Storage Tank)
④ 단일방호식 저장탱크 (Single Containment Tank)

36 액화가스의 고압가스설비에 부착되어 있는 스프링식 안전밸브는 상용의 온도에서 그 고압가스 설비 내의 액화가스의 상용의 체적이 그 고압가스설비 내의 몇 %까지 팽창하게 되는 온도에 대응하는 그 고압가스설비 안의 압력에서 작동하는 것으로 하여야 하는가?

① 90
② 95
③ 98
④ 99.5

37 안정된 불꽃으로 완전연소를 할 수 있는 염공의 단위 면적당 인풋(input)을 무엇이라고 하는가?

① 염공부하
② 연소실부하
③ 연소효율
④ 배기 열손실

38 도시가스 제조 공정에서 사용되는 촉매의 열화와 가장 거리가 먼 것은?

① 유황화합물에 의한 열화
② 불순물의 표면 피복에 의한 열화
③ 단체와 니켈과의 반응에 의한 열화
④ 불포화탄화수소에 의한 열화

39 모듈 3, 잇수 10개, 기어의 폭이 12mm인 기어펌프를 1200rpm으로 회전할 때 송출량은 약 얼마인가?

① 9030cm³/s
② 11260cm³/s
③ 12160cm³/s
④ 13570cm³/s

40 저장능력 50톤인 액화산소 저장탱크 외면에서 사업소경계선까지의 최단거리가 50m일 경우 이 저장탱크에 대한 내진설계 등급은?

① 내진 특등급
② 내진 1등급
③ 내진 2등급
④ 내진 3등급

41 공기보다 비중이 가벼운 도시가스의 공급시설로서 공급시설이 지하에 설치된 경우의 통풍구조에 대한 설명으로 옳은 것은?

① 환기구를 2방향 이상 분산하여 설치한다.
② 배기구는 천장 면으로부터 50cm 이내에 설치한다.
③ 흡입구 및 배기구의 관경은 80mm 이상으로 한다.
④ 배기가스 방출구는 지면에서 5m 이상의 높이에 설치한다.

42 특정가스 제조시설에 설치한 가연성 독성가스 누출감지경보장치에 대한 설명으로 틀린 것은?

① 누출된 가스가 체류하기 쉬운 곳에 설치한다.
② 설치수는 신속하게 감지할 수 있는 숫자로 한다.
③ 설치위치는 눈에 잘 보이는 위치로 한다.
④ 기능은 가스의 종류에 적합한 것으로 한다.

43 자동교체식 조정기 사용 시 장점으로 틀린 것은?

① 전체용기 수량이 수동식보다 적어도 된다.
② 배관의 압력손실을 크게 해도 된다.
③ 잔액이 거의 없어질 때까지 소비된다.
④ 용기 교환주기의 폭을 좁힐 수 있다.

44 열전대 온도계는 열전쌍회로에서 두 접점의 발생되는 어떤 현상의 원리를 이용한 것인가?

① 열기전력　② 열팽창계수
③ 체적변화　④ 탄성계수

45 실린더 중에 피스톤과 보조 피스톤이 있고 양 피스톤의 작용으로 상부에 팽창기가 있는 액화 사이클은?

① 클라우드 액화 사이클
② 캐피자 액화 사이클
③ 필립스 액화 사이클
④ 캐스케이드 액화 사이클

46 도시가스 정압기의 특성으로 유량이 증가됨에 따라 가스가 송출될 때 출구측 배관(밸브 등)의 마찰로 인하여 압력이 약간 저하되는 상태를 무엇이라 하는가?

① 히스테리시스(Hysteresis) 효과
② 록업(Lock-up) 효과
③ 충돌(Impingement) 효과
④ 형상(Body-Configuration) 효과

47 다음 중 압력단위의 환산이 잘못된 것은?

① $1kg/cm^2 ≒ 14.22psi$
② $1psi ≒ 0.0703kg/cm^2$
③ $1mbar ≒ 14.7psi$
④ $1kg/cm^2 ≒ 98.07kPa$

48 다음 가스 중 상온에서 가장 안정한 것은?

① 산소　② 네온
③ 프로판　④ 부탄

49 다음 중 카바이드와 관련이 없는 성분은?

① 아세틸렌(C_2H_2)　② 석회석($CaCO_3$)
③ 생석회(CaO)　④ 염화칼슘($CaCl_2$)

50 브롬화메탄에 대한 설명으로 틀린 것은?

① 용기가 열에 노출되면 폭발할 수 있다.
② 알루미늄을 부식하므로 알루미늄 용기에 보관할 수 없다.
③ 가연성이며 독성가스이다.
④ 용기의 충전구 나사는 왼나사이다.

51 다음 중 메탄의 제조방법이 아닌 것은?

① 석유를 크래킹하여 제조한다.
② 천연가스를 냉각시켜 분별 증류한다.
③ 초산나트륨에 소다회를 가열하여 얻는다.
④ 니켈을 촉매로 하여 일산화탄소에 수소를 작용시킨다.

52 아세틸렌의 특징에 대한 설명으로 옳은 것은?
① 압축 시 산화폭발한다.
② 고체 아세틸렌은 융해하지 않고 승화한다.
③ 금과는 폭발성 화합물을 생성한다.
④ 액체 아세틸렌은 안정하다.

53 어떤 물질의 질량은 30g이고 부피는 600cm³이다. 이것의 밀도(g/cm³)는 얼마인가?
① 0.01　　② 0.05
③ 0.5　　　④ 1

54 대기압이 1.0332kgf/cm²이고, 계기압력이 10kgf/cm²일 때 절대압력은 약 몇 kgf/cm²인가?
① 8.9668　　② 10.332
③ 11.0332　　④ 103.32

55 다음 중 휘발분이 없는 연료로서 표면연소를 하는 것은?
① 목탄, 코크스　　② 석탄, 목재
③ 휘발유, 등유　　④ 경유, 유황

56 0℃ 물 10kg을 100℃ 수증기로 만드는데 필요한 열량은 약 몇 kcal인가?
① 5390　　② 6390
③ 7390　　④ 8390

57 설비나 장치 및 용기 등에서 취급 또는 운용되고 있는 통상의 온도를 무슨 온도로 하는가?
① 상용온도　　② 표준온도
③ 화씨온도　　④ 캘빈온도

58 도시가스의 주원료인 메탄(CH_4)의 비점은 약 얼마인가?
① -50℃　　② -82℃
③ -120℃　　④ -162℃

59 다음 화합물 중 탄소의 함유율이 가장 많은 것은?
① CO_2　　② CH_4
③ C_2H_4　　④ CO

60 다음 중 온도의 단위가 아닌 것은?
① °F　　② ℃
③ °R　　④ °T

가스기능사 필기 모의고사

01 안전관리자가 상주하는 사무소와 현장사무소와의 사이 또는 현장사무소 상호간 신속히 통보할 수 있도록 통신시설을 갖추어야 하는데 이에 해당되지 않는 것은?

① 구내방송설비　② 메가폰
③ 인터폰　　　　④ 페이징설비

02 1몰의 아세틸렌가스를 완전연소하기 위하여 몇 몰의 산소가 필요한가?

① 1몰　　② 1.5몰
③ 2.5몰　④ 3몰

03 고압가스의 용어에 대한 설명으로 틀린 것은?

① 액화가스란 가압, 냉각 등의 방법에 의하여 액체상태로 되어 있는 것으로서 대기압에서의 끓는점이 섭씨 40도 이하 또는 상용의 온도 이하인 것을 말한다.
② 독성가스란 공기 중에 일정량이 존재하는 경우 인체에 유해한 독성을 가진 가스로서 허용농도가 100만 분의 2000이하인 가스를 말한다.
③ 초저온저장탱크라 함은 섭씨 영하 50도 이하의 액화가스를 저장하기 위한 저장탱크로서 단열재로 씌우거나 냉동설비로 냉각하는 등의 방법으로 저장탱크 내의 가스온도가 상용의 온도를 초과하지 아니하도록 한 것을 말한다.
④ 가연성가스라 함은 공기 중에서 연소하는 가스로서 폭발한계의 하한이 10% 이하인 것과 상한과 하한의 차가 20% 이상인 것을 말한다.

04 고압가스안전관리법에서 정하고 있는 특수고압가스에 해당되지 않는 것은?

① 아세틸렌　　　② 포스핀
③ 압축모노실란　④ 디실란

05 다음 중 동일차량에 적재하여 운반할 수 없는 경우는?

① 산소와 질소
② 질소와 탄산가스
③ 탄산가스와 아세틸렌
④ 염소와 아세틸렌

06 천연가스 지하 매설 배관의 퍼지용으로 주로 사용되는 가스는?

① N_2 ② Cl_2
③ H_2 ④ O_2

07 독성가스 제조시설 식별표지의 글씨 색상은? (단, 가스의 명칭은 제외한다.)

① 백색   ② 적색
③ 황색   ④ 흑색

08 다음 중 폭발성이 예민하므로 마찰 타격으로 격렬히 폭발하는 물질에 해당되지 않는 것은?

① 메틸아민   ② 유화질소
③ 아세틸라이드   ④ 염화질소

09 고압가스를 제조하는 경우 가스를 압축해서는 아니되는 경우에 해당하지 않는 것은?

① 가연성가스(아세틸렌, 에틸렌 및 수소 제외) 중 산소용량이 전체용량의 4% 이상인 것
② 산소 중의 가연성가스의 용량이 전체 용량의 4% 이상인 것
③ 아세틸렌, 에틸렌 또는 수소 중의 산소용량이 전체 용량의 2% 이상인 것
④ 산소 중의 아세틸렌, 에틸렌 및 수소의 용량 합계가 전체용량의 4% 이상인 것

10 지하에 설치하는 지역정압기에서 시설의 조작을 안전하고 확실하게 하기 위하여 필요한 조명도는 얼마를 확보하여야 하는가?

① 100룩스   ② 150룩스
③ 200룩스   ④ 250룩스

11 공기 중에서의 폭발 하한값이 가장 낮은 가스는?

① 황화수소   ② 암모니아
③ 산화에틸렌   ④ 프로판

12 가스도매사업의 가스공급시설 중 배관을 지하에 매설할 때의 기준으로 틀린 것은?

① 배관은 그 외면으로부터 수평거리로 건축물까지 1.0m 이상을 유지한다.
② 배관은 그 외면으로부터 지하의 다른 시설물과 0.3m 이상의 거리를 유지한다.
③ 배관을 산과 들에 매설할 때는 지표면으로부터 배관의 외면까지의 매설깊이를 1m 이상으로 한다.
④ 배관은 지반 동결로 손상을 받지 아니하는 깊이로 매설한다.

13 아세틸렌을 용기에 충전하는 때에 사용하는 다공물질에 대한 설명으로 옳은 것은?

① 다공도가 55% 이상 75% 미만의 석회를 고루 채운다.
② 다공도가 65% 이상 82% 미만의 목탄을 고루 채운다.
③ 다공도가 75% 이상 92% 미만의 규조토를 고루 채운다.
④ 다공도가 95% 이상인 다공성 플라스틱을 고루 채운다.

14 고압가스 안전관리법에서 정하고 있는 보호시설이 아닌 것은?

① 의원
② 학원
③ 가설건축물
④ 주택

15 다음 가스폭발의 위험성 평가기법 중 정량적 평가방법은?

① HAZOP(위험성운전 분석기법)
② FTA(결함수 분석기법)
③ Check List법
④ WHAT-IF(사고예상질문 분석기법)

16 도시가스사업법령에 따른 안전관리자의 종류에 포함되지 않는 것은?

① 안전관리 총괄자
② 안전관리 책임자
③ 안전관리 부책임자
④ 안전점검원

17 독성가스 배관은 2중관 구조로 하여야 한다. 이때 외층관 내경은 내층관 외경의 몇 배 이상을 표준으로 하는가?

① 1.2
② 1.5
③ 2
④ 2.5

18 액화석유가스 충전사업자의 영업소에 설치하는 용기저장소 용기보관실 면적의 기준은?

① $9m^2$ 이상
② $12m^2$ 이상
③ $19m^2$ 이상
④ $21m^2$ 이상

19 자연발화의 열의 발생 속도에 대한 설명으로 틀린 것은?

① 초기 온도가 높은 쪽이 일어나기 쉽다.
② 표면적이 작을수록 일어나기 쉽다.
③ 발열량이 큰 쪽이 일어나기 쉽다.
④ 촉매 물질이 존재하면 반응 속도가 빨라진다.

20 암모니아 충전용기로서 내용적이 1000L 이하인 것은 부식 여유치가 (㉠)이고, 염소 충전용기로서 내용적이 1000L 초과하는 것은 부식여유치가 (㉡)이다. ㉠와 ㉡항의 알맞은 부식 여유치는?

① ㉠ 1mm, ㉡ 2mm
② ㉠ 1mm, ㉡ 3mm
③ ㉠ 2mm, ㉡ 5mm
④ ㉠ 1mm, ㉡ 5mm

21 다음 중 고압가스관련설비가 아닌 것은?

① 일반 압축가스 배관용 밸브
② 자동차용 압축천연가스 완속충전설비
③ 액화석유가스용 용기잔류가스회수장치
④ 안전밸브, 긴급차단장치, 역화방지장치

22 고압가스일반제조시설의 저장탱크 지하 설치기준에 대한 설명으로 틀린 것은?

① 저장탱크 주위에는 마른모래를 채운다.
② 지면으로부터 저장탱크 정상부까지의 깊이는 30cm 이상으로 한다.
③ 저장탱크를 매설한 곳의 주위에는 지상에 경계표지를 한다.
④ 저장탱크에 설치한 안전밸브는 지면에서 5m 이상 높이에 방출구가 있는 가스방출관을 설치한다.

23 아황산가스의 제독제로 갖추어야 할 것이 아닌 것은?

① 가성소다수용액   ② 소석회
③ 탄산소다수용액   ④ 물

24 산소 압축기의 윤활유로 사용되는 것은?

① 석유류   ② 유지류
③ 글리세린   ④ 물

25 아세틸렌이 은, 수은과 반응하여 폭발성의 금속 아세틸라이드를 형성하여 폭발하는 형태는?

① 분해폭발   ② 화합폭발
③ 산화폭발   ④ 압력폭발

26 가연성가스 또는 독성가스의 제조시설에서 자동으로 원재료의 공급을 차단시키는 등 제조설비 안의 제조를 제어할 수 있는 장치를 무엇이라고 하는가?

① 인터록기구
② 벤트스택
③ 플레어스택
④ 가스누출검지경보장치

27 지상에 설치하는 정압기실 방호벽의 높이와 두께 기준으로 옳은 것은?

① 높이 2m, 두께 7cm 이상의 철근콘크리트벽
② 높이 1.5m, 두께 12cm 이상의 철근콘크리트벽
③ 높이 2m, 두께 12cm 이상의 철근콘크리트벽
④ 높이 1.5m, 두께 15cm 이상의 철근콘크리트벽

28 도시가스 도매사업 제조소에 설치된 비상공급시설 중 가스가 통하는 부분은 최소사용압력의 몇 배 이상의 압력으로 기밀시험이나 누출검사를 실시하여 이상이 없는 것으로 하는가?

① 1.1　　② 1.2
③ 1.5　　④ 2.0

29 용기 종류별 부속품의 기호 중 압축가스를 충전하는 용기의 부속품을 나타낸 것은?

① LG　　② PG
③ LT　　④ AG

30 다음 ( ) 안에 알맞은 말은?

시·도지사는 도시가스를 사용하는 자에게 퓨즈 콕 등 가스안전 장치의 설치를 ( ) 할 수 있다.

① 권고　　② 강제
③ 위탁　　④ 시공

31 고압식 액화산소 분리장치에서 원료공기는 압축기에서 어느 정도 압축되는가?

① 40 ~ 60atm　　② 70 ~ 100atm
③ 80 ~ 120atm　　④ 150 ~ 200atm

32 수은을 이용한 U자관 압력계에서 액주높이 (h) 600mm, 대기압(P_1)은 1kg/cm² 일 때, P_2는 약 몇 kg/cm² 인가?

① 0.22　　② 0.92
③ 1.82　　④ 9.16

33 조정기를 사용하여 공급가스를 감압하는 2단 감압방법의 장점이 아닌 것은?

① 공급압력이 안정하다.
② 중간배관이 가늘어도 된다.
③ 각 연소기구에 알맞은 압력으로 공급이 가능하다.
④ 장치가 간단하다.

34 LNG의 주성분인 CH_4의 비점과 임계온도를 절대온도(K)로 바르게 나타낸 것은?

① 435K, 355K　　② 111K, 191K
③ 435K, 283K　　④ 111K, 283K

35 재료의 저온하에서의 성질에 대한 설명으로 가장 거리가 먼 것은?

① 강은 암모니아 냉동기용 재료로서 적당하다.
② 탄소강은 저온도가 될수록 인장강도가 감소한다.
③ 구리는 액화분리장치용 금속재료로서 적당하다.
④ 18-8 스테인리스강은 우수한 저온장치용 재료이다.

36 수소취성을 방지하는 원소로 옳지 않은 것은?

① 텅스텐(W) ② 바나듐(V)
③ 규소(Si) ④ 크롬(Cr)

37 온도계의 선정방법에 대한 설명 중 틀린 것은?

① 지시 및 기록 등을 쉽게 행할 수 있을 것
② 견고하고 내구성이 있을 것
③ 취급하기가 쉽고 측정하기 간편할 것
④ 피측 온체의 화학반응 등으로 온도계에 영향이 있을 것

38 펌프의 캐비테이션에 대한 설명으로 옳은 것은?

① 캐비테이션은 펌프 임펠러의 출구 부근에 더 일어나기 쉽다.
② 유체 중에 그 액온의 증기압보다 압력이 낮은 부분이 생기면 캐비테이션이 발생한다.
③ 캐비테이션은 유체의 온도가 낮을수록 생기기 쉽다.
④ 이용 NPSH > 필요 NPSH 일 때 캐비테이션을 발생한다.

39 LP가스를 자동차용 연료로 사용할 때의 특징에 대한 설명 중 틀린 것은?

① 완전연소가 쉽다.
② 배기가스에 독성이 적다.
③ 기관의 부식 및 마모가 적다.
④ 시동이나 급가속이 용이하다.

40 원거리 지역에 대량의 가스를 공급하기 위하여 사용되는 가스 공급 방식은?

① 초저압 공급 ② 저압 공급
③ 중압 공급 ④ 고압 공급

41 다음은 무슨 압력계에 대한 설명인가?

주름관이 내압변화에 따라서 신축되는 것을 이용한 것으로 진공압 및 차압 측정에 주로 사용된다.

① 벨로우즈압력계 ② 다이어프램압력계
③ 부르동관압력계 ④ U자관식압력계

42 공기의 액화 분리에 대한 설명 중 틀린 것은?

① 질소가 정류탑의 하부로 먼저 기화되어 나간다.
② 대량의 산소, 질소를 제조하는 공업적 제조법이다.
③ 액화의 원리는 임계온도 이하로 냉각시키고 임계압력 이상으로 압축하는 것이다.
④ 공기 액화 분리장치에서는 산소가스가 가장 먼저 액화된다.

43 증기 압축식 냉동기에서 실제적으로 냉동이 이루어지는 곳은?

① 증발기　　② 응축기
③ 팽창기　　④ 압축기

44 직동식 정압기의 기본 구성요소가 아닌 것은?

① 안전밸브　　② 스프링
③ 메인밸브　　④ 다이어프램

45 가연성가스의 제조설비 내에 설치하는 전기기기에 대한 설명으로 옳은 것은?

① 1종 장소에는 원칙적으로 전기설비를 설치해서는 안된다.
② 안전증 방폭구조는 전기기기의 불꽃이나 아크를 발생하여 착화원이 될 염려가 있는 부분을 기름 속에 넣은 것이다.
③ 2종 장소는 정상의 상태에서 폭발성 분위기가 연소하여 또는 장시간 생성되는 장소를 말한다.
④ 가연성가스가 존재할 수 있는 위험장소는 1종 장소, 2종 장소 및 0종 장소로 분류하고 위험장소에서는 방폭형 전기기기를 설치하여야 한다.

46 다음 중 온도가 가장 높은 것은?

① 450°R　　② 220K
③ 2°F　　　④ -5℃

47 다음 중 염소의 용도로 적합하지 않은 것은?

① 소독용으로 사용된다.
② 염화비닐 제조의 원료이다.
③ 표백제로 사용된다.
④ 냉매로 사용된다.

48 부탄(C_4H_{10})용기에서 액체 580g이 대기 중에 방출되었다. 표준 상태에서 부피는 몇 L가 되는가?

① 150　　② 210
③ 224　　④ 230

49 다음 중 비점이 가장 낮은 기체는?

① NH_3　　② C_3H_8
③ N_2　　　④ H_2

50 도시가스에 첨가되는 부취제 선정 시 조건으로 틀린 것은?

① 물에 잘 녹고 쉽게 액화될 것
② 토양에 대한 투과성이 좋을 것
③ 독성 및 부식성이 없을 것
④ 가스배관에 흡착되지 않을 것

51 가연성가스 배관의 출구 등에서 공기 중으로 유출하면서 연소하는 경우는 어느 연소 형태에 해당하는가?

① 확산연소　　② 증발연소
③ 표면연소　　④ 분해연소

52 다음 중 수소가스와 반응하여 격렬히 폭발하는 원소가 아닌 것은?

① O_2　　② N_2
③ Cl_2　　④ F_2

53 다음에서 설명하는 법칙은?

> 모든 기체 1몰의 체적(V)은 같은 온도(T), 같은 압력(P)에서는 모두 일정하다.

① Dalton의 법칙
② Henry의 법칙
③ Avogadro의 법칙
④ Hess의 법칙

54 액화석유가스에 관한 설명 중 틀린 것은?

① 무색투명하고 물에 잘 녹지 않는다.
② 탄소의 수가 3 ~ 4개로 이루어진 화합물이다.
③ 액체에서 기체로 될 때 체적은 150배로 증가한다.
④ 기체는 공기보다 무거우며, 천연고무를 녹인다.

55 0°C에서 온도를 상승시키면 가스의 밀도는?

① 높게 된다.　　② 낮게 된다.
③ 변함이 없다.　　④ 일정하지 않다.

56 이상기체에 잘 적용될 수 있는 조건에 해당되지 않는 것은?

① 온도가 높고 압력이 낮다.
② 분자 간 인력이 작다.
③ 분자크기가 작다.
④ 비열이 작다.

57 60°C의 물 300kg과 20°C의 물 800kg을 혼합하면 약 몇 °C의 물이 되겠는가?

① 28.2　　② 30.9
③ 33.1　　④ 37

58 착화원이 있을 때 가연성액체나 고체의 표면에 연소하한계 농도의 가연성 혼합기가 형성되는 최저온도는?

① 인화온도　　② 임계온도
③ 발화온도　　④ 포화온도

59 암모니아의 성질에 대한 설명으로 옳은 것은?

① 상온에서 약 8.46atm이 되면 액화한다.
② 불연성의 맹독성 가스이다.
③ 흑갈색의 기체로 물에 잘 녹는다.
④ 염화수소와 만나면 검은 연기를 발생한다.

60 표준상태에서 에탄 2mol, 프로판 5mol, 부탄 3mol로 구성된 LPG에서 부탄의 중량은 몇 % 인가?

① 13.2 ② 24.6
③ 38.3 ④ 48.5

모의고사

제 01 회

모의고사 정답 및 해설

01	02	03	04	05	06	07	08	09	10
②	③	①	④	③	③	④	①	②	①
11	12	13	14	15	16	17	18	19	20
①	③	①	①	③	①	③	②	④	③
21	22	23	24	25	26	27	28	29	30
②	④	②	④	②	②	④	③	④	③
31	32	33	34	35	36	37	38	39	40
④	②	④	④	②	③	②	①	②	①
41	42	43	44	45	46	47	48	49	50
③	④	③	④	①	②	④	②	①	②
51	52	53	54	55	56	57	58	59	60
④	②	①	②	④	③	①	③	②	③

01 용기의 최대두께와 최소두께의 평균두께 공차는 20% 이내일 것

02 • 정압기실 방호벽 철근 콘크리트 기초 기준
  ⓐ 일체로된 철근콘크리트 기초일 것
  ⓑ 높이 350mm 이상, 되메우기 깊이는 300mm 이상일 것
  ⓒ 기초두께는 방호벽 최하부의 두께의 120% 이상일 것
  ⓓ 철근콘크리트 방호벽 직경 9mm 가로 세로 400mm 이하 배근결속
  ⓔ 두께 120mm 이상 높이 2000mm 이상 일 것

03 용기 보관실 온도는 40℃ 이하를 유지할 것

04 안전밸브는 용기의 파열사고를 방지하기 위한 장치이다.

05 철도궤도 중심과 가스배관 이격거리는 4m 이상일 것

06 취기(냄새)로 식별 가능한 것은 염소와 암모니아이다.

07 수도시설과 독성가스배관의 이격거리는 300m 이상일 것

08 • 에탄, 에틸렌 : 가연성가스
  • 암모니아 : 독성, 가연성가스
  • 산소 : 지연성가스
  • 오존 : 독성, 지연성가스
  • 아황산가스 : 독성가스
  • 헬륨 : 불연성가스
  • 염소 : 독성, 지연성가스

09 • LPG충전소 지하매설 저장탱크와 콘크리트 실내 공간 충진 물질
　　　마른 모래

10 • 가스배관 고정
　　ⓐ 관경 13mm 이하 1m
　　ⓑ 관경 13mm 이상 33mm 이하 2m
　　ⓒ 관경 33mm 이상 3m

11 불연성인 질소탱크에는 방류둑을 설치하지 않아도 된다.

12 가스 운송시에 자리를 비우게 될 때에는 운반책임자와 운전자가 동시에 자리를 비우지 않도록 한다.

13 가스제조설비의 안전 확보를 위한 오조작 방지장치를 인터록장치라고 한다.

14 아세틸렌의 다공물질의 다공도는 75~92% 미만일 것

15 • 아황산가스 : 독성가스
• 포스겐 : 독성가스
• 시안화수소 : 독성, 가연성가스
• 에탄 : 가연성가스

16 가스일반제조소의 저상탱크에 설치된 물분무장치의 수원은 30분간 이상 방사할 수 있는 양 이상일 것

17 LPG 용기 보관실 자연환기구의 통풍구 면적은 바닥 $1m^2$ 당 $300cm^2$ 이상 일 것
$3m^2 \times 300cm^2 = 900cm^2$

18 제조소에 설치된 벤트스택 방출구 위치는 작업원의 통행장소와 10m 이상 이격시킬 것

19 • 독성가스중 이중배관 으로 해야 하는 가스
포스겐, 황화수소, 시안화수소, 아황산가스, 산화에틸렌, 암모니아, 염소, 염화메탄

20 • 시안화수소 안정제
황산, 아황산가스

21 • A급 화재 : 일반화재
• B급 화재 : 유류화재(가스화재, 식용유화재포함)
• C급 화재 : 전기화재
• D급 화재 : 금속화재

22 • TLV-TWA
시간 가중치로서 근로자가 1일 8시간, 주당 40시간 평상작업에서 악영향을 받지 않는 농도
　ⓐ 암모니아 : 25 ppm
　ⓑ 황화수소 : 10 ppm
　ⓒ 일산화탄소 : 50 ppm
　ⓓ 아황산가스 : 2 ppm

24 가스 누출 점검시 라이타나 성냥불로 가스누출을 검사하지 않을 것

25 배관안전점검원 배치에서 사용자의 공급관, 내관은 제외한다.

26 충진소의 화기엄금 표지는 백색바탕에 적색문자
충전 중 엔진정지는 황색바탕에 흑색문자

27 가스 품질검사는 1일 1회 이상 할 것

28 • 가스공급시설의 임시 사용기준
　ⓐ 가스공급이 가능한지의 여부
　ⓑ 공급시설 사용시 안전의 우려가 없는지 여부
　ⓒ 가스의 수급상태를 고려해서 해당지역에 공급이 필요한지의 여부

29 • 용기의 부식여유 수치
  ⓐ 암모니아 : 내용적 1000L 이하 : 1mm
       내용적 1000L 초과 : 2mm
  ⓑ 염소 : 내용적 1000L 이하 : 3mm
       내용적 1000L 초과 : 5mm

30 • 용기 내용적 산출식
$$G = V/C$$
여기서, G : 가스질량(kg), C : 가스정수
V : 용기의 내용적(L)

31 • 유량 = $(3500rpm/2000rpm)^1$ = 1.75배
• 양정 = $(3500rpm/2000rpm)^2$ = 3.06배

32 • 흡수 분석법
헴펠법, 오르잣법, 게겔법

33 • 열전대 온도계
다른 두 종류의 금속 접점에 온도차를 두면 열기전력이 발생하여 측정하는 원리
 • 열전대커플 종류
  ⓐ P-R(백금-백금로듐)
  ⓑ C-A(크로멜-알루멜)
  ⓒ I-C(철-콘스탄탄)
  ⓓ C-C(구리-콘스틴탄)

34 $WI = Hg/\sqrt{d} = 10400/\sqrt{0.55} = 14023.36$

35 • 안전등형
탄광내 갱도의 메탄가스를 검지하기 위해서 사용하며 석유램프의 일종으로 2중 철망에 둘러싸여 메탄 검지시 불꽃길이와 형태가 달라지는 것을 이용한다.

36 • 흡수 분석시 용액
  ⓐ CO_2 : KOH용액
  ⓑ O_2 : 알칼리성 피롤카롤용액
  ⓒ CO : 암모니아성 염화제일동용액

37 • 외부전원법
땅속 가스배관에 외부 직류전원장치로부터 필요한 방식전류를 지중에 설치한 전극을 통하여 매설관에 유입시켜 부식전류를 상쇄시켜 부식을 방지한다.

38 • 피셔식 특성
  ⓐ 로딩형이다.
  ⓑ 정특성, 동특성이 양호하다.
  ⓒ 컴팩트한 구조이다.
 • A.F.V식
  ⓐ 변칙 언로딩형이다.
  ⓑ 정특성, 동특성이 양호하다.
  ⓒ 고차압이 될수록 특성이 양호하다.
 • 레이놀드식 특성
  ⓐ 언로딩형이다.
  ⓑ 정특성은 좋으나 안정성이 떨어진다.
  ⓒ 크기가 크다.

39 가스의 폭발사고는 대체적으로 가스누출에 의한 사고이다.

40 • 클라우드식
린데식에 효율을 높이기 위해서 열교환기에 팽창기를 부착하였다.

41 • 정압기 평가 선정시 고려할 특성
  ⓐ 정특성(유량과 2차 압력과의 관계)
  ⓑ 동특성(응답속도 및 안정성)
  ⓒ 유량특성(스트로크-리프트) 메인밸브 열림과 유량과의 관계
  ⓓ 사용 최대차압 및 최소차압

42 P-E관은 부식의 염려가 없어 매설용 배관으로 적합하며 SDR11인 경우 최대 0.4MPa까지 사용한다.

43 • 액주식(마노미터)압력계
  ⓐ 경사관식 : 10 ~ 300mmH$_2$O
  ⓑ U자관식 : 5 ~ 2000mmH$_2$O
  ⓒ 단관식 : 300 ~ 2000mmH$_2$O

44 • 이동식부탄연소기 용기연결방법 분류
  ⓐ 카세트식
  ⓑ 직결식
  ⓒ 분리식

45 폴리에틸렌관은 가스용품에 해당되지 않는다.

46 자동절체식 조정기의 절체압력은 0.1MPa 이상일 때 예비측이 공급되지 않을 것

47 에틸렌(C_2H_6) 제조시 원료에 염화메탄(CH_3Br)은 사용되지 않는다.

48 수소와 질소를 3 : 1로 반응시키면 NH_3를 얻는다.
  • 고압법(600 ~ 1000기압)
  • 중압법(300기압 전후)
  • 저압법(150기압)
  • 온도는 500 ~ 600℃ 정도
  • 촉매 : 정촉매 - Fe_3O_4
         부촉매 - Al_2O_3, CaO, K_2O

49 • 기체비중(공기 = 1)
  ⓐ 수소 : 2/29 = 0.07
  ⓑ 질소 : 28/29 = 0.97
  ⓒ 부탄 : 58/29 = 2
  ⓓ 프로판 : 44/29 = 1.52

50 • 암모니아 특성
  ⓐ 물에 잘 녹는다.
  ⓑ 강한 자극성의 무색 기체로 독성이며 가연성이다.
  ⓒ 액화가 쉽고 증발잠열이 커서 냉매로 사용된다.

51 연소에서 연료 중 황(S) 성분이 포함되어 있어야 SO_2가 생성된다.

52 • CH_4 : 5 ~ 15 %
  • C_4H_{10} : 1.8 ~ 8.4 %
  • C_3H_8 : 2.1 ~ 9.5 %
  • C_2H_6 : 3 ~ 12.5 %

53 °R = °K × 1.8

54 • H_2 : -253℃
  • He : -269℃
  • N_2 : -196℃
  • CH_4 : -162℃

55 • 아세틸렌 발생 방식
  주수식, 침지식, 투입식(대량생산)

56 • 열역학 2법칙
  에너지의 흐르는 방향을 설명하는 법칙으로, 제2종 영구기관은 만들 수 없다. 즉, 성능계수가 무한정한 냉동기 제작은 불가능하다.

57 가연성가스는 폭발한계의 하한이 10% 이하의 것과 폭발한계의 상한과 하한의 차가 20% 이상인 것을 말한다

58 $C + O_2 \rightarrow CO_2$
    12g : 22.4L
  탄소가 1몰 12g이 연소하면 이산화탄소 1몰이 생성되는데 이때 부피는 22.4L 이고 무게는 44g이다.(아보가드로의 법칙)

59 액체산소는 담청색을 띤다.

60 • 1atm = 1.033kg/cm^2
  • 750mmHg = 1.019kg/cm^2
  • 10Psi(lb/in^2) = 0.7027kg/cm^2

모 의 고 사

제 02 회

모의고사 정답 및 해설

01	02	03	04	05	06	07	08	09	10
③	③	②	③	②	③	②	③	②	④
11	12	13	14	15	16	17	18	19	20
③	②	②	①	①	②	①	③	③	②
21	22	23	24	25	26	27	28	29	30
③	③	④	④	①	②	③	①	③	④
31	32	33	34	35	36	37	38	39	40
②	②	②	③	②	③	①	④	④	③
41	42	43	44	45	46	47	48	49	50
①	③	④	①	③	①	③	②	④	④
51	52	53	54	55	56	57	58	59	60
①	②	②	③	①	②	①	④	③	④

01 매설가스배관 주위 굴착시 1m 이내는 인력으로 굴착을 할 것

02 가스연소기에 소화안전장치가 부착된 경우에도 가스누출차단 경보장치를 실치할 것

03
- 정량적 위험성 평가
  ⓐ 작업자 실수 분석
  ⓑ 결함수 분석
  ⓒ 사건수 분석
  ⓓ 원인 결과 분석
- 정성적 위험성 평가
  ⓐ 체크리스트기법
  ⓑ 사고 예상질문 분석
  ⓒ 위험과 운전분석

04 염소는 독성이고 지연성이며 질소는 불연성이다.

05 충전용기는 세워서 적재 운반할 것

06 8m + 4m/4 = 3m 이격

07
- Cl_2 : 1PPm
- F_2 : 0.1PPm
- HCN : 10PPm
- NH_3 : 25PPm

08 용기의 두께 공차는 20% 이하일 것

09
- 유해성분 : 암모니아 : 0.2g
- 황 : 0.5g
- 황화수소 : 0.02g

10 전기방식에서 관대지전위 측정은 1년에 1회 측정한다.

11 초음파 탐상시험은 두께 15mm인 2.5% 니켈강

12 1kcal = 4.1868KJ
10400kcal × 4.1868KJ/kcal = 4352.72KJ
∴ 4352.72KJ ÷ 1000 = 43.53MJ

13 인체용 에어졸 사용시 인체에서 20cm 떨어져서 사용 할 것

14 • 르샤틀리에 법칙
15/2.1 + 85/1.8 = 100/L
L = 1.839%

15 매설가스배관과 타 시설물과의 이격거리 0.3m

16 가스 운반차량 경계표시 적색으로 "위험 고압 가스"

17 보일러 배기통의 굴곡수는 4개 이하일 것

18 안전밸브 방출관 높이는 저장탱크 위에서 2m 또는 지상에서 5m 중 높은 것.
탱크 정상부 8m + 2m = 10m

19 냉동기 내압시험 압력은 설계압력의 1.5배

20 P-E관 굴곡 허용반경 외경의 20배 이상

21 실린더 캐비닛 제조설비에 판넬설비는 해당없다.

22 가스설비내 수리시 산소농도 16% 이하 에서는 산소 결핍현상을 초래한다.

23 절연조치 않은 전선과는 15cm 이상 이격 시킬 것

24 • 아세틸렌 희석제
질소, 메탄, 일산화탄소, 수소, 프로판

25 액화질소는 불연성이므로 방류둑 설치 제외

26 방류둑 둘레 50m 마다 계단이나 사다리를 설치할 것

27 • 부취제 구비조건
ⓐ 독성이 없을 것
ⓑ 화학적으로 안정할 것
ⓒ 부식성이 없을 것
ⓓ 물에 녹지 않을 것
ⓔ 토양 투과성이 클 것
ⓕ 가스배관, 가스미터기에 흡착되지 않을 것
ⓖ 완전 연소 후 유해물질을 남기지 않을 것
ⓗ 생활취기와 명확히 구별될 것

28 • 암모니아 : 독성, 가연성 가스
• 수소 : 가연성가스
• 메탄 : 가연성 가스
• 질소 : 불연성 가스

29 • 특정설비
저장탱크, 기화기, 안전밸브, 긴급차단장치, 역화방지장치, 압력용기, 자동차용 가스자동 주입장치, 독성가스 배관용 밸브 등

30 시안화수소는 수분과 반응해서 중합반응을 일으켜 폭발할 수 있으므로 한 용기 내에 60일을 초과해서는 안 된다. 그러나 순도가 98% 이상으로 착색되지 않은 경우는 제외

31 동관특성은 열전도율이 좋다.

32 $U = \sqrt{2gh} = \sqrt{2 \times 9.8 \times 10} = 14$m/s

33 • 흡수 분석법
헴펠법, 게겔법, 오르자트법

34
- 감압가열방식
  액상의 LP가스를 조정기로 감압 후 가열 기화시키는 방법
- 가온감압방법
  액상의 LP가스를 가열하여 기화시킨 후 조정기에 의해 감압시켜 공급하는 방식

35
- 지중식
  LNG 탱크를 지하에 설치하여 지표면보다 LNG 액면이 낮거나 같도록 설치하는 방식

36 스프링식 안전밸브는 설비내 액화가스의 사용체적의 98%가 팽창하게 되면 작동되도록 설정

37 염공부하 = 염공의 단위면적당 인풋

38 촉매의 열화(피독)현상은 불순물이나 황화합물 등에 의해 열화되거나 촉매가 오염 또는 피복되어 더 이상 촉매의 기능을 못하게 되는 현상이다. 불포화탄화수소에 의한 열화현상은 일어나지 않는다.

39
- 기어펌프의 송출량
  $V_{th} = 2 \times \pi \times 3^2 \times \times 10 \times 1.2 \times 1200/60\text{sec}$
  $= 13571.68 \text{cm}^3/\text{sec}$

40 액상 50톤 저장탱크와 사업소 경계가 50m인 설비의 내진설계등급은 내진 2등급에 해당된다.

41
- 지하에 설치된 도시가스 공급설비의 통풍구조
  ⓐ 환기구는 2방향 이상 분산설치
  ⓑ 흡입구 배기구 관경은 100mm 이상일 것
  ⓒ 배기가스 방출구는 지면에서 3m 이상일 것
  ⓓ 배기구는 천장면으로부터 30cm 이내에 설치할 것

42
- 특정가스제조시설의 가연성, 독성가스 누출검지 경보장치 설치위치
  ⓐ 누출가스가 체류하는 곳
  ⓑ 가스종류에 적합한 검지기 설치
  ⓒ 신속히 검지할 수 있도록 설치

43
- 자동절체식 조정기의 장점
  ⓐ 용기 교환주기의 폭을 넓힐 수 있다.
  ⓑ 잔액이 거의 없어질 때까지 소비된다.
  ⓒ 전체 용기 본수가 적어도 된다.
  ⓓ 압력손실을 크게 해도 된다.

44 열전대온도계는 서로 다른 두 종류의 금속의 접점에 온도차를 주게 되면 열기전력이 발생하여 그 전위차를 측정하는 원리이다.
- 열전대 종류 : P-R, C-C, I-C, C-A

45
- 필립스식
  수소나 헬륨을 냉매로 사용하며 상부에는 팽창기 하부에는 압축기로 구성되어 있다.

46 정압기에서 출구측 형상에 의한 마찰손실로 압력이 저하되는 현상을 히스테리시스효과라고 한다. 2차압력 변동범위 허용한계는 ±5%(온도차 포함) 이내이고 최대진동속도 0.4 cm/s

47
- 1atm = 14.7PSi = 1.013bar
- 14.7PS(lb/in2) = 1013mbar

48 네온은 주기율표에서 0족에 속하는 기체로서 안정된 구조로 다른 원소와 잘 반응하지 않는다. 이 외에도 헬륨, 알곤, 크립톤, 크세논, 라돈이 있다.

49
- 석회석에서 아세틸렌 제조 반응식

  $CaCO_3$ $\xrightarrow{1000°C \text{ 가열}}$ $CaO + CO_2$
  석회석　　　　　　　　　산화칼슘
  　　　　　　　　　　　　(생석회)

  $CaO + 3C$ $\xrightarrow[\text{전기로 가열}]{2300 \sim 2600°C}$ $CaC_2 + CO$
  　코크스　　　　　　　　　　카바이트

$$CaC_2 + 2H_2O \rightarrow C_2H_2 + Ca(OH)_2$$
아세틸렌　수산화칼슘(소석회)

50 브롬화메탄(CH_3Br)은 가연성가스나 암모니아와 같이 용기의 충전구나사 형식은 오른나사이다.

51 메탄은 석유크래킹으로 제조하지 않는다.

52 고체 아세틸렌은 승화성을 갖는다. 또한 아세틸렌은 기체상 보다 액상이 안정되고 액상보다는 고체상이 안정성을 띤다.

53 밀도(g/cm^3) = $30g/600cm^3$ = $0.05g/cm^3$

54 절대압력 = 게이지압력 + 대기압
$10 + 1.0332 = 11.0332 \, kg/cm^2 \cdot a$

55 • 표면연소
　목탄, 코크스, 금속분

56 0℃물 10kg 을 100℃ 수증기로 변화시키는데 필요한 열량
(1) 0℃물 → 100℃ 물
　$10kg \times 1kcal/kg℃ \times (100℃ - 0℃) = 1000kcal$
(2) 100℃물 → 100℃ 수증기
　$10kg \times 539kcal/kg = 5390kcal$
(1) + (2) = 1000 + 5390 = 6390kcal

57 • 상용온도
　장치나 설비가 취급, 운용되는 통상의 온도

58 • CH_4 비점 : -162℃

59 액체산소는 담청색을 띤다.

60 • 1atm = $1.033kg/cm^2$
• 750mmHg = $1.0194kg/cm^2$
• 10PSi = $0.7027kg/cm^2$

모의고사 제03회 정답 및 해설

01	02	03	04	05	06	07	08	09	10
②	③	②	①	④	①	④	①	④	②
11	12	13	14	15	16	17	18	19	20
④	①	③	③	②	③	①	③	②	④
21	22	23	24	25	26	27	28	29	30
①	②	②	④	②	①	③	①	②	①
31	32	33	34	35	36	37	38	39	40
④	③	④	②	②	③	④	②	④	④
41	42	43	44	45	46	47	48	49	50
①	①	①	①	④	④	④	②	④	①
51	52	53	54	55	56	57	58	59	60
①	②	③	③	②	④	②	①	①	③

01 • 안전관리자 사무소와 현장사무소간 통신시설
인터폰, 구내방송설비, 페이징설비, 구내전화

02 • 1몰의 아세틸렌 연소시 2.5몰의 산소가 필요
$C_2H_2 + 2.5O_2 \rightarrow 2CO_2 + H_2O$

03 독성가스는 100만 분의 200(200ppm) 이하인 가스를 말한다.

04 • 특수가스 종류
압축모노실란, 압축디보레인, 액화알진, 포스핀, 세렌화수소, 게르만, 디실란, 및 그 밖의 반도체의 세정 등 지식경제부장관이 인정하는 특수한 용도에 사용되는 고압가스를 말한다.

05 가스 운반 시 동일차량에 적재 할 수 없는 가스는 염소와 아세틸렌, 암모니아와 수소이다.

06 스배관 퍼지용으로는 비활성 가스인 질소가스를 사용한다.

07 • 독성가스 제조시설 식별표지
백색 바탕에 흑색 글씨(가스 명칭은 적색)

08 모노 메틸아민(CH_3NH_2)은 무색기체로 가연성이고 독성이며 암모니아 비슷한 취기를 가지며 폭발범위는 4.9~20.7% 허용농도 10ppm이다. 그러나 마찰 타격에 예민한 폭발성을 띠지는 않는다.

09 • 압축금지 가스
ⓐ 아세틸렌, 에틸렌, 수소 중 산소가 전체용량의 2% 이상인 경우
ⓑ 산소 중 아세틸렌, 에틸렌, 수소의 합계가 2% 이상인 경우
ⓒ 가연성가스(아세틸렌, 에틸렌, 수소 제외)중 산소가 전체용량의 4% 이상인 경우

ⓓ 산소 중 가연성가스(아세틸렌, 에틸렌, 수소 제외)의 용량 합계가 4% 이상인 경우

10 정압기실 조도 150룩스 이상

11 • 폭발한계
ⓐ 황화수소 : 4.3~45%
ⓑ 암모니아 : 15~28%
ⓒ 산화에틸렌 : 3~80%
ⓓ 프로판 : 2.1~9.5%

12 건축물과 가스배관은 외면으로부터 1.5m 이상 유지하여야 한다.

13 아세틸렌 다공물질의 다공도는 75% 이상 92% 미만으로 할 것

14 • 1종 보호시설
ⓐ 학교, 유치원, 어린이집, 놀이방, 어린이놀이터, 학원, 병원(의원을 포함한다), 도서관, 청소년수련시설, 경로당, 시장, 목욕장, 호텔, 여관, 극장, 교회 및 공회당
ⓑ 사람을 수용하는 건축물(가설 건축물 제외한다)로서 사실상 독립된 부분의 연면적이 1,000㎡ 이상인 것
ⓒ 예식장, 장례식장 및 전시장 그 밖의 이와 유사한 시설로서 300명 이상을 수용할 수 있는 건축물
ⓓ 아동, 노인, 모자, 장애인 그밖에 이와 유사한 시설로서 20명 이상을 수용할 수 있는 건축물
ⓔ 문화재 보호법에 따라 지정문화재로 지정된 건축물
• 2종 보호시설
ⓐ 주택
ⓑ 사람을 수용하는 건축물(가설 건축물 제외한다)로서 사실상 독립된 부분의 연면적이 100㎡ 이상 1000㎡ 미만인 것

15 • 위험물 평가기법
ⓐ 정량적 위험성 평가
  - 작업자 실수 분석
  - 결함수 분석
  - 사건수 분석
  - 원인 결과 분석
ⓑ 정성적 위험성 평가
  - 체크리스트기법
  - 사고 예상질문 분석
  - 위험과 운전분석

16 안전관리자는 안전관리 총괄자, 안전관리 책임자, 안전관리원

17 독성가스 2중배관의 외층관은 내층관의 1.2배 이상일 것

18 LPG 충전사업자의 용기저장소 면적기준은 19㎡ 이상일 것

19 자연발화는 표면적이 클수록 발생이 용이하다.

20 • 용기부식 여유수치
ⓐ 암모니아 1000ℓ 이하 : 1mm
ⓑ 암모니아 1000ℓ 초과 : 2mm
ⓒ 염소 1000ℓ 이하 : 3mm
ⓓ 염소 1000ℓ 초과 : 5mm

21 • 고압가스관련설비
ⓐ 안전밸브, 긴급차단장치, 역화방지장치
ⓑ 기화장치
ⓒ 압력용기
ⓓ 자동차용 가스자동주입장치
ⓔ 냉동설비(일체형 냉동기 제외)를 구성하는 압축기, 응축기, 증발기 및 압력용기(이하 냉동용 특정설비라 한다)
ⓕ 특정고압가스용 실린더 캐비넷
ⓖ 자동차용 압축천연가스 완속 충전설비(처리능력이 시간당 18.5세제곱미터 미만인 충전

설비를 말한다)
　ⓗ 액화석유가스용 용기잔류가스회수장치

22 ・가스저장탱크 지하 설치기준
　ⓐ 두께 30cm 이상 방수 조치한 콘크리트실에 설치
　ⓑ 탱크 주위는 마른 모래로 채울 것
　ⓒ 저장탱크 정상부와 지면과의 거리는 60cm 이상일 것
　ⓓ 지상에서 5m 이상 가스 방출관을 설치할 것

23 ・아황산가스 제독제
　가성소오다 수용액, 탄산소오다 수용액, 물

24 ・산소압축기 윤활유
　물 또는 10% 이하의 묽은 글리세린수

25 아세틸렌은 수은, 은, 구리 등과 반응하여 화합폭발을 한다.

26 ・가스설비 오조작 방지장치 : 인터록 장치

27 ・정압기실 방호벽 기준
　높이 2m 두께 12cm 이상의 철근콘크리트벽 이상일 것

28 도시가스 공급시설의 기밀시험 및 누출시험은 사용압력의 1.1배 이상으로 할 것

29 ・PG : 압축가스
　・AG : 아세틸렌가스
　・LT : 초저온및 저온용기
　・LG : 액화가스
　・LPG : 액화석유가스

30 퓨즈, 콕의 설치는 시, 도지사의 권고사항

31 공기액화분리장치의 원료공기의 압축압력은 150~200atm 정도이다.

32 $P_2 = P_1 + h = 1\text{kg/cm}^2 + \left(\dfrac{600}{760} \times 1.033\right)$
　　$= 1.82 \text{kg/cm}^2$

33 ・2단 감압조정기 장점
　ⓐ 공급압력이 안정하다.
　ⓑ 중간배관이 가늘어도 된다.
　ⓒ 각 연소기구에 알맞는 압력으로 공급이 가능하다.
　ⓓ 배관 입상에 의한 압력강하를 보정할 수 있다.

34 ・LNG의 주성분인 메탄
　ⓐ 비점 : $-162°C(111K)$
　ⓑ 임계온도 : $-82°C(191K)$

36 ・수소취성(탈탄작용)을 방지하기 위한 첨가 금속원소
　텅스텐, 크롬, 티타늄, 몰리브덴, 바나듐

37 온도측정에서 피측온체의 화학반응으로 온도계에 영향을 미치게 되면 정확한 온도 측정이 어렵다.

38 ・케비테이션(공동현상)
　액체를 이송하는 펌프에서 발생되는 현상으로 유효흡입수두(NPSH)가 낮게 되면 증기압 발생으로 송액 불능 현상을 초래하게 된다.
　이 현상을 케비테이션이라고 한다.

39 LPG연료 차량은 시동이나 급가속이 어렵다.

40 배관에 의한 가스의 장거리 대량수송 방법은 고압 공급방식이다.

41 주름관이 압력변화에 따라 신축되는 것을 이용한 압력계로서 진공압 및 차압측정에 사용되는 것을 벨로우즈 입력계이다.

42 공기액화 분리장치는 비등점 차에 의해서 분리되는 원리로 -183℃의 산소가 먼저 액화되어 탑저(하부)에서 얻어지고 비점 -196℃의 질소는 탑정(상부)에서 액화되어 얻어진다.

43 • 증기 압축식 냉동기 구성 4요소
ⓐ 압축기 : 증발기에서 나온 저압의 기체냉매를 고압으로 압축시킨다.
ⓑ 응축기 : 압축기에서 압축되어 나온 고온고압의 기체냉매를 열을 방출하여 액체냉매로 응축시킨다.
ⓒ 팽창기 : 응축기에서 응축되어 나온 액체냉매를 단열팽창시켜서 저온저압의 액체냉매를 증발기로 공급한다.
ⓓ 증발기 : 팽창기에서 나온 저온저압의 액체냉매로 피냉각 물체의 열을 흡수하여 온도를 낮추어주고 기체가 되어 압축기로 흡입된다. 이곳에서 실제 냉동이 이루어진다.

44 • 직동식 정압기의 기본구성 요소
ⓐ 메인밸브 : 가스 유량을 그 개도에 의해서 직접 조정하는 부분
ⓑ 다이어프램 : 2차압력을 감지하여 그 2차압력의 변동을 메인밸브에 전하는 부분
ⓒ 스프링(또는 웨이트) : 조정되어야 할 압력 (2차압력)을 설정한 부분

45 • 0종장소
상용의 상태에서 가연성가스 농도가 연속해서 폭발한계 이상으로 되는 장소(폭발상한계를 넘는 경우에는 폭발한계내로 들어갈 우려가 있는 경우를 포함한다)
• 1종장소
사용 상태에서 가연성가스가 체류하여 위험하게 될 우려가 있는 장소 정비 보수 또는 누설 등으로 인하여 종종 가연성 가스가 체류하여 위험하게 될 우려가 있는 장소
ⓐ 환기장치에 이상이나 사고가 발생한 경우 가연성 가스가 체류하여 위험하게 될 우려가 있는 장소
ⓑ 1종 장소 주변 또는 인접한 실내에서 위험한 농도의 가연성 가스가 종종 침입할 우려가 있는 장소
• 2종장소
밀폐된 용기 또는 설비내에 밀봉된 가연성가스가 그 용기 또는 설비의 사고로 인해 파손되거나 오조작의 경우에만 누설할 위험이 있는 장소

47 염소는 독성의 조연성가스로 상수도 소독 및 표백제 PVC제조에 사용되나 냉매로 쓰이지는 않는다.

48 부탄(C_4H_{10}) 1몰이 58g, 표준상태에서 모든 기체 1몰은 22.4ℓ 이다.
(580g/58g)×22.4ℓ = 224ℓ

49 • 비점
ⓐ 암모니아 : -33.4℃
ⓑ 프로판 : -44.8℃
ⓒ 질소 : -196℃
ⓓ 수소 : -252℃

50 • 부취제 구비조건
ⓐ 토양에 대한 투과성이 클 것
ⓑ 배관이나 가스미터에 흡착하지 않을 것
ⓒ 독성 및 부식성이 없을 것
ⓓ 연소 후 유해한 성분이 남지 않을 것
ⓔ 일반냄새와 명확히 구별될 것
ⓕ 물에 잘 녹지 않을 것
ⓖ 화학적으로 안정된 것

51 가스연소는 예혼합연소와 확산연소로 분류되며 배관에서 공기 중으로 유출하여 연소하는 것은 확산연소에 해당된다.

52 수소는 질소와 반응하여 암모니아를 생성하나 촉매를 사용하는 고온고압의 조건에서 가능하다.

53 · 아보가드로의 법칙
모든 기체 1몰은 표준상태에서 22.4ℓ 의 부피와 6.02×10^{23}개의 분자수를 갖는다.

54 LPG는 액체에서 기체로 기화할 때 프로판은 250배 부탄은 230배의 부피로 팽창한다.

55 가스는 온도를 상승시키면 부피 팽창으로 밀도는 낮아진다.

56 이상기체는 분자간 인력이 작용하지 않고 분자 자신의 부피가 없다고 가정하므로 압력이 낮고 온도가 높으면 이상기체의 특성을 띤다고 설정한다. 그러므로 비열이 작은 것은 이상기체 적용조건과는 거리가 멀다.

57 $(60 \times 1 \times 300) + (20 \times 1 \times 800)/(300 + 800) = 30.9°C$

58 · 인화점
점화원이 있는 상태에서 가열하여 점화되는 온도를 인화점이라고 하며 위험물의 척도이다.
· 착화점
점화원 없이 가열해서 스스로 점화되는 온도를 발화점(착화점)이라고 한다.

59 · 암모니아 특성
ⓐ 물에 잘 녹는다.
ⓑ 무색의 기체로 강한 자극성의 취기가 있으며 독성이며 가연성이다.
ⓒ 염화수소(HCl)와 반응하여 백연을 발생한다.
ⓓ 20°C에서 8.46atm으로 압축하면 액화된다.
ⓔ 증발잠열이 301.8kcal/kg으로 냉동기 냉매로 사용된다.

60 · C_2H_6 : 2몰 : 60g
· C_3H_8 : 5몰 : 220g
· C_4H_{10} : 3몰 : 174g
$\left(\dfrac{174}{60+220+174}\right) \times 100 = 38.3\%$

K-가스기능사 필기

초   판 인쇄 | 2021년 1월 5일
초   판 발행 | 2021년 1월 15일
개정 1판 발행 | 2022년 1월 10일
개정 2판 발행 | 2023년 1월 5일

지은이 | 김영석
발행인 | 조규백
발행처 | 도서출판 구민사
          (07293) 서울특별시 영등포구 문래북로 116 604호(문래동 3가, 트리플렉스)
전   화 | (02) 701-7421(~2)
팩   스 | (02) 3273-9642
홈페이지 | www.kuhminsa.co.kr

신고번호 | 제2012-000055호(1980년 2월 4일)
I S B N | 979-11-6875-102-6   [13550]

값 18,000원

※ 낙장 및 파본은 구입하신 서점에서 바꿔드립니다.
※ 본서를 허락없이 부분 또는 전부를 무단복제, 게재행위는 저작권법에 저촉됩니다.